CAMBRIDGE LIBRARY COLLECTION

Books of enduring scholarly value

Earth Sciences

In the nineteenth century, geology emerged as a distinct academic discipline. It pointed the way towards the theory of evolution, as scientists including Gideon Mantell, Adam Sedgwick, Charles Lyell and Roderick Murchison began to use the evidence of minerals, rock formations and fossils to demonstrate that the earth was older by millions of years than the conventional, Bible-based wisdom had supposed. They argued convincingly that the climate, flora and fauna of the distant past could be deduced from geological evidence. Volcanic activity, the formation of mountains, and the action of glaciers and rivers, tides and ocean currents also became better understood. This series includes landmark publications by pioneers of the modern earth sciences, who advanced the scientific understanding of our planet and the processes by which it is constantly re-shaped.

Minéralogie des volcans

Abandoning a promising career in the law, Barthélemy Faujas de Saint-Fond (1741–1819) enjoyed the encouragement of the eminent scientist Buffon in pursuing his love of natural history. His keen interest in rocks, minerals and fossils led to a number of important discoveries, among which was confirmation that basalt was a volcanic product. Appointed assistant naturalist at the natural history museum in Paris, he became a professor of geology in 1793, occupying this position until his death. This 1784 work begins with concise accounts of numerous varieties of basalt, describing the key features of each, before moving on to discuss several other volcanic products, including breccia and pozzolana. Of related interest, two other works by Faujas, *Essai de géologie* (1803–9) and the revised English edition of *A Journey through England and Scotland to the Hebrides in 1784* (1907), are also reissued in the Cambridge Library Collection.

Cambridge University Press has long been a pioneer in the reissuing of out-of-print titles from its own backlist, producing digital reprints of books that are still sought after by scholars and students but could not be reprinted economically using traditional technology. The Cambridge Library Collection extends this activity to a wider range of books which are still of importance to researchers and professionals, either for the source material they contain, or as landmarks in the history of their academic discipline.

Drawing from the world-renowned collections in the Cambridge University Library and other partner libraries, and guided by the advice of experts in each subject area, Cambridge University Press is using state-of-the-art scanning machines in its own Printing House to capture the content of each book selected for inclusion. The files are processed to give a consistently clear, crisp image, and the books finished to the high quality standard for which the Press is recognised around the world. The latest print-on-demand technology ensures that the books will remain available indefinitely, and that orders for single or multiple copies can quickly be supplied.

The Cambridge Library Collection brings back to life books of enduring scholarly value (including out-of-copyright works originally issued by other publishers) across a wide range of disciplines in the humanities and social sciences and in science and technology.

Minéralogie des volcans

Ou, description de toutes les substances produites ou rejetées par les feux souterrains

Barthélemy Faujas de Saint-Fond

CAMBRIDGE
UNIVERSITY PRESS

University Printing House, Cambridge, CB2 8BS, United Kingdom

Cambridge University Press is part of the University of Cambridge.
It furthers the University's mission by disseminating knowledge in the pursuit of education, learning and research at the highest international levels of excellence.

www.cambridge.org
Information on this title: www.cambridge.org/9781108070577

This edition first published 1784
This digitally printed version 2014

ISBN 978-1-108-07057-7 Paperback

MINÉRALOGIE DES VOLCANS,

OU

DESCRIPTION

DE TOUTES LES SUBSTANCES PRODUITES OU REJETÉES PAR LES FEUX SOUTERRAINS.

PAR M. FAUJAS DE SAINT-FOND.

A PARIS,

Chez CUCHET, rue & Hôtel Serpente.

M. DCC. LXXXIV.

Avec Approbation, & Privilége du Roi.

A MONSIEUR

LE DUC DE POLIGNAC,

Brigadier des Armées du Roi, Meſtre-de-Camp-Lieutenant-Commandant le Régiment du Roi, Cavalerie; Premier Ecuyer de la Reine en ſurvivance.

MONSIEUR LE DUC,

LORSQUE je m'occupois de l'Hiſtoire Naturelle des Volcans éteints de la France, les Montagnes du Velai, particulièrement celles des environs de Polignac; *m'offrirent un champ si riche & si précieux en ce genre, que depuis que j'ai publié un Ouvrage à ce sujet, elles ont été visitées par des Savans distingués de presque toutes les parties de l'Europe.*

Mais ces lieux célèbres par de grandes révolutions physiques, ne l'étoient pas moins à mes yeux par des monumens d'un autre genre, qui appartiennent à l'Histoire ancienne de la France.

Un Auteur du cinquième siècle, Sidoine Apollinaire, *fils d'un Préfet des Gaules, nous ayant transmis des détails remarquables sur les Antiquités de* Polignac, *&* Gabriel Simeoni, *venu exprès d'Italie en 1555, dans l'intention de faire sur ces mêmes monumens, des Recherches qu'il publia peu de tems après, m'avoient* *inſpiré le déſir de voir un lieu auſſi digne de curioſité.*

J'eus la ſatisfaction d'y retrouver la belle tête coloſſale en granit, de l'Apollon rendant des Oracles, dont parle le Savant Italien, ainſi qu'une Inſcription romaine très-intéreſſante.

Des reſtes d'Antiquité auſſi précieux étant faits pour rendre recommandables ceux qui en ſont depuis ſi long-tems en poſſeſſion, je déſirai de jeter les yeux ſur l'Hiſtoire de votre Maiſon; j'y vis une ſuite de Guerriers illuſtres qui ont alternativement & preſque ſans interruption verſé leur ſang pour la Patrie, & conſacré des talens diſtingués aux progrès de la raiſon, & à l'avancement des connoiſſances humaines.

Vous marchez, MONSIEUR LE DUC, ſur leurs traces, & vous jouirez comme eux de l'estime de la Nation, & de la vénération des Gens de Lettres. C'est pour commencer à acquitter la dette qu'ils contracteront vis-à-vis de vous, que je prends la liberté de vous adresser un Livre relatif à la Minéralogie des Volcans; vous y trouverez plusieurs objets rares recueillis dans vos possessions. Cet Ouvrage m'a coûté de longs & pénibles travaux; mais j'en suis amplement dédommagé en vous l'offrant comme une marque de mon respectueux attachement.

Je suis,

MONSIEUR LE DUC,

Votre très-humble &
très-obéissant serviteur,
FAUJAS DE SAINT-FOND.

INTRODUCTION.

LE goût des Obſervations & des grands Voyages, nous ayant mis à portée de reconnoître que les Volcans ſont beaucoup plus multipliés qu'on ne l'avoit cru juſqu'à préſent, & que ceux dont les feux ſont aſſoupis ou entièrement éteints, occupent preſque ſans interruption des Contrées d'une vaſte étendue; dès-lors le Naturaliſte n'a pas tardé de reconnoître que ces grands incendies ſouterrains doivent néceſſairement tenir à de grandes cauſes.

Mais comme ces convulſions terribles ont abîmé des montagnes & en ont fait reparoître de nouvelles, & que les matériaux variés à l'infini qui entrent dans l'organiſation de la terre, ont éprouvé dans ces circonſtances, des bouleverſemens qui ſe ſont manifeſtés à pluſieurs repriſes, & qui ont tout jeté néceſſairement dans la confuſion, il eſt réſulté de ce déſordre une eſpèce de cahos fait pour rebuter les Naturaliſtes, toutes les fois qu'ils ont voulu ſe livrer ſérieuſement à cette étude.

Animé par le déſir de m'inſtruire, je n'ai pas craint de me livrer avec aſſiduité, pendant pluſieurs années, à un travail qui ne m'a préſenté long-tems que des épines & qui a exigé de moi beaucoup de voyages, des recherches immenſes, & une collection volcanique des plus étendues.

Cette ſuite de faits & de détails relatifs aux produits des feux ſouterrains, pouvant former un Ouvrage propre à éviter des peines à ceux qui auroient le goût & le déſir de s'occuper des mêmes objets, je me ſuis déterminé par ce ſeul motif à les publier, bien perſuadé d'avance que ceux qui viendront après moi feront beaucoup mieux.

Comme je me propoſois de préſenter

cette nombreuſe ſuite de laves dans un ordre qui en facilitât l'étude, j'ai cru que le moyen le plus ſimple & celui qui étoit en même-tems le plus dans la nature, étoit de m'attacher à tous les différens caractères que pourroient préſenter les objets que je voulois faire connoître, en rapprochant ſimplement ceux qui ont le plus de rapport & d'analogie.

C'eſt ainſi qu'à la fin de ce long & pénible travail, j'ai cru m'appercevoir qu'en adoptant une marche auſſi ſimple, l'on pourroit eſpérer de ſe former des idées plus claires, & beaucoup plus diſtinctes de cette nombreuſe ſuite d'objets, qui effrayoient l'imagination, lorſqu'on jetoit les yeux ſur ce vaſte tableau, où l'on ne voit que de grandes & lugubres ruines formées par l'entaſſement d'une multitude de matières de toute eſpèce, qui ont été long-tems & à pluſieurs repriſes la proie des feux ſouterrains. Un ſeul coup-d'œil ſur la table de ce Livre ſuffira pour convaincre de cette vérité, & l'on y verra que la Minéralogie des Volcans eſt bien plus étendue qu'on ne l'a cru jusqu'à présent, puisqu'elle renferme non-seulement plus de cent cinquante espèces & variétés de laves, mais la Lithologie presqu'entière, beaucoup de substances salines, minérales, bitumineuses, &c.

L'ordre dans lequel ces différentes substances sont rangées dans cet Ouvrage est tel, que pour peu qu'on s'habitue à le suivre, on s'appercevra qu'il tend à abréger les difficultés, à éviter la confusion, & qu'il établit des espèces de limites où l'esprit peut se reposer, pour méditer sur les inductions & les conséquences qui résultent de faits aussi positifs.

D'un autre côté, celui qui voudra entrer pour la première fois dans cette carrière, trouvera par-là des moyens de se reconnoître, & pourra même, à la rigueur, faire seul & sans secours des progrès d'autant plus rapides, que les matières se trouvant liées les unes aux autres, la connoissance d'un fait le conduira bientôt à un autre.

Ainsi, je suppose qu'une personne qui ne

ſauroit ſimplement diſtinguer qu'une lave compacte d'avec une lave poreuſe, mette pour la première fois le pied dans un pays volcaniſé ; ſi le premier produit du feu qu'il rencontre eſt par exemple une *lave compacte*, ou cette lave a une figure régulière ou elle eſt informe; dans le premier cas, il eſt facile de voir ſi cette figure eſt *priſmatique*, *ovale*, *ronde*, ou ſi elle eſt diſpoſée en *table*, &c. Si elle eſt *priſmatique*, on cherchera le Chapitre des *laves priſmatiques*, & l'on y trouvera la deſcription exacte de tous les *priſmes*, depuis le *triangulaire*, juſqu'à l'*octogone*, avec les variétés & les accidens remarquables que préſentent ces mêmes priſmes; l'on y trouvera auſſi l'analogue de celui qu'on cherchera à connoître : ſi la lave eſt en *boule*, il faudra avoir recours au Chapitre *des Baſaltes en boule*, *&c.* Mais ſi la lave compacte eſt *irrégulière*, comment ſe tirer de cet embarras ? La choſe eſt encore facile ; l'on recourra d'abord à la Section des *Laves irrégulières*, où ſont toutes les eſpèces & variétés de laves ; & comme elles ſont déſignées en particulier, par les caractères extérieurs, tels que la dureté, la couleur, la diſpoſition des molécules, le poli qu'elles ſont ſuſceptibles de recevoir, leur action ſur le barreau aimanté, en un mot, par tous les caractères qu'il a été poſſible de leur reconnoître, l'on ne tardera pas à trouver encore ici ce que l'on cherche.

Si la lave eſt altérée, l'on aura recours aux *laves décompoſées.*

Enfin, lorſqu'on trouvera des ſubſtances particulières enveloppées dans les laves, telles que des *granits*, des *ſchorls*, du *ſpath calcaire*, de la *zéolite*, *&c.* il faudra s'attacher à la Section qui traite des *corps étrangers renfermés dans les laves.*

Cependant, comme malgré l'exactitude & l'attention que j'ai tâché d'apporter dans la deſcription de chaque morceau, il en eſt quelques-uns qui réuniſſent des caractères & des accidens ſi variés & ſi difficiles à rendre par le diſcours, que lorſqu'on n'a pas été à portée de les trouver ſur les lieux, il n'eſt pas aiſé de s'en former une idée exacte ; j avertis que pour parer à cet inconvénient, je placerai au Cabinet du Roi, & dans le plus bel ordre, une riche Collection relative à tous les morceaux que je décris, & où chaque échantillon répondra aux numéros de ma Minéralogie. C'eſt aux ſoins de M. le Comte de Buffon & à ſon zèle pour les progrès des Sciences, auxquelles il a donné une ſi forte impulſion, que l'on devra cette nouvelle ſuite qui ſera placée ſéparément dans le vaſte & précieux dépôt confié à cet illuſtre Naturaliſte.

Une Collection abſolument ſemblable, ſera probablement placée dans le Muſée Britannique, ou du moins ſera miſe à portée d'être étudiée par les Savans de Londres, car elle eſt au pouvoir de M. Benjamin Vaughan, Anglois eſtimable & d'un grand mérite, qui a voulu en faire jouir ſa patrie. Toutes ces circonſtances ne peuvent qu'être favorables aux progrès & à l'avancement de l'hiſtoire naturelle des Volcans,

& je me trouverai amplement dédommagé de mes peines, ſi cet Eſſai peut réveiller le goût d'une étude qui préſente, à la vérité, pluſieurs difficultés, mais qui peut ſeule mettre ſur la voie de diſtinguer une ſuite d'évènemens du plus grand ordre, étroitement liés à l'hiſtoire des révolutions de la Nature.

FAUTES à corriger.

PAGE 148, *ligne* 22, poli gros & onctueux; *liſez*, poli gras & onctueux.

PAGE 249, jaſpe brun ou cailloux roulés; *liſez*, en cailloux roulés.

PAGE 337, *ligne* 25, tacheté de noir; *liſez*, tachetée de noir.

PAGE 368, *ligne* 3, comme importante à connoître pour l'Hiſtoire naturelle & pour l'Art de bâtir; *liſez*, comme importante à connoître pour l'Art de bâtir.

TABLE

DES CHAPITRES.

Fin de la Table des Chapitres.

EXPLICATION

DES PLANCHES.

PLANCHE I. *Plans des troncatures de tous les prismes de Basalte dont il est fait mention dans la Minéralogie des Volcans.*

Ce Tableau copié très exactement sur les prismes décrits dans ce Livre, tend à démontrer que les figures que le basalte affecte, est plutôt l'ouvrage du *retrait* que celui de la cryſtalliſation ; car les seuls prismes *quadrangulaires*, offrent cinq variétés, les *pentagones*, huit, &c.

Je sens, à la vérité, qu'on pourroit objecter que les faces & les arêtes de ces prismes, sont quelquefois aussi pures & aussi vives que dans certaines cryſtalliſations pierreuses ; mais ce seul caractère est insuffisant, d'abord parce qu'il n'est ni général ni constant dans les basaltes ; en second lieu, parce que le prisme ne forme qu'une seule partie d'un cryſtal, & qu'on a trouvé jusqu'à présent le basalte prismatique sans pyramide. D'ailleurs les angles de tous les prismes basaltiques diffèrent constamment entr'eux, ce qui n'a pas lieu dans les véritables cryſtaux, suivant la superbe observation de M. Deromé de Lisle.

PLANCHE II. *Butte d'Ardenne, près de Pradelles en Vivarais, où l'on distingue une boule énorme de basalte, encastrée dans le massif de cette roche volcanique.*

La crête de cette singulière butte, qui n'est qu'à deux portées de fusil de la Ville de *Pradelles*, est entièrement hérissée, non de prismes réguliers, mais d'espèces de poutres de basaltes; la vue que j'en ai fait prendre, est consacrée à cette boule extraordinaire, qui fait l'étonnement & l'admiration des Naturalistes qui la visitent. Cette sphère de lave donc la circonférence est de 45 pieds, est encastrée entre ces poutres mêmes de basalte, de manière qu'on ne peut douter qu'elle n'ait été ainsi formée dans l'endroit même où on la remarque, & où elle est adhérente à la masse totale. Comme elle a été mise à découvert par quelqu'accident, l'on a la facilité d'y voir six couches ou enveloppes concentriques d'un pied d'épaisseur chacune, qui forment autant d'espèces de feuillets qui l'enveloppoient.

PLANCHE III. *Vue d'une des faces latérales de la même butte.* Les boules sont plus abondantes dans cette partie, & la plupart ont été détachées par le tems qui a détruit le massif qui les retenoit.

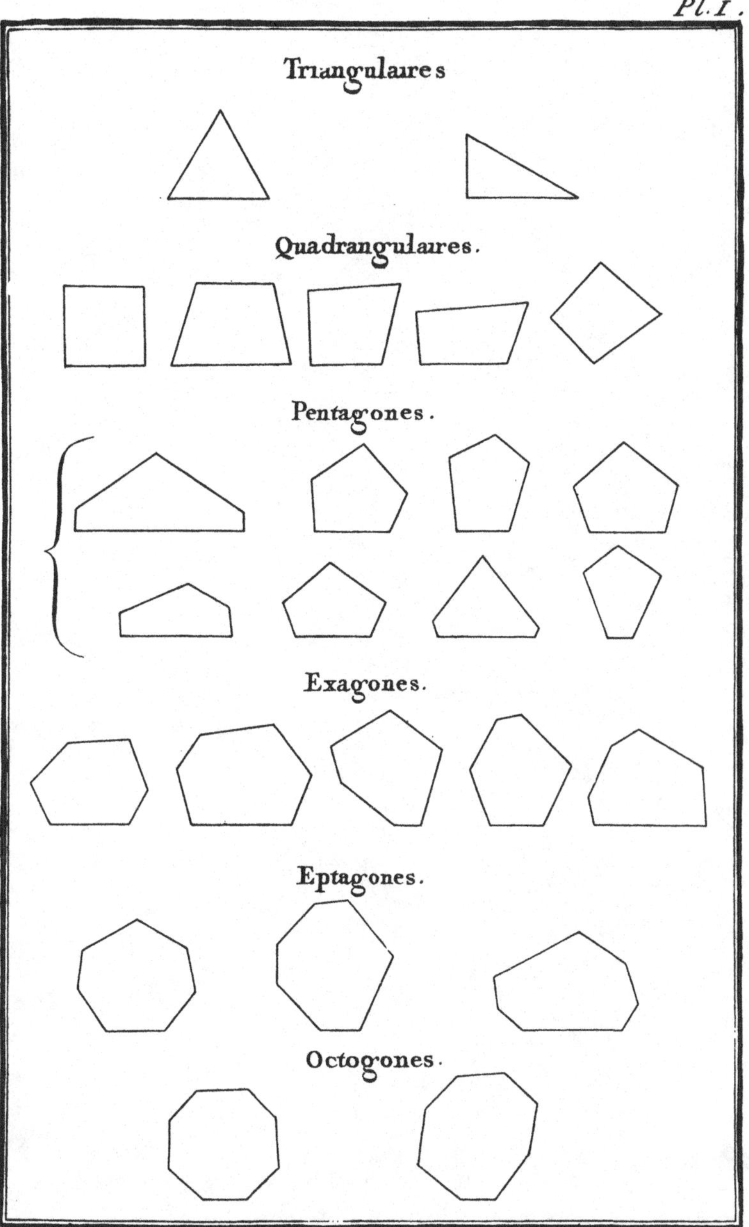

Plans des Prismes de Basaltes dont il est fait mention dans la MINÉRALOGIE DES VOLCANS.

Pl. II.

BUTTE D'ARDENNE PRÉS DE PRADELLE,

avec une Boule remarquable de Basalte encastrée dans le massif de cette Roche volcanique.

Pl. III.

VUE D'UNE DES FACES LATÉRALES DE LA BUTTE D'ARDENNE,
près de Pradelles.

MINÉRALOGIE DES VOLCANS.

CHAPITRE PREMIER.

DU BASALTE.

LE basalte est une véritable lave qui a incontestablement coulé ; cette matière qui n'a éprouvé qu'une demi-vitrification, se présente à nos yeux sous la forme d'une pierre plus ou moins noire, dure, compacte, pesante, attirable à l'aimant, susceptible de recevoir le poli, fusible par elle-même sans addition, donnant plus ou moins d'étincelles avec le briquet, ne faisant aucune effervescence avec les acides.

Le nom de *Basalte*, qui lui a été donné d'après Pline, doit lui être conservé, & il paroît que les naturalistes qui s'occupent particulièrement de l'étude des volcans, sont d'accord à ce sujet. Il ne faut donc plus donner le nom de basalte aux schorls, & à quelques autres pierres crystallisées, ainsi que l'a fait M. Wallerius, & à son exemple quelques autres minéralogistes.

Le basalte peut être divisé en basalte qui affecte des formes, & en basalte qui n'offre que des masses irrégulières.

Le premier se trouve en prismes,

Triangulaires,

Quadrangulaires.

Pentagones,

Hexagones,

Eptagones,

Octogones,

En prismes articulés, &c.

Le second n'a point de forme particulière; on le trouve tantôt dispersé en grands courans qui paroissent avoir coulé par ondulation, tantôt en monticules, en pics isolés, d'autres fois en murs, en espèce de rempart escarpé; souvent enfin, en éclats, en fragmens raboteux & irréguliers.

Les prismes quadrangulaires sont difficiles à trouver; les triangulaires & les octogones bien caractérisés, sont d'une grande rareté.

La grandeur des prismes varie beaucoup, il en existe de si petits qu'on peut les regarder comme des prismes en miniature, car ils n'ont quelquefois que 4 à 5 lignes de diamètre, sur un pouce & demi, ou deux de longueur, & sont d'une conservation parfaite; il est vrai que cette espèce est très-rare : d'autres prismes ont 1 ou 2 pouces de diamètre sur 4 à 5 pouces de hauteur, &c. Il en existe d'autre part de 4, 5, 6, 7, 8, 9, 10, & jusqu'à 25 à 30 pieds d'élévation. L'on en voit même de plus gigantesques encore, d'un seul jet, minces & bien filés, tandis qu'on en rencontre de monstrueux pour l'épaisseur, tels que ceux des environs du château de la *Bastide*, & ceux de la montagne de *Chenavari*, en *Vivarais*, où les prismes ont quelquefois plus de 3 pieds & demi de diamètre, sur 15 à 16 pieds d'élévation. L'on en trouve aussi de très-volumineux à *Expailli dans le Velai*, ainsi qu'en diverses parties de l'*Auvergne*, dans les volcans de l'état de Venise, dans ceux du *Vicentin*, de la *Sicile*, dans ceux d'*Antrim* en *Irlande*, &c.

Il y a des prismes dont les faces extérieures ſont changées en ſubſtance terreuſe, juſqu'à la profondeur de pluſieurs lignes, quelquefois même de pluſieurs pouces, tandis que le reſte de la matière eſt intact & d'une grande dureté : lorſque de tels priſmes renferment du ſchorl dans les parties qui ont perdu leur adhéſion, ce ſchorl a conſervé ſon état vitreux, & n'a ſouffert aucune altération.

L'on trouve quelquefois auſſi des priſmes bien caractériſés dont la lave eſt cellulaire; malgré cela, le baſalte en eſt dur & peſant ; & ces priſmes, quoique poreux, ont conſervé leur caractère baſaltique ; ces eſpèces de priſmes ne ſont pas communs.

La pâte, ainſi que le grain des baſaltes eſt, en général, compacte, homogène & ſuſceptible de recevoir un beau poli ; l'on trouve cependant quelquefois des maſſes de baſalte, & même des priſmes dont les parties ſe détachent en petits fragmens graveleux plus ou moins adhérens. En obſervant avec attention des priſmes de cette ſorte, l'on ne tarde pas à reconnoître que tous ces fragmens réunis ſont eux-mêmes autant d'ébauches, autant de rudimens priſmatiques ; c'eſt en étudiant la contexture d'une colonne de baſalte graveleux nouvellement rompue, qu'on peut diſtinguer plus facilement cette multitude de petits priſmes imparfaits, dont la réunion & l'enſemble en forment un grand.

La couleur du baſalte priſmatique, ainſi que celle du baſalte en maſſe, quoique noire en général, n eſt cependant pas conſtamment la même & varie dans les teintes, car l'on diſtingue du baſalte d'un noir d'ébène, d'autre d'un noir bleuâtre, d'autre plutôt gris que noir. L'on en trouve du verdâtre; d'autres fois le baſalte eſt coloré par une rouille rougeâtre, ou d'un jaune ocreux; le baſalte décompoſé eſt ordinairement d'un gris blanchâtre, &c. Enfin les différens degrés d'altération & de combinaiſon du principe ferrugineux, peuvent occaſionner encore diverſes nuances, & une multitude de modifications dans la couleur des baſaltes, ainſi que dans celle des autres laves.

L'on trouve aſſez ſouvent des corps étrangers non-ſeulement dans le baſalte en maſſe, mais encore dans le baſalte en priſme, tels que diverſes eſpèces de *granit*, du *ſchorl cryſtalliſé* ou en noyaux irréguliers, de la pierre & du *ſpath calcaire*, de la *chryſolite*, &c.

Le baſalte produit par l'analyſe,

1°. De la terre quartzeuſe ;

2°. De la terre à baſe d'alun ;

3°. Une légère portion de magnéſie à baſe de ſel d'epſom;

4°. De la terre calcaire;

5°. Du fer;

En répétant les expériences ſur diverſes ſortes de baſalte, l'on trouve ſimplement quelques variétés dans les proportions, mais les réſultats ſont conſtamment les mêmes ; quelquefois la terre quartzeuſe qui eſt celle qui domine dans le baſalte a produit. . . 46 l. par quintal de baſalte.

La terre argileuſe.	30
La terre calcaire.	10
La magnéſie. .	6
Le fer.	8
Total. . .	100 l.

D'autres baſaltes, ceux, par exemple, en table, du mont *Mezin*, renferment un peu plus de matière calcaire ; tandis que l'argile eſt quelquefois un peu plus abondante dans certaines variétés ; mais cette différence n'eſt pas bien grande, & le fond des matières eſt ordinairement le même.

CHAPITRE II.

BASALTES PRISMATIQUES TRIANGULAIRES.

VARIÉTÉ *A*. Priſme triangulaire équilatéral, d'autant plus remarquable qu'il n'a que 11 lignes de longueur ſur 4 lignes de diamètre.

Des abymes de Rignac, derrière le château de Rochemaure, en Vivarais.

Variété B. Priſme triangulaire de 3 pouces de hauteur ſur 2 pouces de diamètre, dont la tronquature offre un plan ſcalène.

Ce priſme eſt remarquable, 1°. par pluſieurs petits nœuds de ſchorl noir vitreux; 2°. par la contexture de la matière qui a éprouvé une multitude de petites gerçures, ou plutôt de retraits qui forment autant d'ébauches de priſmes, accident qui peut s'obſerver facilement dans ce morceau, ſcié & poli ſur ſon plan ſupérieur.

Des environs du château de Rochemaure.

Variété C. Idem, d'un pouce 10 lignes de longueur ſur 2 lignes de diamètre, remarquable, non-ſeulement par ſon petit volume, & par la pureté des angles, mais encore en ce que l'extrémité oppoſée eſt de forme quandragulaire; de ſorte que ce priſme réunit en petit, deux variétés qui ſe remarquent quelquefois dans les grands priſmes; il eſt auſſi digne d'attention, en ce qu'il fait partie d'un petit grouppe compoſé d'un priſme quadrangulaire, & d'un priſme pentagone; ces trois priſmes s'uniſſent ſi bien lorſqu'on les rapproche, qu'ils ne forment eux-mêmes alors qu'un ſeul priſme quadrangulaire.

Cet échantillon curieux vient des abymes de Rignac, derrière le château de Rochemaure.

Variété D. Idem, à pâte graveleuſe, c'eſt-à-dire, qui a éprouvé une multitude de petits retraits ſemblables à ceux de la variété B.

Ce priſme eſt remarquable par ſa forme, figurée d'un côté en quart de rond, c'eſt-à-dire, que deux côtés du plan ſupérieur du priſme, qui ne laiſſent rien à deſirer pour la conſervation, ſont en lignes droites, dont une de 2 pouces 4 lignes de longueur, la ſeconde de 16 lignes, & la troiſième formée en arc, de 2 pouces 6 lignes. Cette courbure bien caractérisée n'est point l'effet d'une cassure, car l'on voit clairement qu'elle est occasionnée par la disposition de la matière qui a pris naturellement cette forme à l'époque du refroidissement.

Des environs du château de Rochemaure.

L'on trouve à *Radicofani*, & à *St-Lorenzo in Grotta* de petits prismes triangulaires, dont la croûte extérieure est altérée, & changée en argile. La pâte de ce basalte, quoique dure, est d'une couleur moins noire que celle des prismes du Vivarais.

L'on en voit de très-intéressans dans la belle Collection que M. Besson a apportée d'Italie.

CHAPITRE III.

BASALTES PRISMATIQUES QUADRANGULAIRES.

VARIÉTÉ A.

Prifme quadrangulaire d'un pied 9 pouces de hauteur fur 4 pouces 3 lignes de largeur, très-bien configuré, & à arêtes fi vives & fi droites, qu'on le prendroit pour un ouvrage de l'art, fi les faces extérieures des pans n'étoient converties en argile jufqu'à la profondeur d'une demi - ligne, tandis que les autres parties intérieures font du plus beau noir, & de la plus grande dureté.

Ce magnifique & rare prifme a été tiré de la chauffée de Cheidevant, derrière la montagne de Chenavari.

Variété B.

Prifme quadrangulaire de 5 pouces de longueur fur 4 lignes de largeur, à angles bien tranchans & fans défaut.

Ce prifme fingulier eft dans des proportions giganteſques relativement à ſon petit diamètre ; il offre auſſi deux accidens qui le rendent recommandable. Le premier eſt une courbure qui règne dans toute la longueur du priſme ; le ſecond eſt relatif aux plans des extrémités du priſme, dont l'un eſt formé en trapézoïde, & l'autre en parallélogramme.

Des abymes de Rignac, derrière le château de Rochemaure.

Variété C.

Deux priſmes accolés de 5 lignes de diamètre ſur 48 lignes de longueur, dont l'un marqué A, eſt quadrangulaire : ſa partie inférieure dont la baſe eſt plus grande, eſt également à 4 pans ; l'on y reconnoît cependant une ébauche d'angle qui, ſi elle eût été un peu mieux caractériſée, auroit rendu cette partie pentagone ; mais ce que la nature n'a fait qu'eſquiſſer dans ce priſme, elle l'a perfectionné dans l'autre ; en effet, la ſommité C du ſecond eſt parfaitement quadrangulaire, tandis que le côté oppoſé D, offre un priſme à cinq angles, qui ne laiſſe rien à déſirer pour la netteté. J'avois déjà obſervé la même ſingularité dans les grands priſmes, & j'en avois fait mention dans les

Recherches sur les Volcans éteins du Vivarais & du Velai, mais on aime à voir la nature travailler d'une manière uniforme en petit comme en grand. L'on distingue en séparant ces deux prismes, une couche légère de spath calcaire, qui forme une espèce de vernis sur les pans intérieurs, c'est-à-dire, dans les côtés par où ils se joignent; cet accident démontre aux personnes qui n'ont pas été à portée d'observer ces petits prismes sur les lieux, que la nature seule a concouru à leur formation, & qu'il est impossible que l'art les ait imité. Ce spath annonce aussi que les eaux n'ont déposé ici la matière calcaire qu'à une époque où le retrait de la lave avoit déjà produit les interstices qui ont donné lieu à la formation des prismes.

Des abymes de Rignac, derrière le château de Rochemaure.

Variété D. Idem, de 3 pouces 7 lignes de longueur, sur 1 pouce 8 lignes de diamètre, de l'espèce que je nomme *basalte graveleux*, formée, ainsi que je l'ai déjà dit, par une multitude d'ébauches de prismes; les faces ou les parties extérieures des pans, offrent le plus souvent dans cette circonstance, de petites taches ou mouchetures d'un gris blanchâtre, auxquelles il eſt eſſentiel que le naturaliſte faſſe attention, puiſquelles ſe manifeſtent non-ſeulement ſur le baſalte graveleux, dur & intact, mais encore qu'on les retrouve ſur le baſalte de la même eſpèce entièrement altéré & changé en ſubſtance argileuſe. Tel que celui du mont *Mezin en Velai*, & celui des environs de *Montelimar.*

La tronquature du priſme dont il eſt queſtion, eſt un plan trapezoïde, dont un des côtés eſt un peu tourné en arc, ce qui le rapproche de la variété D de la Section première.

L'on voit auſſi ſur ce priſme un joli morceau de ſchorl couleur d'hyacinte, ainſi que pluſieurs grains de ſchorl noir.

Des environs du château de Rochemaure.

Variété E. Idem, de 20 lignes de longueur, ſur 14 de diamètre. Ce priſme ſcié & poli à chaque extrémité, eſt d'un baſalte très-noir & des plus durs; les arêtes des priſmes ſont pures & ſans défaut, l'extérieur eſt revêtu d'une couche griſâtre, occaſionnée par l'altération de la matière dans les parties, ce qui s'obſerve en général dans tous les priſmes de la belle chauſſée de *Cheidevant*, quoique le baſalte en ſoit très-dur & ſonore: une des tronquatures de ce priſme intéreſſant eſt de figure rhomboïdale.

De la montagne de Cheidevant, en face de celle de Chenavari, en Vivarais.

Variété F. Idem, de 2 pouces 6 lignes de longueur, ſur 5 lignes de largeur. Ce priſme qui paroît comprimé, a deux de ſes pans oppoſés plus grands du double que les autres, & l'on voit ſur ſes faces de petites dendrites en buiſſon.

Des abymes de Rignac, derrière le château de Rochemaure.

Variété G. Idem, de 2 pouces 6 lignes de longueur, ſur 7 lignes de largeur, des plus rares & des plus curieux, en ce qu'il eſt en baſalte poreux; je dis en baſalte poreux, parce que, quoique criblé d'une multitude de pores, tant dans ſa contexture que ſur ſes faces extérieures, il n'en eſt pas moins composé d'une vraie pâte baſaltique dure & noire.

Ce priſme bien caractériſé, & très-intéreſſant, vient des environs de Chenavari, en Vivarais.

Variété H. Idem, d'un pied de hauteur, ſur 4 pouces 6 lignes de largeur, d'un baſalte noir des plus compactes, avec un noyau de granit de 3 pouces de longueur, ſur 2 pouces de largeur, compoſé de feld-ſpath blanc, & de ſchorl noir. Des échantillons de cette eſpèce ſont très-rares.

De la chauſſée du pont de Rigaudel, entre Vals & Entraigues.

Variété I. Voici un des plus curieux morceaux volcaniques qui aient encore paru dans les Cabinets; on pourroit à bon droit le nommer un pavé entier, non de *géans* mais de *nains*.

Il eſt formé de 6 priſmes bien caractériſés qui n'ont dans leur enſemble que 20 lignes de hauteur, ſur 8 lignes de largeur. Ces charmans petits priſmes qui ſont quadrangulaires, offrent dans leur tronquature, des rhombes parfaits, & chaque priſme eſt enduit d'une couche extrêmement légère de ſpath calcaire. Ce morceau doit être regardé comme un des plus curieux qui exiſtent en ce genre (1).

Des abymes de Rignac, derrière la château de Rochemaure.

---

(1) L'on voit dans le Cabinet de M. Beſſon, quelques priſmes quadrangulaires bien conſervés, pris à *Bolsena* & à *Radicoffani*.

CHAPITRE IV.

BASALTES PRISMATIQUES PENTAGONES.

VARIÉTÉ *A*. Prifme pentagone de 3 pieds 5 pouces 6 lignes de hauteur, fur 6 pouces 4 lignes de diamètre, bien filé & d'une belle confervation. L'extrémité oppofée eft hexagone.

Du pavé du pont du Bridon, près de Vals, en Vivarais.

Variété B. Idem, de 6 pouces de hauteur, fur 11 pouces de diamètre ; ce bafalte dur & noir, eft remarquable par cinq gros nœuds de chryfolite placés fur la tronquature fupérieure de ce rare fegment de prifme. Le plus confidérable de ces noyaux, de forme ovale, a 3 pouces 9 lignes dans fon grand diamètre, 2 pouces 6 lignes dans fon petit. Les pans du prifme font en outre lardés de plufieurs autres nœuds de chryfolite.

De la chauffée qui borde la rivière du Colombier, au-deffous au-deſſous du Village, dans la partie dépendante des prairies du Prieuré.

Variété C. Deux priſmes pantagones de 2 pieds 9 pouces de hauteur, ſur 5 pouces de diamètre, ſe correſpondant & pouvant être placés dans la poſition première où ils ont été trouvés ſur les lieux. Ces priſmes, dont j'ai déjà fait mention dans les *Recherches ſur les Volcans éteints du Vivarais & du Velai, pages* 149 & 150, ſont remarquables en ce qu'ils renferment chacun dans un de leurs pans correſpondans, un gros noyau de granit blanc, qui n'avoit fait autrefois qu'un même corps, mais que le retrait de la matière, à l'époque du refroidiſſement de la lave, rompit & ſépara de manière que chaque priſme en retint une portion; ce qu'on a la facilité de pouvoir vérifier facilement en rapprochant les deux morceaux & les plaçant dans leur première poſition.

L'inſpection des lieux vient encore à l'appui de cette vérité, car les perſonnes qui ont viſité le pavé *du pont du Bridon*, n'ignorent pas que les priſmes qui le compoſent ſont placés dans une poſition verticale, dans le plus bel ordre, & ſont ſéparés les uns des autres par des interſtices de 5 à 6 lignes de largeur. Or, comme le naturaliſte en étudiant ce beau courant, reconnoît ſans peine que la lave dont il eſt formé, n'a ſouffert aucun déplacement par des cauſes accidentelles, & qu'elle eſt encore dans ſa poſition première, il ne peut & ne doit attribuer la disjonction de tous les priſmes de ce pavé, qu'au retrait de la matière qui occupoit néceſſairement moins de volume en ſe refroidiſſant. Or, comme les deux priſmes dont il eſt queſtion, offroient dans leurs parties correſpondantes un vide de pluſieurs lignes, & que les deux pans accolés avoient retenu chacun une portion du noyau de granit qui ſe trouvoit dans la ligne de disjonction, il eſt à préſumer, & il y a tout lieu de croire que la lave avoit alors une forte ténacité, puiſque ce noyau granitique enchaîné de part & d'autre y fut ſi étroitement arrêté, qu'il fut coupé par le milieu, & que chaque priſme en retint une portion.

Fait important qui démontre que les priſmes ne ſont point le produit d'une véritable cryſtalliſation, & ſur-tout qui renverſe abſolument l'opinion de ceux qui ont regardé les laves priſmatiques comme dues à une cryſtalliſation opérée par le fluide aqueux, qui a transporté les molécules basaltiques décomposées, pour les réunir ensuite sous la forme où on les trouve (1).

Variété D. Idem, de 7 pouces de hauteur, sur 6 pouces de largeur, avec un noyau ovale de granit gris-blanc, de 2 pouces 2 lignes de longueur dans son grand diamètre, & de 2 pouces moins 2 lignes dans son petit. L'on y voit un second noyau de granit moins considérable, sur la même face, avec un petit nœud de chrysolite.

Du pavé du pont de Rigaudel.

Variété E. Idem, de 2 pouces 6 lignes de longueur, sur 7 lignes de largeur, bien caractérisé, d'une conservation parfaite, & d'un basalte très-dur, quoique un peu poreux. Une des tronquatures est pentagone, tandis que l'autre est quadrangulaire. J'ai fait connoître des prismes triangulaires dont une des extrémités étoit quadrangulaire, en

---

(1) L'on peut voir à ce sujet, pag. 36, 37 & 38 du Mémoire de M. Collini, ayant pour titre : *Considérations sur les Montagnes Volcaniques.* Manheim & Paris, 1781. *in*-4°. Ouvrage qui laisse bien des choses à désirer.

voici un à 4 angles d'un côté & à 5 de l'autre.

Des environs du château de Rochemaure, en Vivarais.

Variété F. Idem, de 8 pouces de hauteur, ſur 4 pouces 6 lignes d'épaiſſeur. Ce priſme paroît triangulaire au premier aſpect, mais l'on voit bientôt qu'il eſt pentagone, & parfaitement bien caractériſé; ſon extrémité oppoſée eſt quadrangulaire, il renferme en outre un beau noyau de granit gris.

Du pavé du pont du Bridon entre Vals & Entraigue.

Variété G. Idem, de 9 pouces de hauteur, ſur 5 pouces 3 lignes dans ſa plus grande épaiſſeur, qui paroît être triangulaire, & qui formeroit même un triangle aigu, ſi deux des angles qui ſont abattus, & donnent naiſſance à deux petits pans bien caractériſés de 2 pouces de largeur, ne rendoient ce priſme pentagone.

De la chauſſée de Chenavari, au-deſſus de Rochemaure, à côté de la mine de pouzzolane qu'on exploite.

CHAPITRE V.

BASALTES PRISMATIQUES HEXAGONES.

VARIÉTÉ *A*. Prifme hexagone de 33 pouces de longueur, fur 4 pouces de diamètre du bafalte le plus dur & le plus noir : ce prifme d'une forme pure, eft remarquable par fa belle proportion, par le grain ferré & compacte de la matière.

Du pavé du pont du Bridon, non loin de Vals, en Vivarais.

Variété. B. Idem, de 6 pouces de hauteur, fur 6 pouces 6 lignes de diamètre, avec deux noyaux de granit blanc, dont le plus confidérable a 1 pouce 9 lignes dans fon plus grand diamètre, & 1 pouce 5 lignes dans fon petit. Ce granit n'eft compofe que de feld-fpath blanc, mélangé de quelques petits points de fchorl noir.

Du pavé de Rigaudel, entre Vals & Entraigue.

Variété C. Idem, de 8 pouces de longueur, fur 11 pouces de largeur, remarquable par trois nœuds de chryſolite, dont le principal, nº. 1, a 9 pouces dans ſon plus grand diamètre, & 8 pouces & demi dans ſon petit. Celui du nº. 2, offre une ſingularité digne d'attention ; car l'on voit d'une manière bien diſtincte, que ce noyau forme une eſpèce de ſphéroïde allongé, dont la ſurface extérieure liſſe & unie, annonce que cette forme eſt due au frottement, de manière que cette pierre paroît avoir été roulée & arrondie par les eaux, avant que la lave l'eût enveloppée ; comme le baſalte a été fracturé dans la partie où eſt cette boule de chryſolite, on la voit preſqu'en entier à découvert, ce qui donne la facilité d'étudier ſa forme. L'on connoît par-là qu'il exiſtoit des maſſes conſidérables de chryſolite, dont on ne retrouve plus les matrices.

Voyez à l'article *Chryſolite*, ce que je dis de cette pierre.

Du pavé qui borde la riviere du Colombier, à une lieue au-deſſous de Burzet, en Vivarais.

CHAPITRE VI.

BASALTES PRISMATIQUES EPTAGONES.

VARIÉTÉ *A*. Prifme à fept pans, de 2 pieds moins 3 lignes de hauteur, fur 8 pouces moins 3 lignes de diamètre, d'un bafalte très-pur & qui donne beaucoup d'étincelles avec l'acier. Malgré cela l'extérieur des pans, eft changé en argille jufqu'à la profondeur de deux lignes. Ce qui, loin de dégrader ce prifme le rend plus intéreffant encore aux yeux du Naturalifte.

Du pavé de Cheidevant en face de la montagne volcanique de Chenavari, en Vivarais.

Variété B. Idem, de 10 pouces 6 lignes de hauteur, fur 8 pouces de diamètre, dont la furface eft changée en fubftance argileufe d'un jaune ocreux. Comme ce prifme eft lardé d'une multitude de nœuds de fchorl noir, dont quelques-uns ont jufqu'à 6 & même jufqu'à 7 lignes de diamètre. Ces fchorls ayant réfifté à l'agent qui a décomposé le basalte, sont à découvert, & forment de toute part des aspérités & des protubérances remarquables.

Des environs de Saint-Jean-le-Noir, en Vivarais.

J'ai envoyé il y a plusieurs années un très-beau prisme eptagone avec un noyau de granit, au Cabinet du Roi.

CHAPITRE VII.

BASALTES PRISMATIQUES OCTOGONES.

PRISME octogone de 22 pouces 6 lignes de hauteur, sur 8 pouces 6 lignes de diamètre, d'un basalte noir très-pur, à angles bien caractérisés & d'une belle conservation. Ce magnifique prisme pèse cent trente livres.

De la chaussée de Cheidevant, en Vivarais, dans la partie de la montagne où les prismes sont dans une situation horizontale & séparés les uns des autres par des intervalles de plusieurs pouces.

Les prismes octogones sont si rares, que je n'en ai jamais pu voir que quatre : celui que je viens de décrire; un ſecond beaucoup plus conſidérable, puiſqu'il a 13 pouces de diamètre, qui eſt dans mon Cabinet, mais il n'eſt pas d'une belle conſervation; un troiſième dans le Cabinet public d'hiſtoire naturelle de Grenoble, & un quatrième beaucoup plus petit que les autres, mais bien configuré, dans celui du P. Gardien des Cordeliers de Moirans, en Dauphiné. Tous ces priſmes, à l'exception du gros qui vient de *Chenavari*, ont été trouvés ſur la montagne de *Cheidevant*, *en Vivarais*.

Je ne fais point mention des priſmes à neuf pans, quoique quelques Auteurs en aient parlé, parce que je n'en ai jamais vu encore qui euſſent inconteſtablement ce caractère.

CHAPITRE VIII.

BASALTES PRISMATIQUES COUPÉS ET ARTICULÉS.

LES basaltes articulés n'ont été ainsi nommés, que parce que, dans certaines circonstances, les prismes sont divisés horizontalement en plusieurs parties dans tout leur diamètre, de manière que ces segmens forment alors une espèce d'emboîtement, c'est-à-dire, qu'on apperçoit dans la ligne même de section une face concave, tandis que celle qui est adhérente, & sur laquelle repose le tronçon de colonne est convexe, *& vice versâ*, ce qui imite une espèce d'articulation.

Il ne faut pas se persuader, cependant, qu'il existe de grandes & vastes chaussées où les prismes aient tous ce singulier caractère; l'on trouve à la vérité quelques pavés où l'on voit des prismes articulés; un des plus remarquable en ce genre dans le Vivarais, est celui du pont de la *Beaume*, sur la rive droite de l'*Ardéche*, à une lieue & demie d'Aubenas.

Ce beau pavé ſitué au bord même du grand chemin, offre une multitude de colonnes verticales, dont le ſyſtême général tend à l'articulation, car tous les priſmes ſont diviſés dans cette partie en 8, 10, 12 ou 15 tronçons; mais lorſqu'on porte une attention particulière ſur toutes ces diviſions, l'on reconnoît très-bien que ceux-ci ſont en général plutôt coupés qu'articulés, les lignes de ſection étant le plus ſouvent nettes & tranchantes. L'on en diſtingue cependant quelques-uns, dont l'extrémité porte une concavité de 5 à 6 lignes, tandis que la portion joignante eſt convexe.

Ce pavé offre encore une ſingularité qui mérite d'être obſervée; c'eſt que la plupart des angles de chaque priſme ſont écornés dans les lignes de ſection, ce qui paroît occaſionné par le poids énorme des maſſes baſaltiques qui repoſent & font effort ſur les priſmes, de manière que la violente preſſion a fait ſauter avec éclat les parties anguleuſes. C'eſt ainſi que lorſqu'un Architecte imprudent élève une coupole trop lourde ſur des ſupports mal proportionnés, les premiers effets du déſordre ſe manifeſtent toujours dans les encoignures, & dans les angles des pierres.

Il exiſte en Vivarais quelques pavés où l'on trouve auſſi un certain nombre de priſmes véritablement articulés, entr'autres celui de la rive gauche de la *Volane*, tout auprès du *pont de Bridon*, dans la partie où les habitans du lieu ont conſtruit un aqueduc adoſſé à la chauſſée même. C'eſt-là où l'on reconnoît quelques priſmes articulés; l'on en remarque auſſi pluſieurs ſur la montagne de *Chenavari*, dans le lieu où l'on a tiré des priſmes pour paver quelques parties des rues de Montelimar. Il exiſte auſſi des priſmes articulés en Auvergne. Le rocher baſaltique *de la Tour d'Auvergne* en eſt compoſé, &c.

Variété A. Portion de priſme articulé, de 6 pouces de hauteur, ſur 7 pouces de diamètre, avec une concavité de 6 lignes qui en occupe la ſurface, & s'approfondit vers le centre; ce priſme hexagone eſt d'autant plus curieux, qu'il renferme deux noyaux de granit gris-blanc; la contre-partie y manque ayant été briſée, lorſqu'on la tira du pavé de *Rigaudel*, dans une partie très-eſcarpée.

Variéte B. Priſme baſaltique hexagone,

composé de deux articulations, dont une de 7 pouces, & l'autre de 8 de hauteur, sur 6 de largeur. Le tronçon de 7 pouces a son extrémité convexe, avec un relief de 6 lignes, & celui de 8 pouces, une face concave dans laquelle le premier s'emboîte.

Du pavé qui borde la rive gauche de la Volane, à cent pas du pont du Bridon.

Variété C. Prisme triangulaire de 2 pouces 9 lignes de hauteur, sur 9 lignes dans sa plus grande largeur, d'un basalte noir & dur, quoique un peu poreux. Ce prisme, d'une conservation parfaite & sans défaut, est divisé en cinq parties ou coupures à-peu-près égales, qui s'adaptent exactement les unes sur les autres, de manière que ce prisme produit le plus charmant effet lorsqu'on le sépare. Comme on pourroit croire d'abord que l'art a pu contribuer à ces divisions, l'on est bientôt revenu de cette première idée, en observant tous les plans intérieurs dans les lignes de section. L'on reconnoît qu'ils sont enduits d'une couche légère de spath calcaire, qui semble avoir été ainsi déposée pour attester que la nature a fait elle-même les divisions ou coupures de ce prisme, un des plus extraordinaires, & des plus intéressans qui puisse exister. J'ai eu la satisfaction de le trouver, avec plusieurs petites colonnes, dans une *des profondes excavations de Rignac, au-dessous des mines de pouzzolane de Rochemaure.*

CHAPITRE IX.

BASALTE EN COLONNES CYLINDRIQUES.

VOICI une forme nouvelle, dont aucun naturaliste n'a fait mention, & que j'ai reconnue depuis peu dans le basalte;

C'est dans la chaussée de *Cheidevant* où j'ai trouvé, pour la première fois en 1781, deux colonnes de cette espèce.

L'amas immense de prismes qui composent ce beau pavé, un des plus curieux & des plus extraordinaire, offre un spectacle intéressant pour les naturalistes; la pâte du basalte y est si homogène, & si également fondue, le retrait quelle a éprouvé est si considérable, que les prismes y sont de la plus belle forme & tellement séparés les uns des autres, qu'on peut facilement paſſer la main & ſouvent même le bras en entier dans leurs interſtices ; une autre ſingularité bien remarquable encore, c'eſt que la plupart de ces priſmes ſont dans une poſition horizontale naturelle ; auſſi s'en eſt-il fait des abbatis immenſes, & toute la montagne volcanique qui eſt fort élevée, eſt recouverte preſque juſqu'à ſa ſommité d'un entaſſement de colonnes qui ſe croiſent, s'engrainent & ſe ſupportent dans tous les ſens. Cette vaſte & étonnante ruine eſt couronnée par diverſes butes entièrement formées par des gerbes de priſmes qui ſont dans le plus bel ordre & n'ont ſouffert aucun déplacement ; tout eſt dans un arrangement ſi précis & ſi remarquable dans ces parties en contraſte avec les autres, que l'art ſembleroit avoir agi de concert ici avec la nature, ſi la grandeur impoſante de ce monument n'étoit au-deſſus de toutes les forces humaines. Une choſe tend encore à rendre les effets de ce tableau plus pittoreſque ; c'eſt que rien n'eſt effacé, rien n'eſt caché par les déblais des terres. L'œil n'eſt diſtrait & offuſqué par aucun corps étranger, tout eſt pur, tout eſt lavé, & l'on diſtingue ſans peine des milliards de priſmes du baſalte le plus noir, le plus vif & le plus ſonore. Je n'ai encore rien vu en ce genre de ſi extraordinaire & de ſi piquant. Et c'eſt de-là d'où j'ai fait tirer preſque toutes les variétés des grands priſmes.

Ce fut en eſcaladant pour la huitième fois cette tranchée rapide, & en m'accrochant de priſme en priſme, juſqu'à une élévation de plus de cinq cens pieds, que le haſard me fit reconnoître, le 16 Octobre 1781, les deux priſmes ſuivans qui méritent un examen particulier.

Variété A. Baſalte en colonne cylindrique de 9 pouces de longueur, ſur 4 pouces 5 lignes dans ſon grand diamètre, & 3 pouces 6 lignes dans ſon petit. Cette colonne un peu coudée, eſt plutôt ovale que ronde, & paroît légérement comprimée d'un côté. Une ligne droite règne dans la longueur de la colonne, comme ſi elle indiquoit qu'elle a été formée par 2 portions de cylindre jointes enſemble, accident plus facile à bien reconnoître à l'inſpection du morceau qu'à bien décrire; mais ſur lequel j'inſiſte, parce que la ſeconde colonne que je poſſéde dans ce genre, a 3 lignes ſemblables qui occupent toute ſa longueur, mais

mais qui ne pénètrent que légèrement dans la matière; au reste le basalte de ces colonnes est des plus durs, quoique la surface soit un peu raboteuse. L'on ne seroit pas fondé, je pense, à les regarder comme étant provenues d'un prisme dont les angles auroient été émoussés & arrondis par le frottement; l'étude de ce morceau écartera cette idée; il a été trouvé d'ailleurs parmi des prismes non altérés, & son rapprochement avec la colonne suivante, beaucoup plus unie, doit éloigner encore plus les doutes.

Cependant comme on ne sauroit être trop prudent & trop circonspect dans l'histoire des faits, je pense qu'il faut attendre que de nouvelles découvertes confirment celle-ci, pour savoir si les basaltes cylindriques forment une variété, ou s'ils ne sont qu'accidentels: j'ai cru en attendant devoir en faire mention.

Variété B. Idem, de 7 pouces de longueur sur 4 pouces 9 lignes dans son grand diamètre, & 4 pouces dans son petit. Le plan supérieur de cette colonne est ovale, un peu rétreci d'un côté, & l'on voit régner dans toute sa longueur les trois linéamens dont j'ai déjà parlé.

CHAPITRE X.

BASALTES EN TABLE.

LA lave baſaltique peut être regardée comme une eſpèce de Prótée qui prend une multitude de formes. Mais le naturaliſte ne doit s'attacher qu'à celles qui ſont caractériſées & conſtantes.

L'on peut voir à 200 pas de la Chartreuſe de *Bonne-Foi ſur le Mèzin* une vaſte carrière où le baſalte eſt diſpoſé en grandes tables horizontales plus ou moins épaiſſes. Les environs du village d'*Aubignac dans le Quouérou*, offrent auſſi de grands plateaux baſaltiques, où la lave dure, noire, bien fondue, eſt établie en couches qui n'ont guères plus de 2 pouces d'épaiſſeur, & ſouvent moins; l'on enlève de ces tables qui ont quelquefois juſqu'à 36 pieds de ſurface. Il exiſte ſur une des hautes croupes du *mont Mèzin*, du baſalte en couches ſi minces, qu'on peut le diviſer en feuillets comme les ardoiſes; auſſi s'en ſert-on pour couvrir les maiſons.

L'étude locale du baſalte en table, ou en

feuillets, ne permet guères d'admettre l'hypothèſe de ceux qui prétendent que tous ces différens lits parallèles, quelque minces qu'ils puiſſent être, ſont dus à autant de diverſes couches fondues qui ſe ſont adaptées les unes ſur les autres. Voyez ce qui a été dit à ce ſujet, pages 156, 157, & 158 *des Recherches ſur les volcans éteintsdu Vivarais & du Velai.*

Je dois ajouter que de nouvelles obſervations me perſuadent plus que jamais, 1°. que le baſalte a pu affecter dans certaines circonſtances, par le ſimple effet du retrait, la forme feuilletée, comme il a pris dans d'autres, celle de boule, de priſme, &c. 2°. Que cette opération pourroit s'être faite ſous les eaux de la mer, puiſqu'on trouve pluſieurs de ces baſaltes en table, entre les interſtices deſquels il y a des couches légères de ſpath calcaire; enfin parce que l'on reconnoît que quelques-uns de ces feuillets baſaltiques ont éprouvé ſur leur ſurface des modifications que les eaux ſeules ont pu occaſionner; telles ſont, par exemple, pluſieurs laves en table dont j'aurai occaſion de parler.

Variété A. Baſalte en table de 2 pieds 9 pouces de longueur ſur 2 pieds 6 lignes de largeur & 1 pouce d'épaiſſeur, ſcié & poli d'un côté, du noir le plus vif & le plus éclatant, remarquable, 1°. en ce qu'on y diſtingue dans un angle un noyau de chryſolite d'1 pouce de longueur ſur 7 lignes de largeur. 2°. En ce qu'une portion de cette table eſt d'un baſalte parfaitement homogêne, ſans le moindre accident, tandis que le reſte quoique très-noir, & d'un auſſi beau poli, offre une multitude de petits linéamens, qui imitent par leur configuration une eſpèce de moſaïque à très-petits compartimens, ce qui n'a été occaſionné que par le retrait de la matière dans ces parties; mais ces linéamens ſont ſi légers, qu'ils n'affoibliſſent en aucune manière la ſolidité de cette belle table; ils ſont au contraire intéreſſans, parce qu'ils ſont autant d'ébauches de petits priſmes; & ce qu'il a de digne d'attention, c'eſt qu'on y voit encore pluſieurs taches rondes d'une demi-ligne de diamètre, dont la couleur noire ſe trouve lavée, & tire au gris, & dont le ſyſtême & la configuration paroiſſent être l'effet d'un commencement de cryſtalliſation.

Cette table peſant 70 livres a été détachée de la carrière de baſalte en table, *de la Chartreuſe de Bonne-Foi ſur le mont Mèzin.* Elle étoit d'une épaiſſeur double; l'autre partie exiſte à Grenoble dans le cabinet de M. le Chevalier de Sayve.

Variété B. Idem de 3 pieds de longueur ſur 2 pieds 3 pouces de largeur. Cette table eſt telle qu'elle a été tirée de la carrière. Ses deux faces ſont ſi unies, qu'il ne s'agiroit que d'en polir une pour en faire une table précieuſe, car le baſalte en eſt du plus beau noir, d'une pâte homogêne, dure & ſonore. Cet échantillon pèſe environ 180 livres tel qu'il eſt, il a été tiré des environs d'Aubignac en Vivarais; c'eſt un des plus grands morceaux qu'on puiſſe ſe procurer, car il faut apporter les laves à dos de mulet, par des chemins rapides : ſi les voitures pouvoient s'y rendre, il ſeroit facile d'en avoir de trois fois plus grands encore.

Variété C. Idem de 2 pieds 5 pouces de longueur ſur 2 pieds de largeur & 2 pouces d'épaiſſeur, du baſalte le plus noir & le plus compacte. Je ne fais connoître ce baſalte analogue aux précédens, que parce qu'il renferme un noyau de feld-ſpath blanchâtre de 16 lignes de longueur ſur 9 lignes de largeur.

Des environs d'Aubignac.

Variété D. Basalte en feuillet d'un pied 2 pouces 6 lignes de longueur sur 10 pouces de largeur, & 6 lignes d'épaisseur, parfaitement égal dans toute son épaisseur. Ce basalte, sonore lorsqu'on le frappe avec un corps dur, est de couleur grise, & contient une multi tude de petites lames brillantes de feld-spath. Il en sera fait mention plus particulièrement au Chapitre des Laves décomposées.

Cette variété se trouve *sur la partie la plus élevée du mont Mèzin.*

Variété E. Idem de 10 pouces de longueur sur 5 pouces 6 lignes de largeur & 6 lignes d'épaisseur, d'un gris foncé, composé d'une multitude de petites lames brillantes, recouvert aussi par des taches rondes d'environ 6 lignes de diamètre, d'un blanc mat & terne. Ces taches, qui sont toutes à-peu-près de la même grandeur, paroissent avoir été produites par des parties basaltiques, remaniées par les eaux, qui ont souffert un plus grand degré d'altération, & dont la couleur foncée a disparu. Ce basalte, que j'aurai encore occasion de rappeler, est un de ceux que je regarde comme ayant éprouvé des modifications dans le fluide aqueux. Cette variété du *mont Mèzin* est de la plus grande rareté.

Variété F. Basalte en table de 6 pouces de longueur sur 5 pouces 6 lignes de largeur, & 1 pouce d'épaisseur, dur, sonore comme le métal, d'un gris foncé tirant un peu sur le verd, renfermant divers crystaux de feld-spath, dont un est remarquable par son brillant & sa crystallisation en parallélipipède. Ce crystal a 6 lignes de longueur sur 3 de largeur.

Du mont Mèzin.

Variété G. Idem de 3 pouces en quarré, poli sur une de ses faces, composé d'un basalte très-noir & vitreux, mais bariolé par une multitude de petites marbrures blanches qui pénètrent dans toute l'épaisseur de la lave, de manière que ce basalte tacheté, paroît au premier aspect être une espèce de porphyre noir à taches blanches, aussi pourroit-il être appelé en rigueur *basalte porphyre*, puisque tous les petits points blancs dont il est semé, sont de la nature du feld-spath, ainsi que dans le porphyre, & n'en diffèrent que par la configuration, car le feld-spath du porphyre est en crystaux parallélipipèdes, tandis que le feld-spath est ici en filets, en linéamens irréguliers, & comme jettés au hasard. Cette variété se trouve sur un des pics les plus élevés du *mont Mèzin* où elle eſt très-rare. Je la regarde comme une lave que les eaux ont remaniée.

CHAPITRE XI.

BASALTES EN BOULE.

J'AI fait mention du baſalte en boule aux pages 154, 155 & 156, *des Recherches ſur les volcans éteints du Vivarais & du Velai*; j'ai fait depuis ce tems-là les obſervations ſuivantes.

Il exiſte différentes eſpèces de boules baſaltiques; celles qui ont été arrondies par les flots de la mer, & celles qui ont naturellement affecté la forme ſphérique.

Les premières quelquefois d'un volume énorme, & entaſſées les unes ſur les autres, de manière à former des monticules entièrement compoſés de ces boules, ſont faites pour ſurprendre & embarraſſer l'obſervateur le plus exercé. J'ai long-tems médité ſur cet objet, mais le fait que je vais rapporter eſt propre, par ſa belle analogie, à nous apprendre que cette première eſpèce de baſalte en boule, doit ſa forme au balancement des eaux de la mer. Il exiſte à *Cète*, dans la partie maritime du Languedoc, une grande & forte digue, conſtruite ſous la direction de M. de Vauban. Ce môle en ſe prolongeant dans la mer, a formé un port factice très-utile. La digue en fut conſtruite par encaiſſement avec des maſſes de pierres tirées d'un rocher voiſin, liées & réunies avec un bon ciment de pouzzolane.

Les blocs de pierre de cette digue ſont calcaires, à grain fin & ſerré, coupés en divers ſens par des bandes de ſpath de la même nature, très-étroitement aglutinées, de manière que cette roche, qui peut être rangée dans la claſſe des marbres, eſt une des plus ſolides & des plus convenables pour oppoſer un rempart à l'eau.

L'ouvrage porté à ſa perfection, tant par la manière dont il fut dirigé, que la bonne qualité des matériaux, ſembloit ne rien laiſſer à déſirer; l'on reconnut cependant bientôt, que cette jetée expoſée à l'action conſtante d'une mer orageuſe, devoit être défendue par un revêtement en pierre sèche; des blocs énormes & anguleux de la même roche, artiſtement arrangés, opposèrent bientôt au choc des vagues une eſpèce de cuirasse qui soutint & protégea le môle.

Il en résulta dans la suite le point de fait suivant, que j'ai observé sur les lieux, & que j'ai cru devoir ne pas passer sous silence, parce que je le regarde comme instructif & applicable à la théorie de ces amas de pierres arrondies & roulées qui se trouvent souvent sur les montagnes & loin des mers, & qui forment un point délicat en histoire naturelle.

Les flots exercent leur fureur avec tant d'effort contre la digue de *Cète*, l'impulsion & le poids énorme des vagues est tel que le revêtement quelqu'inébranlable qu'il paroisse, devient pour ainsi dire leur jouet. L'on voit en effet les premières assises formées par les blocs étonnans de rocher, quoique bien liés, quoique fortement accrochés par leurs parties anguleuses, être mises en mouvement, être soulevées avec effort & avec bruit; l'on entend alors les pierres se heurter, se froisser en divers sens les unes contre les autres, sans néanmoins abandonner encore la digue; mais leur volume diminuant par le choc, leur forme devenant sphérique & ne portant presque plus que sur un point, la mer sans cesse acharnée à les attaquer, vient enfin à bout d'en faire la conquête & de les envahir en cet état: le revêtement descend alors graduellement, & seroit bientôt anéanti, si une multitude de nouveaux blocs, disposés dans toute la longueur du couronnement de la digue, n'étoient placés à point nommé pour rétablir les dommages.

Je m'étends sur ces détails, mais il étoit essentiel de décrire exactement ce mécanisme, puisqu'on reconnoît par-là un nouveau moyen dont la nature fait usage pour arrondir des pierres d'un gros volume sans les transporter au loin; moyen d'ailleurs applicable à plusieurs des boules basaltiques qu'on trouve quelquefois en si grande abondance, qu'elles forment elles-mêmes des monticules qui ne sont composés que de ces boules entassées les unes sur les autres, & voici comme je pense qu'ils ont pu se former.

Supposons qu a peu de distance du môle de Cète, il existe des gouffres, des enfoncemens, occasionnés par l'affouillement des eaux: dès-lors les blocs de pierres roulés que la mer arrache de la digue, y seront nécessairement entraînés, tant en raison de la pente naturelle du sol, que par l'effort de l'eau, & si ces cavités sous-marines ont une grande profondeur, ces boules venant s'y ranger, pour ainsi dire, par assises, & s'entassant sans cesse les unes sur les autres, pourroient y établir à la longue un monticule dont la forme seroit déterminée par celle du vaste entonnoir qui les contiendroit.

Supposons encore que la mer, ayant abandonné ces plages, mît dans un tems à découvert cet assemblage de pierres arrondies: convenons que si l'on ne tenoit pas la clef de ce systême, l'on seroit alors dans un singulier étonnement, & dans un grand embarras à l'aspect d'une butte pierreuse de cette espèce?

Il me semble que le fait que je viens de rapporter, ne doit pas être regardé comme un petit accident local; car enfin, les barrières des mers ne sont-elles pas le plus souvent formées par des rochers de diverses espèces que les eaux ne cessent d'attaquer depuis un tems immémorial. Ces formidables boulevards reçoivent de terribles atteintes, non-seulement par l'impétuosité des courans & par l'acharnement des vagues, mais encore par les secousses de la terre, par l'affaissement des cavernes, par l'action des sels, par celle du froid, de la chaleur extrême, &c. de manière que les bords de presque toutes les mers, & des différens Archipels, sont environnés de débris de rochers rompus qui deviennent bientôt le jouet des eaux; plusieurs de ces másses donnent naissance à des blocs considérables dont la forme est arrondie: d'autres, transportés plus loin par la disposition des lieux, & par l'action des courans, produisent les cailloux roulés & les galets, & leurs détrimens, les graviers & les sables, &c.

Les observateurs qui seront à portée de visiter le môle de *Cète*, peuvent, sans s'éloigner trop de ce port, tirer parti de cette théorie, & reconnoître les produits d'une semblable cause; en se rendant à *Agde*, ils verront en approchant de cette ville par la partie qui correspond à l'étang de *Thau*, une multitude de masses arrondies, de laves entassées les unes sur les autres, formant une éminence entièrement composée de matières de cette espèce, produites par l'ancien volcan éteint de *Saint-Loup*; quoique la partie que je désigne ici soit assez éloignée de la mer, l'on ne peut méconnoître son action sur ces laves à l'époque où elle les recouvroit; ces boules sont donc autant de témoins qui atteſteront long-tems que les eaux les ont arrachées de leurs matrices primitives, pour les façonner de la ſorte, & qu'elles n'ont été miſes ainſi en évidence que parce que la mer s'eſt reculée.

Mais ſi les flots ont donné la forme ſphérique à une multitude de blocs baſaltiques, dont pluſieurs ſe trouvent ſur des montagnes élevées que les mers ont quittées depuis bien des ſiècles, l'on ne peut diſconvenir auſſi que la lave compacte n'ait pris naturellement cette configuration; il faudroit, pour révoquer ce fait en doute, ne pas s'en rapporter au témoignage de ſes propres yeux, car l'on ne peut diſconvenir qu'on ne trouve le baſalte en boules d'un très-gros volume, incorporées & encaſtrées en cet état dans des maſſifs de baſalte informe, & quelquefois même dans la baſe des priſmes; telles ſont, par exemple, les boules de la butte d'*Ardenne*, près de Pradelles; (Voyez planche 2 & 3,) telles ſont encore celles qui ſe trouvent au pied de la montagne de *Cheidevant*, non loin de *Chenavari.* Mais j'ai obſervé que dans ce cas, les boules dont il eſt queſtion, ont ordinairement un caractère qui les diſtingue des premières, car elles ſont formées par couches ou enveloppes concentriques intimément ſoudées les unes contre les autres, de manière à ne faire qu'un ſeul & même corps ſphérique. C'eſt en les frappant à grands coups de marteaux, qu'on reconnoît, lorſqu'on peut venir à bout de les rompre, les différens feuillets dont ces boules baſaltiques ſont compoſées.

Comme il eſt difficile de faire partir en éclats de ſemblables boules, qui ſont d'une grande dureté, il faut s'attacher à en découvrir qui aient été naturellement briſées ſoit par l'effort des maſſes ſupérieures, ſoit par quelque accident local; l'on reconnoît facilement alors le caractère que j indique.

Quoiqu'il exiſte inconteſtablement, ainſi que je viens de le dire, du baſalte naturellement ſphérique, il peut ſe faire qu'il y ait encore des boules compactes qui, quoiqu enracinées dans des maſſifs de laves, peuvent devoir leur origine à des baſaltes d'abord roulés par les eaux, enveloppés enſuite par des courans dus à des éruptions poſtérieures; mais alors l'abſence des couches concentriques peut mettre le naturaliſte, ſur la voie de faire cette diſtinction.

Il y a auſſi des boules formées d'autres manieres; la lave en fuſion, par exemple, roulant ſur elle-même dans des pentes rapides, peut affecter la forme ſphérique ; enfin, il a dû exiſter d'autres circonſtances propres à donner cette configuration au baſalte (1) ; mais il eſt tems de paſſer aux détails.

Variété A. Baſalte en boule d'un pied 6 pouces de diamètre ; la pâte en eſt noire & très-dure. L'on y diſtingue quelques grains de ſchorl noir vitreux ; elle a été tirée du *pied de la butte d'Ardenne, près de Pradelles.*

Variété B. Idem, de 8 pouces de diamètre où l'on diſtingue les enveloppes ; *priſe au pied de la montagne de Cheidevant en face de celle de Chenavari en Vivarais, où l'on trouve de ces boules qui ont plus de 4 pieds de diamètre.*

Variété C. Baſalte ovale de 4 pouces 6 lignes dans ſon grand diamètre, ſur 2 pouces

---

(1) » J'ai vu, dit M. de Troïl, à *Neſverholt*, à une » lieue de l'Hecla, une pierre ronde de deux pieds de » diamètre, qui y eſt tombée à la dernière éruption de ce » volcan, en 1766. « Lettres ſur l'Iſlande, traduites du Suédois par M. *Lindblom*, page 333. Paris, Didot, *in*-8°. 1781.

6 lignes

6 lignes dans ſon petit. L'on diſtingue facilement les couches. Cette boule eſt remarquable par ſon petit volume. *Du pied des rampes de Montbrul en Vivarais.*

Variété D. Autre baſalte ovale, de 4 pouces 3 lignes dans ſon grand diamètre, ſur 3 pouces dans ſon petit. Cette boule n'offre aucune enveloppe concentrique; l'on voit même clairement que ſa forme a été produite par l'effet des frottemens, ce qui eſt d'autant plus plauſible que cette variété ſe trouve dans le banc de cailloux roulés de la première rampe de *Montbrul*, où on la trouve confondue avec des granits, des tripoli, des quartzs également roulés & arrondis; voyez à ce ſujet la planche 6, page 282, *des Recherches ſur les volcans éteints du Vivarais & du Velai.*

CHAPITRE XII.

BASALTES IRRÉGULIERS ET LAVES COMPACTES DE DIVERSES ESPÈCES.

ESPÈCE I.

Basalte noir foncé.

C'EST le basalte compacte, dur & noir. *Basaltes ferrei coloris & duritiæ.* De Pline, lib. 36, cap. 7. C'est la lave par excellence qui a coulé tantôt d'une manière irrégulière, ou qui a affecté d'autrefois la forme prismatique. Cet échantillon, d'un beau noir & d'une grande dureté, vient *du pavé de Cheidevant, à une lieue de Rochemaure en Vivarais.*

On trouve ce basalte à monte della Motta près de Catane, où il est d'un très-beau noir & d'une extrême dureté, jettant beaucoup d'étincelles lorsqu'on le frappe avec l'acier.

Dans la plupart des volcans éteints d'Italie.

Dans ceux d'Irlande. Dans ceux du Vivarais, du Velai, de l'Auvergne, de la Provence, &c.

ESPÈCE II.

Basalte noir piqué.

La surface extérieure de cette espèce de

basalte est recouverte d'une multitude de petits creux, assez semblables à ceux de la petite vérole; Ces trous, qui ne sont occasionnées ni par la soufflure du basalte, ni par aucun corps étranger détruit, ont ordinairement une demi-ligne & quelquefois même une ligne de profondeur; leur grandeur est à-peu-près égale, & ils sont espacés d'une manière assez uniforme. Ce morceau conserve ce caractère sur une de ses faces; l'autre a été polie afin qu'on puisse reconnoître que ce basalte, qui est très-dur, ne renferme aucun corps étranger qui ait pu donner lieu à ces piqures.

Cet échantillon, disposé en tablette, a
3 pouces 8 lignes de longueur.
2 pouces 6 lignes de largeur.
1 pouce d'épaisseur.

Des environs du hameau de la Chavade, dans la partie élevée du Vivarais. On en trouve aussi quelques échantillons, à USCLADE, *& même dans le Couérou, mais cette espèce n'est pas bien commune.*

ESPÈCE III.

Basalte noir cendré.

Lorsqu'on veut étudier attentivement cette espèce de basalte dur & compact, il faut auparavant le tremper dans l'eau, ce qui en fait très-bien ressortir les effets & les nuances.

L'on distingue alors une multitude de petits points noirs disséminés sur un fond gris-de-fer, mais il faut apporter beaucoup de soin à cet examen, parce que les points noirs qui ne sont point occasionnés par du schorl, mais par du basalte plus foncé, sont très-petits. L'on voit dans ce bel échantillon, quelques taches où les molécules grises passent au blanc, ce qui rend les points noirs plus saillans, & ce qui donne à ces parties une fausse apparence de granit.

Je possède une belle table de 2 pieds en quarré, sciée & polie, dont la moitié a éprouvé cette altération qui n'a rien changé à sa dureté, & n'a pas empêché la matière de recevoir un beau poli. L'on y suit très-bien le passage insensible du basalte noir, au basalte gris, & du gris, au blanc, le tout constamment mélangé de points basaltiques noirs. Il est incontestable que cette lave a éprouvé une altération sensible sous les eaux. Je ne fais mention ici de cet accident que parce que ce morceau en porte le caractère, car je me réserve de parler ailleurs du basalte granitoïde.

Cet échantillon vient des environs d'Aubignac, sur une des pentes du Couérou.

Longueur 4 pouces 6 lignes.

Largeur 3 pouces.

Epaiſſeur 7 lignes.

Coupé en tablette, ſcié & poli d'un côté.

ESPÈCE IV.

Baſalte d'un gris verdâtre.

Ce baſalte ſe rapproche par le grain & la couleur, d'une des eſpèces de baſalte verdâtre dont les Egyptiens, & après eux les Romains faiſoient des ſtatues (1); il reſſemble beaucoup au baſalte antique d'un gris verdâtre. C'eſt le *baſalda verda, dura Orientale; & baſalda Cinerina dura, antica*, des Italiens.

Ce morceau eſt d'autant plus curieux que malgré que la lave ſoit des plus homogènes, & des plus dures, la croûte ſe trouve abſolument changée en ſubſtance blanche, friable, luiſante, & tendre. Cette détérioration s'étend même à plus de demi-ligne de profondeur.

Longueur 3 pouces 6 lignes.

Largeur 3 pouces.

Epaiſſeur 9 lignes.

Se trouve ſur la croupe du mont Mézin, au pied du Gerbier de Jonc.

---

(1) Voyez ce que j'ai dit du baſaltique antique, p. 135 & ſuiv. *des Recherches ſur les volcans éteints du Vivarais & du Velai.*

ESPÈCE V.

Basalte rougeâtre.

Ce basalte pesant, couleur de lie de vin, est lardé d'une multitude de fragmens, & de petits crystaux de schorl noir, tellement multipliés, qu'il y a peut-être plus de schorl que de matière basaltique, le fer y a éprouvé une modification qui le rapproche de l'état ocreux : aussi ce basalte est-il moins dur que le basalte noir ordinaire.

Il paroît que cette altération est due à un coup de feu violent, qui sublimoit en même tems des substances salines, puisqu'on voit, non-seulement que le fer a été, en partie, déphlogistiqué, mais encore, que le basalte étoit si fortement chauffé, qu'il commençoit dans certaines places, à devenir un peu poreux ; mais l'action du feu doit avoir été de courte durée, puisque le schorl de cette lave, n'est point entré en fusion, & qu'il est resté sain & intact.

Cette espèce se trouve dans les environs du cratere de *Montbrul*, ainsi qu'à la coupe d'*Entraigues*, à la coupe de *Jeaugeac*, à la *gravene de Mont-Pezat*, &c.

Longueur 4 pouces.

Largeur 2 pouces 9 lignes.
Epaiſſeur 1 pouce.

ESPÈCE VI.

Baſalte bleuâtre.

Le fer de ce baſalte a été modifié par un agent qui en a formé naturellement une ſorte de bleu de Pruſſe. C'eſt dans le voiſinage *du cratere de Montbrul* qu'on trouve cette belle lave compacte, colorée, un peu poreuſe dans quelques parties, c'eſt-à-dire, dans celles qui étoient le plus expoſées à l'ardeur de cette fournaiſe, mais compacte dans d'autres.

Ce morceau eſt d'autant plus intéreſſant 1°. que la couleur en eſt d'un bleu aſſez vif; 2°. qu'il renferme un gros nœud de *chryſolite* volcanique; 3°. que le baſalte eſt de l'eſpece que j'ai nommée *baſalte graveleux*; 4°. je pourrois ajouter qu'il offre le paſſage de la lave compacte, à l'état de lave poreuſe, puiſqu'une de ſes faces eſt un véritable baſalte, tandis que l'autre eſt couvert de petits pores.

Des environs du cratere de Montbrul en Vivarais.

ESPECE VII.

Basalte graveleux.

Les parties extérieures de ce basalte sont tachetées de petits points gris-clair, sur un fond gris foncé tirant au noir, ce qui imite une espèce de marbre gris simplement dégrossi, à l'aide du marteau à facettes que les tailleurs de pierre nomment vulgairement *boucharde*. Accident qu'il est essentiel d'observer avec attention, puisqu'on le retrouvera, non-seulement dans presque tous les basaltes graveleux, mais encore dans les basaltes argileux des environs de la Chartreuse de *Bonne-Foi*. Celui-ci vient d'*Expailly en Velay*.

Le basalte graveleux paroît, par sa pesanteur & son grain, devoir être un basalte très-dur; cependant lorsqu'on l'attaque avec le marteau, l'on voit avec étonnement qu'il s'égraine, & tombe en petits fragmens graveleux. Quant aux taches ou points gris-clair, qui se manifestent sur son extérieur, l'on reconnoît, en les observant avec la loupe, qu'ils sont produits par une multitude de molécules basaltiques décolorées, changées en *laves spathiques*. Mais ce qu'il y a de remarquable, c'est que cette altération n'a lieu qu'autour de chaque fragment graveleux, & cela d'une manière preſque uniforme.

S'il m'étoit permis de haſarder une conjecture à ce ſujet, je dirois que cette eſpèce de baſalte ayant eu, dès l'inſtant même de ſa formation, la plus grande diſpoſition à ſe diviſer en petites portions de priſme, la matière éprouva une multitude de gerçures occaſionnées par le retrait. Tous ces légers interſtices étant perméables à l'eau, ce fluide fouilla, pour ainſi dire, dans les parties les plus cachées de cette lave, & eut la liberté d'y opérer une altération d'autant plus uniforme, que les parties étoient déjà diviſées elles-mêmes aſſez régulièrement.

Pour être en état de juger de ce que j'avance ici, il ne faut pas ſe contenter d'obſerver un ſeul échantillon, il faut encore en étudier d'autres; l'on en trouvera pluſieurs au pied de la butte de *Rochemaure* ſur laquelle eſt bâti le château, ainſi qu'à *Maillas*, qui étant d'un plus grand volume, ont les ébauches priſmatiques plus conſidérables & plus faciles à diſtinguer; ceux-ci ont leurs interſtices tantôt garnis de petites molécules lamelleuſes blanches, tantôt d'une chaux ferrugineuſe jaune ou bleuâtre.

Des environs de Rochemaure.

J'ai accompagné l'échantillon de ce N°
des deux variétés ſuivantes.

Variété A, de l'eſpèce 7, échantillon où les ébauches de priſme ſont très-diſtinctes, chaque fragment graveleux eſt enveloppé d'une effloreſcence de matière ocreuſe-jaunâtre ; il contient auſſi quelques grains de ſchorl noir ; mais rien ne le rend auſſi intéreſſant qu'un noyau de feld-ſpath blanc & brillant, qui renferme lui-même une aiguille de ſchorl noir. Cette variété a été trouvée dans les environs de *St. Jean-le-Noir.*

Long. 3 pouces.
Larg. 2 pouces.
Epaiſſ. 1 pouce & demi.

Variété B, de l'eſpèce 7. Priſme triangulaire des mieux caractériſés, d'un pouce 5 lig. de hauteur, ſur 14 lig. de largeur, entièrement compoſé de baſalte graveleux, dans lequel on diſtingue avec facilité pluſieurs ébauches de petits priſmes dont l'enſemble forme le priſme iſolé de cette variété. Ce charmant échantillon vient de *Rochemaure.*

Long. 2 pouces.
Larg. 1 pouce 2 lig.

Haut. 1 pouce 5 lig.

C'eſt ainſi qu'en rapprochant des morceaux analogues, l'on peut mettre les naturaliſtes qui n'ont pas viſité les lieux, à portée de ſe former une idée du *baſalte graveleux.*

ESPÈCE VIII.

Baſalte ligneux.

Cette ſingulière variété de baſalte reſſemble à un tel point à du bois pétrifié, que j'ai vu de très-habiles naturaliſtes s'y méprendre. En effet, rien n'eſt auſſi extraordinaire que cette lave que je trouvai, pour la première fois, dans les environs du cratere de *Montbrul* où elle n'eſt pas bien rare. On ne la trouve nulle part auſſi-bien caractériſée.

Des eſpèces de fibres longitudinales très-fines, des nœuds concentriques placés de diſtance en diſtance, imitent à un tel point le bois pétrifié, qu'il ſemble que la nature ait voulu, pour ainſi dire, tendre un piége à l'obſervateur; car l'on croit voir ſur les lieux, de gros éclats de bois, des eſpèces de bûches, & juſqu'a des troncs d'arbres. C'eſt ce qui m'a fait nommer cette lave compacte *baſalte ligneux.*

Le morceau dont il eſt queſtion eſt remarquable, en ce qu'il a d'un côté les ſignes les plus apparens d'un véritable bois, tandis que de l'autre il porte des marques démonſtratives de véritable lave.

Le côté brut a été ſi heureuſement rompu, que ſa contexture offre une ſurface fibreuſe, la plus propre à induire en erreur; car l'on croit reconnoître un beau bois ferrugineux agatiſé. Un nœud oblong placé à une des extrémités, interrompt la diſpoſition longitudinale des fibres; des bandes parallèles colorées en gris tirant ſur le noir, & d'autres bandes bleuâtres & rougeâtres, tendent encore à jeter dans la plus forte illuſion : mais en examinant avec attention ce nœud d'abord ſi étonnant, l'on voit qu'il n'eſt occaſionné que par une ſoufflure qui a formé des pores dans cette partie. Un fragment de ſchorl noir vitreux, implanté dans la lave, non loin du nœud, annonce que la matière en fuſion s'eſt appropriée le ſchorl, ce qui eſt bien propre à éloigner toute idée de végétal.

La face polie eſt remarquable par un nœud de 14 lignes de longueur ſur 8 de largeur, de couleur jaunâtre mêlée de points verds, qui reſſemble ſi fort à un nœud réſineux, qu'il feroit illuſion, ſi on n'apportoit qu'une attention légère à ſon examen ; mais en l'obſervant ſcrupuleuſement, l'on ne tarde pas à reconnoître qu'il n eſt dû qu à un petit paquet de *chryſolite* volcanique, enchâſſée dans la lave qui eſt plus compacte, & plus baſaltique de ce côté que de l'autre. (1)

Ce morceau examiné ſous un autre point de vue eſt propre encore à intéreſſer, car il fait la première nuance du paſſage du baſalte à l'état de lave poreuſe ; je dis le paſſage, car il a des parties encore abſolument baſaltiques, & d'autres couvertes de petits pores dont la diſpoſition, & le ſyſtême général donnent à cette production volcanique, une

---

(1) J'ai vu avec plaiſir dans l'ouvrage de M. de *Troïl* ſur l'Iſlande, que cette belle variété ſe trouve parmi les produits de l'Hécla ; voici comme le voyageur s'exprime page 336, des lettres ſur l'Iſlande, traduction Françoiſe. » Dans » les *Hraun*, ou dans les grandes chaînes de lave, la ſurface de la croûte s'eſt refroidie & ridée ; communément la » lave, en ſe conſolidant, prend la forme d'une corde ou » d'un cable, quelquefois en longueur, quelquefois en cer- » cle, de manière que la groſſeur va en augmentant du centre » à la circonférence. A cette claſſe, je rapporterai encore une » matière noire & ſolide, donc l'acier tire du feu. *Elle* » *prend quelquefois la forme d'arbre & de branches ;* ce qui » a donné lieu à l'opinion de quelques-uns, que c'eſt un » arbre pétrifié. «

apparence ligneuſe; mais je parlerai plus au long de ce paſſage, dans le chapitre des laves poreuſes.

Long. 5 p.
Larg. 2 p. 6 lig.
Epaiſſ. 9 lig.

ESPÈCE IX.

Lave compacte tachetée de points gris-foncés

La pâte de cette lave eſt dure, compacte, ſuſceptible d'un beau poli, compoſée d'une multitude de parties lamelleuſes blanches, entre leſquelles ſont interpoſées pluſieurs aiguilles de ſchorl noir. Ce baſalte reſſemble beaucoup, ſur-tout lorſqu'on l'obſerve dans les caſſures, à un grès dur & fin; mais en l'examinant avec attention, à l'aide d'une loupe, l'on voit bientôt qu'il en diffère abſolument, & que c'eſt un veritable baſalte qui a été travaillé par les eaux.

L'on reconnoît auſſi que les petites taches d'une couleur plus foncée, qui le diſtinguent, & qui le pénètrent en tout ſens, ne ſont produites que par une plus grande fineſſe & par un rapprochement plus intime des molécules baſaltiques.

Quant aux lames brillantes qu'on y apperçoit, elles ſont quelquefois irrégulières, mais on les trouve le plus ſouvent cryſtalliſées en petits rhombes ou en parallélogrammes engrenés les uns dans les autres, & interrompus par des aiguilles priſmatiques de ſchorl noir.

Cette lave compacte qui exiſte dans les environs du *Puy en Velai*, eſt auſſi peſante que le baſalte noir intact, mais elle eſt moins dure, puiſqu'elle peut être taillée avec des ciſeaux bien trempés; elle reçoit le poli; l'on en voit de belles colonnes à la façade de l'ancienne égliſe des Jéſuites du Puy. Elle eſt fuſible ſans addition.

Long. 4 p.
Larg. 2 p. 3 lig.
Epaiſſ. 1 p. 3 lig.

ESPÈCE X.

Lave compacte, d'un gris blanchâtre, lardée de feldſpath lamelleux brillant, de ſchorl noir en aiguilles, & de nœuds de zéolite blanche.

Cette eſpèce eſt rapprochée de la précédente par ſa couleur & par ſes molécules, de manière à les confondre, ſi l'eſpèce 9 n'avoit pas cette multitude de petites taches rondes qui la différencient; or, comme ce dernier accident ne s'obſerve pas dans celle-ci, j'ai cru devoir les ſéparer, car je penſe que ce n'eſt qu'en ſuivant ainſi la marche graduelle de la nature, qu'on peut acquérir des connoiſſances d'autant plus ſtables, que les nuances & les paſſages inſenſibles d'un objet à l'autre ſont mieux obſervés.

Cette lave contient en abondance des aiguilles de ſchorl noir vitreux nullement altéré, ainſi que pluſieurs nœuds de zéolite blanche ſous forme ſpathique, c'eſt-à-dire, ſans cryſtalliſation régulière, ce qui lui donne l'apparence d'une eſpèce de brèche; l'on y voit auſſi de petites cavités où exiſtent quelques globules de ſpath calcaire blanc. Je poſſède, en ce genre, un morceau très-remarquable dont il ſera fait mention dans le chapitre des laves unies à des noyaux calcaires.

Mais une choſe qui rend cette lave d'un gris-blanchâtre très-curieuſe, c'eſt qu'en examinant ſur le mont Mézin, les carrières d'ou on la tire, l'on en voit pluſieurs blocs dont les paremens ſont poreux & cellulaires, tandis que le reſtant de la maſſe eſt compact, ce qui tend à démontrer à ceux qui ſeroient le moins verſés dans l'étude des différentes

différentes matières volcaniques, que cette pierre eſt un véritable produit du feu, une ancienne lave ſur laquelle les eaux ſe ſont exercées. Elle eſt fuſible ſans addition.

Long. 4 p. 9 lig.
Larg. 4 p. 6 lig.
Epaiſſ. 1 p.

Du mont Mézin, en Vivarais.

ESPÈCE XI.

Lave compacte ſpathique gris-de-lin.

Cette lave obſervée avec la loupe, offre une multitude de petites lames irrégulières brillantes, de la nature du feld-ſpath, interpoſées ſans ordre, dont la couleur varie, paſſant du gris au blanc. L'on apperçoit dans les interſtices des lames, de petits points ocreux d'un jaune rougeâtre, dûs à la décompoſition des élémens ferrugineux; mais comme ces points ſont très-multipliés, leur couleur ſe mêlant & ſe confondant avec la couleur griſe & blanche, il en réſulte une teinte mixte, qui eſt un véritable gris-de-lin. L'on trouve cette variété, en table & en feuillets ſur la partie la plus élevée du *mont Mezin.* Le grain en eſt moins dur que celui du baſalte ordinaire.

Cette lave est fusible sans addition.
Long. 4 p. 9 lig.
Larg. 3 p. 3 lig.
Epaiss. 10 lig.

ESPÈCE XII.

Lave compacte bariolée.

Voyez la description que j'ai donnée de cette lave, page 39, variété G des basaltes en tables.

ESPECE XIII.

Lave compacte, spathique, grise à grandes taches blanchâtres rondes.

Voyez ce qui a été dit de cette espèce, une des plus rare à la page 38, variété E des basaltes en tables.

Je n'ai pu trouver cette lave curieuse que sur la partie élevée du mont Mézin, parmi des laves en table, & elle y est d'une grande rareté.

ESPECE XIV.

Lave compacte, spathique, verdâtre.

Cette lave a souffert un tel degré d'altération sous les eaux, qu'elle est presqu'entièrement métamorphosée en matière analogue au feld-spath, d'un grain plus ou moins compacte, mélangée de lames & de cryſtaux de la même matière. Cette lave examinée à la loupe, offre des grains vitreux couleur d'eau, d'autres grains moins tranſparens blanchâtres, enfin quelques-uns ſont abſolument ternes ; le tout eſt mêlé de points de ſchorl noir bien conſervé. Cet échantillon eſt encore remarquable, en ce qu'on reconnoît qu'il a été entièrement rompu, & reſſoudé ſous les eaux par une ligne tranverſale d'une matière blanche très-rapprochée du feld-ſpath, qui a ſervi de gluten pour réunir les deux morceaux.

C'eſt ici, je le répète, le cas de dire, que ſi l'on ne marchoit pas par gradation dans l'examen & l'étude des produits volcaniques, dont les variétés ſont ſi nombreuſes, il ſeroit impoſſible d'éviter l'incertitude & la confuſion dans laquelle entraîneroit néceſſairement, la ſimple vue de la plupart des morceaux, ſi on les obſervoit iſolés, & ſi on ne les faiſoit précéder par d'autres objets du même genre, où les nuances & les paſſages ſe développent par gradation.

Cette variété eſt fuſible ſans addition.

Longueur, 5 pouces.

Largeur, 3 pouces 6 lignes.

Epaiſſeur, 1 pouce.

Du quartier de la Chauderoles ſur le mont Mézin, en Vivarais.

ESPÈCE XV.

Lave compacte ſpathique, blanche, un peu verdâtre.

Cette curieuſe lave ſe trouve en maſſe, entre une carrière de baſalte noir en table, & des amas de pouzzolane argileuſe griſe & rouge dans les environs de la Chartreuſe de *Bonnefoi* ſur le *Mézin*. Elle eſt d'autant plus intéreſſante, que la pâte, examinée à la loupe, offre un aſſemblage de cryſtaux plus ou moins vitreux, en parallélipipèdes, & en rhombes, confondus avec des lames irregulières de la même matière, parmi leſquelles on apperçoit des grains & quelques aiguilles de ſchorl noir qui n'ont ſouffert aucune altération.

Cette belle lave qui paroît par ſa couleur & par ſon grain ne point contenir de fer, en eſt au contraire, très-chargée : l'on s'en aſſure facilement, en en pilant quelques portions, qu'on couvre d'acide marin. Dès qu on jette quelques gouttes d'alcali phlogiſtiqué ſur la diſſolution, il ſe forme un précipité abondant d'un bleu de Prusse très-foncé.

Cette lave est aussi fusible sans addition, & forme un amas, un verre noir semblable à celui que produit le basalte vitrifié, une véritable pierre obsidienne, ou de gallinace.

Longueur, 3 pouces 3 lignes.

Largeur, 1 pouce 9 lignes.

Epaisseur, 1 pouce 8 lignes.

Des environs de la Chartreuse de Bonnefoi sur le mont Mézin.

ESPÈCE XVI.

Lave compacte d'un noir grisâtre, très-dure, susceptible de recevoir le poli, d'un grain semblable à celui du basalte, avec quelques taches de schorl noir, & une multitude de petites lames écailleuses d'un gris blanchâtre de feld-spath.

J'ai été très-incliné à ranger cette lave parmi les basaltes mêmes, & je n'en ai été détourné, que parce que sa pâte se trouve mélangée d'une multitude, de petites lames & d'écailles brillantes d'une matière d'un gris blanchâtre, qui paroît être très-rapprochée du feld-spath.

M. le Chevalier de Dolomieu, de qui je tiens cet échantillon, en a fait mention sous le n°. 9 de son Catalogue de l'*Etna*, & si je ne lui ai pas donné, comme lui, le titre de *lave grise*, c'est parce qu'en ayant fait polir une plaque, j'ai reconnu que sa couleur étoit plutôt noire que grise: j'ai éprouvé aussi qu'elle contenoit beaucoup de fer, puisqu'elle étoit non-seulement fortement attirable à l'aimant, mais qu'elle donnoit un précipité ferrugineux comme le basalte le plus noir; elle est très-rapprochée par la pâte de celle qui se trouve sur le Mézin, & que j'ai fait connoître sous l'espèce XIII.

De l'Etna, où elle forme le grand courant, qui après avoir traversé la regione Silvosa vient se terminer près de Nicolosi.

Lorsque cette espèce éprouve un degré de feu considérable dans le voisinage du *cratère*, elle forme plusieurs variétés de laves poreuses où l'on retrouve les écailles lamelleuses de feld-spath.

ESPÈCE XVII.

Lave compacte, très-dure, d'un brun rougeâtre, avec des crystaux blancs lamelleux & brillans de feld-spath.

Ces crystaux presque tous de forme irrégulière, à l'exception de quelques-uns qui ſont en rhomboïdes & en parallélipipèdes, ſont éloignés les uns des autres, & ne ſont pas auſſi multipliés que dans les porphyres. Auſſi M. le Chevalier de Dolomieu qui regarde cette lave, la ſixième de ſon Catalogue de l'Etna, comme une eſpèce de porphyre, a l'attention de prévenir qu'il met dans la claſſe du porphyre *toute roche compoſée dont la pâte argileuſe & ferrugineuſe contient & enveloppe des cryſtaux de feld-ſpath, quelle que ſoit la forme & le nombre*; & il ajoute que *cette pâte eſt ordinairement aſſez fuſible pour être vitrifiée au degré de feu qui n'altère pas les ſchorls.* En ce cas-là, cette lave pourroit être regardée, en effet, comme une variété de porphyre, mais ſon grain eſt ſi vif dans la caſſure, il eſt ſi rapproché de celui de certains baſaltes, le feld-ſpath y eſt ſi pur, ſi brillant, ſi cryſtallin, ſi peu altéré, que je ſerois porté à croire que le fluide aqueux pouſſé à un degré d'ébullition & d'incandeſcence dont les feux de nos foibles fourneaux ne nous donnent aucune idée, eſt quelquefois en concours avec le feu ſourd & concentré qui règne dans les immenſes fournaiſes volcaniques, & qu'il réſulte de-là une multitude de combinaiſons qui nous ſont encore inconnues, ſur les pierres, & ſur les terres qui ſéjournent peut être des ſiècles entiers dans ces gouffres ardens, où le feu occupé à détruire, a pour ennemi l'eau qui crée ſans ceſſe, & lui oppoſe toutes les formes & toutes les modifications que la matière eſt ſuſceptible d'emprunter. Cette lave fait mouvoir le barreau aimanté comme le baſalte.

De l'Etna où elle forme de très-vaſtes courans qui deſcendent depuis la partie élevée juſque vers la baſe.

ESPÈCE XVIII.

Lave porphyre rougeâtre, dure, peſante, avec feld-ſpath en parallélipipède & ſchorl noir.

M. le Chevalier de Dolomieu, regarde la lave dont je vais faire mention & que je tiens de lui comme une variété du n°. 6, de ſon Catalogue. Je lui trouve des caractères qui me mettent dans le cas d'en faire une eſpèce à part, & elle mérite la plus grande attention. Cette lave reſſemble bien plus à un véritable porphyre que la précédente. Elle eſt rougeâtre, dure, très-peſante, & lardée d'une multitude de cryſtaux de feld-ſpath en parallélipipède, avec beaucoup de grains, de fragmens de ſchorl noir, irréguliers, presque aussi abondans que le feld-spath, mais plus gros.

J'ai dans ma collection des porphyres antiques rouges où l'on trouve également le schorl noir quoique en moins grande quantité, mais ici il est très-distinct & très-reconnoissable.

Voyons à présent l'action du feu sur la *lave porphyre* de l'Etna, d'après l'échantillon que je tiens de M. le Chevalier de Dolomieu.

1°. Quoique cette lave soit très-pesante, & très-compacte en apparence, l'on y distingue facilement à l'œil, une multitude de pores ronds & ovales, non-seulement sur la superficie du morceau, mais même dans l'intérieur; quelques-uns de ces pores ont jusqu'à 2 lignes de diamètre, sur 1 ligne de profondeur.

2°. Les crystaux de feld-spath examinés avec une forte loupe, & au grand jour, offrent une contexture qui a souffert par le feu; car non-seulement la pâte est gercée, fendillée & pulvérulente dans ceux qui sont les mieux conservés, mais encore dans la plupart des autres, l'on voit que la matière a éprouvé un commencement de fusion qui l'a rapprochée du feld-spath, des pierres ponces compactes de Lipari, où l'on voit d'une manière évidente que la matière du feld-ſpath devient fibreuſe.

Mais comment la pâte du feld-ſpath a-t-elle pu être attaquée, tandis que les cryſtaux ont conſervé leurs moules qui ſe diſtinguent facilement & qui offrent une multitude de parallélipipèdes que l'on voit ſur une des faces de l'échantillon que je poſsède, que j'ai fait polir, & où ces feld-ſpath préſentent preſque tous des parallélipipèdes, à l'exception de quelques-uns qui ont un peu ſouffert?

Je répondrai que ſans entrer dans l'explication qu'on pourroit peut-être donner de cette ſingularité, il ſuffit de dire, pour abréger, que le fait exiſte, & qu'il eſt inconteſtable que cette matière a coulé, ce qui ſe démontre non-ſeulement par le morceau bien caractériſé de cet échantillon, où l'on voit les pores & les ſoufflures occaſionnées par le feu, mais encore par l'inſpection locale, puiſque l'on trouve ſur l'Etna de grands courans de cette matière.

3°. Quant au ſchorl noir, il paroît avoir peu ſouffert, & il n'eſt certainement pas entré en parfaite fuſion; du moins en l'examinant à la loupe, on ne peut guères ſe le perſuader, car il eſt encore brillant, compacte,

& n'offre aucuns pores; il a même si peu été altéré, qu'il fait éprouver un mouvement à peine sensible au barreau aimanté, tandis que le schorl qui a essuyé un coup de feu un peu fort, a une très-grande action sur l'aimant : il paroît donc que la pâte de ce porphyre a été beaucoup plus attaquée par le feu, que le feld-spath, & que ce dernier l'a été un peu plus que le schorl. Ce qu'il y a de singulier, c'est que la pâte de ce porphyre, quoique dure, rouge, & ocreuse, ce qui suppose toujours la présence du fer, quoique fondue, puisqu'elle a coulé, & qu'on y voit des pores, n'a cependant aucun effet sur l'aimant. Comment concevoir après cela que le feu ait pu faire bouillonner la base de cette espèce de porphyre sans fondre le feld-spath qui est fusible, ni le schorl qui l'est davantage encore? Mais le morceau suivant, d'un genre bien plus singulier est fait pour persuader de plus en plus, que la nature des feux volcaniques nous est encore inconnue.

Cette lave vient de l'Etna. Elle forme le N°. 6 du Catalogue des laves de l'Etna de M. le Chevalier de Dolomieu.

Lorsqu'elle est exposée à l'action d'un feu plus vif, ou près des bouches du volcan, elle produit diverſes variétés de laves poreuſes, rouges & jaunâtres, où l'on diſtingue très-bien encore le feld-ſpath.

ESPÈCE XIX.

Lave compacte vitreuſe entièrement convertie en émail du plus beau noir, abſolument ſemblable à la pierre obſidienne, mais qui en diffère en ce qu'elle eſt lardée d'une multitude de grains, de lâmes & même de cryſtaux en parallélipipèdes, de feld-ſpath blanc, brillant & vitreux.

C'eſt ici une lave bien ſingulière, qui a été ſoumiſe à un feu capable d'en fondre la pâte, au point de la convertir en véritable émail, ſans que cependant le feld-ſpath qui s'y trouvoit immiſcé en grande abondance paroiſſe avoir été fondu, ou du moins s'il l'a été, il eſt difficile de concevoir comment ſes molécules ne ſe ſont pas confondues & amalgamées avec la pâte même de cette lave, pour ne faire enſuite qu'un verre homogène. Cependant ce feld-ſpath eſt bien diſtinct, bien ſéparé. Il eſt d'une grande blancheur, brillant & cryſtallin.

Il y a tout lieu de croire que cette lave doit ſon origine à une eſpèce de porphyre. Comme ſa pâte a été abſolument changée en verre, elle n'eſt nullement attirable à l'aimant.

Elle ſe trouve à Lipari. C'eſt la 29ᵉ du Catalogue de M. le Chevalier de Dolomieu, à l'article des laves de Lipari.

ESPÈCE XX.

Lave porphyre d'un gris foncé, avec une multitude de taches blanches.

Cette eſpèce, ou ſi l'on aime mieux, cette variété diffère de la précédente,

1°. En ce que ſa pâte paroît n'avoir éprouvé qu'une demi-vitrification, ſemblable à celle du baſalte. En effet, ſoit qu'on la conſidère à l'œil nud, ſoit à la loupe, l'on croit voir une vraie lave baſaltique d'un gris foncé tirant au noir. 2°. Elle eſt, de même que le baſalte, attirable à l'aimant; elle eſt fuſible ſans addition, peſante, compacte, & lardée, comme un véritable porphyre, d'une multitude de points, de fragmens, de cryſtaux lamelleux, dont quelques-uns en rhomboïdes, d'autres en parallélipipèdes, d'un véritable feld-ſpath d'un blanc un peu ſale, qui ne paroît preſque pas altéré, de manière que cette lave très-dure & très-vitreuſe dans ſa caſſure, eſt ſuſceptible de recevoir un beau

poli. Elle formeroit un porphyre volcanisé qui pourroit être utile dans les arts; car M. le Chevalier de Dolomieu nous apprend qu'il existe dans l'isle *des Salines* de grands courans & des masses considérables de cette lave.
» En prolongeant la vallée des Salines vers le » nord pour aller au village d'*Amalfa* situé » au bord de la mer, je descendis successi- » vement ces courans de lave, qui se termi- » nent comme autant de grandes marches » d'escalier; il y en a de fort épais, leurs » laves sont extrêmement dures, elles ont un » grain serré, fin, sans aucuns pores; leur » couleur est noire ou rougeâtre, &c. : elles » sont en tout parfaitement semblables au » porphyre, auquel elles paroissent devoir » leur origine. On y reconnoît la même pâte, » les mêmes taches de feld-spath; ces laves » sont une nouvelle preuve que les feux vol- » caniques n'altèrent pas toujours essentielle- » ment les matières soumises à leur action; » qu'ils leur donnent un genre de fluidité qui » ne change pas absolument leur contexture » naturelle, & que la fusion des laves n'est » pas la même que celle que nous opérons » dans nos fourneaux, où, par la vitrification, » nous dénaturons réellement toutes les subs- » tances que nous traitons «. *Voyage aux*

iſles de Lipari, pag. 94. Cette obſervation de M. le Chevalier de Dolomieu eſt intéreſſante ; mais voyons la note qu'il a miſe au bas de la page 95, relative au même objet. Il s'agit de la lave qui ſortit du flanc de l'Etna en 1669, qui traverſa la ville de Catagne pour ſe précipiter dans la mer, & dans laquelle cet habile naturaliſte a reconnu que les matières primordiales qui ont ſervi à la former, ſont très-peu altérées.

» Le long & prompt trajet que fit cette » lave, prouve qu'elle étoit dans un état de » grande fluidité. Cependant le ſchorl qui eſt » regardé comme une ſubſtance très-fuſible » par elle-même, n'y a point ſouffert d'alté- » ration; le feld-ſpath n'y a point perdu ſa » contexture écailleuſe. L'action du feu qui » agit en grande maſſe eſt donc très-différente » de celle que peuvent produire nos four- » neaux. Nous ne pouvons rendre molles & » fluides les matières terreuſes & pierreuſes » que par une vitrification plus ou moins » parfaite, & conſéquemment par une alté- » ration dans l'arrangement de leurs parties. » Il paroît que le feu agit ſeulement dans les » volcans comme diſſolvant. Il dilate les » corps, s'introduit dans leurs molécules, de » manière à les laiſſer gliſſer les unes ſur les

» autres, & lorſqu'il ſe diſſipe, il laiſſe les
» différentes ſubſtances à-peu-près dans le
» même état où il les a trouvées; il n'avoit
» fait que rompre la force d'aggrégation qui
» rend les corps ſolides. On peut comparer
» ce phénomène avec celui de l'eau dans la
» diſſolution des ſels qui participent alors à la
» fluidité du menſtrue, & qui redeviennent
» concrets par ſon évaporation.

» Cette obſervation eſt eſſentielle pour
» étudier & comparer les produits des vol-
» cans «.

ESPÈCE XXI.

Lave porphyre à fond noir, mêlée de fragmens irréguliers & de cryſtaux parallélipipedes de feld-ſpath blanc, & de feld-ſpath roſe avec des grains de ſchorl noir.

La plupart des montagnes nous préſentent peu de porphyre; il eſt à préſumer cependant que cette roche compoſée eſt très-abondante dans les profondeurs de la terre; l'Etna & les iſles de Lipari démontrent cette vérité. Les monts Neptuniens qui peuvent donner des indications ſur les pierres primitives de la Sicile, fourniſſent des roches fiſſilles micacées, des granits, des bancs de feld-ſpath, mais

mais le porphyre y eſt très-rare, & M. le Chevalier de Dolomieu n'y en a reconnu que très-peu en place; il ne le regarde même que comme un porphyre imparfait. L'Etna, & la plupart des iſles de Lipari, ont vomi cependant des courans entiers de diverſes eſpèces de porphyre. Il eſt abſolument impoſſible de révoquer la choſe en doute, lorſqu'on a les objets ſous les yeux.

Il eſt vrai que ces porphyres ont toujours un caractère qui les diſtingue des porphyres primitifs, de ceux qui n'ont jamais été ſoumis à l'action du feu, car il faut bien prendre garde de ne pas trop généraliſer les choſes; l'on s'expoſeroit à de grandes erreurs, ſi l'on abandonnoit un inſtant les caractères que le feu a impoſés ſur les porphyres volcaniſés. Le naturaliſte exercé ne s'y trompera jamais.

Des fragmens, des noyaux de porphyre peuvent ſouvent être ſaiſis & enveloppés par des courans de laves. Ils éprouvent par-là une grande chaleur, ſans que leur pâte en ſoit altérée, & de tels morceaux ne ſeront pas plus volcaniſés que les nœuds de pierre calcaire, de granit, &c. dont les laves ſe ſont accidentellement emparées, & qu'on y retrouve enſuite dans toute leur intégrité primitive.

Mais lorſque les porphyres travaillés ſourdement & à la longue dans des abymes profonds, hors du contact de l'air extérieur, par un feu dont la qualité & le pouvoir nous ſont inconnues, auront perdu leur cohéſion au point de couler & de former des jets de matière embraſée qui détruiront tout ce qui ſe préſentera ſur lèur paſſage, & que ces courans en ſe refroidiſſant offriront encore les caractères du porphyre; celui qui cherche la vérité, eſt obligé dès-lors de convenir que les feux de l'Etna, ceux des iſles Lipari & de beaucoup d'autres volcans ont pu réduire en une eſpèce de fuſion le porphyre le plus dur, ſans dénaturer, ſans altérer beaucoup les différentes matières qui le compoſent.

Mais l'obſervateur inſtruit reconnoîtra toujours dans de pareilles circonſtances, le caractère du feu dans les morceaux qu'on lui préſentera, euſſent-ils été recueillis loin de ſes yeux.

Car la lave porphyre, par exemple, qui a donné lieu aux obſervations que je viens de faire, a des cryſtaux de feld ſpath blanc & roſe, qui ont conſervé leur couleur, & leur demi-tranſparence. Le ſchorl qui s'y trouve en fragmens irréguliers y eſt d'un beau noir vitreux, & paroît avoir peu ſouffert, mais la pâte entière du porphyre a ſubi une demi-vitrification, ſemblable à celle du baſalte priſmatique; auſſi cette pâte eſt-elle, comme celle du baſalte, noire & attirable à l'aimant; elle ne doit pas être confondue avec l'eſpèce XX, quoiqu'elle en ſoit très-rapprochée; 1°. parce qu'il s'y trouve des cryſtaux de feld-ſpath roſe, ou plutôt couleur d'hyacinte; 2°. parce que la pâte de cette lave porphyre, eſt beaucoup plus noire, qu'elle offre une multitude de petites gerçures qui, dans les caſſures, la rend ſemblable à celle du baſalte graveleux, ce qui doit la faire regarder comme très-curieuſe, & très-propre à donner quelques notions ſur la matière qui ſert à former le véritable baſalte, qui n'eſt peut-être qu'une eſpèce de roche de corne analogue à la pâte des porphyres.

Je dois obſerver auſſi que la pâte de cette lave porphyre eſt un peu plus sèche, un peu moins ſpathique, ſi je puis me ſervir de ce terme, que celle du baſalte; mais cela paroîtra moins étonnant, lorſqu'on ſaura que cette lave n'a ni coulé ni ſéjourné ſous les eaux.

Elle a été priſe dans l'iſle des Salines, une des iſles de Lipari, & m'a été donnée par M. le Chevalier de Dolomieu.

ESPÈCE XXII.

Lave compacte d'un gris jaunâtre dans sa cassure; avec une multitude de points noirs irréguliers, & des linéamens de la même couleur, & de la même matière qui semblent annoncer que cette pierre a été primordialement formée par couches.

Cette belle lave, la onzième de celles de l'isle *Vulcano*, du catalogue de M. le Chevalier Dolomieu, & qu'il a nommée *lave tigrée*, est encore très-curieuse. En étudiant avec beaucoup d'attention sa contexture à l'aide d'une bonne loupe, l'on reconnoît une roche compacte, composée de feld-spath terne & opaque en molécules fines, très-unies, sans crystallisation régulière, mêlées d'une multitude de points & de linéamens de schorl noir. L'on trouve souvent dans les montagnes non volcanisées des espèces de *kneiss*, où le schorl est également disséminé en linéamens parallèles.

Je ne puis pas bien assurer s'il ne s'y trouve pas quelques grains quartzeux, parce que la pâte en étant très-fine, la loupe y découvre simplement quelques molécules un peu plus vitreuses que les autres, mais on ne peut pas affirmer que ce ſoient des grains de quartz.

C'eſt en cet état que ce feld-ſpath mêlé de ſchorl a été attaqué par les feux du volcan de l'iſle *de Vulcano.* Ces feux devoient avoir une grande activité, car il eſt certain que le ſchorl a été en partie fondu & altéré, ainſi que le feld-ſpath qui l'enveloppoit, & que cette pierre a coulé. Cependant le parallèliſme des linéamens de ſchorl s'eſt bien conſervé, & l'on reconnoît ſans peine, ſes petites couches qui ſont ſimplement coudées, & un peu tourmentées dans les parties où la matière a fléchi. Cette lave granitoïde eſt attirable à l'aimant, à cauſe de la quantité du ſchorl qui y domine. Une des faces de cet échantillon que m'a donné M. le Chevalier de Dolomieu, a reçu un coup de feu qui l'a couverte d'un léger vernis mat qui n'eſt que l'effet d'une vitrification plus avancée. Ce vernis eſt d'un jaune verdâtre, mais il n'a point effacé les linéamens parallèles du ſchorl.

De l'iſle de Vulcano.

ESPÈCE XXIII.

Lave compacte d'un gris verd jaunâtre, formée par un mélange de feld-ſpath, de ſchorl noir & de molécules ferrugineuſes en décompoſition, le tout confondu & mélangé ſans ordre.

Nous avons vu des porphyres réduits à l'état de laves, dont les cryſtaux de feld-ſpath ont conſervé néanmoins leurs formes, mais la pâte de ces porphyres ſe préſente alors ſous trois états différens dans les diverſes eſpèces que j'ai été dans le cas d'obſerver. 1°. Quelquefois cette pâte s'eſt trouvée ſoumiſe à une chaleur ſi violente, qu'elle a été changée en un véritable émail de volcan, en pierre obſidienne Malgré cela le feld-ſpath qui entroit dans ſa compoſition a conſervé. ſa forme, ſa couleur, & même ſon éclat vitreux, & paroît avoir peu ſouffert : en un mot, ſon grain ne s'eſt point amalgamé avec la pâte fondue & vitrifiée de ce porphyre. Cette lave n'eſt point en cet état attirable à l'aimant. Telle eſt l'eſpèce XIX.

2°. Dans d'autres circonſtances la pâte du porphyre, quoique fondue & très-noire, n'a pas reçu un coup de feu capable de la faire couler en verre, elle n'eſt alors qu'en un état de vitrification avancée, mais non complette; auſſi eſt-elle alors attirable à l'aimant; le feld-ſpath a peu ſouffert, ſa forme & ſa couleur ne ſont point altérées. Telle eſt l'eſpèce XXI.

Enfin, il eſt une troiſième circonſtance où la pâte de certains porphyres, a non-ſeulement coulé, quoiqu'elle n'ait éprouvé qu'une demi-vitrification, mais l'action du feu paroît s'être combinée avec celle de l'eau: cette pâte eſt moins noire alors que la précédente, elle a un grain plus fin, plus ſuſceptible de recevoir le poli, & plus rapproché de l'apparence d'une pierre que d'une matière fondue; en un mot, plus analogue à la contexture du baſalte priſmatique. J'ai fait polir une très-grande quantité de laves de toute eſpèce, & j'ai généralement obſervé que le baſalte reçoit un beau poli; mais ce poli eſt un peu gras, aſſez ſemblable à celui des agathes, & bien différent de l'éclat de la pierre obſidienne, dont le poli eſt abſolument ſemblable à celui du verre. La grande habitude d'obſerver le grain & la pâte des laves, donne, avec le tems, aux naturaliſtes ce tact qui leur fait appercevoir des différences ſenſibles dans des objets qui paroiſſent les mêmes au premier aſpect, mais qui ne le ſont pas, dans le fait, pour l'obſervateur exercé.

L'eſpèce XX eſt dans ce dernier cas; non-ſeulement cette lave attirable à l'aimant a le grain compacte & fin, mais ſi l'on en faiſoit des tables, elles prendroient peut-être un plus beau poli que le porphyre intact. Ce poli ſeroit plus brillant. Il paroît donc que dans cette circonſtance les eaux ont remanié ces laves. Je m'appeſantis beaucoup ſur ces détails, & j'y reviens ſouvent, parce que je deſire que les naturaliſtes ne laiſſent pas échapper cette obſervation délicate, qui peut devenir importante pour la théorie des volcans.

Enfin, il eſt une quatrième circonſtance où le feld-ſpath, le ſchorl, & la pâte de certains porphyres éprouvent une demi-vitrification qui les mêle & les confond ſans ordre, non pour en faire une pâte homogêne, mais pour déranger totalement le ſyſtême primitif de leur organiſation. Les eaux remaniant enſuite ces eſpèces de brèches à très-petits grains où tout eſt dans la confuſion, en forment une lave particulière dont les caractères ne ſont pas faciles à ſaiſir; il faut obſerver ces laves avec de bonnes loupes, au grand jour ſous divers aſpects, & l'on doit les étudier plus d'une fois, pour s'attacher à décrire les objets qu'on y distingue.

Telle est l'espèce qui fait le sujet de cette section ; elle est d'autant plus embarrassante que le fer ayant éprouvé un degré d'altération, a donné à cette lave, non-seulement une teinte peu commune, mais la loupe y découvre encore de petits dépôts ocreux, interposés entre les lames de feld-spath, & les molécules très-fines de schorl pulvérulent, qui jetteroient de la confusion sur ces morceaux si l'on n'étoit pas encore bien accoutumé à l'étude des produits volcaniques. Cette lave, qui n'est pas d'une grande dureté, est attirable à l'aimant.

Elle vient des volcans éteints du *val di Notto en Sicile.*

L'on pourra rapporter à cette espèce, celles qui renferment les mêmes matières & les mêmes caractères, quoique leur couleur soit différente, parce que les couleurs dans les laves ne sont dues qu'aux modifications variées du fer.

ESPÈCE XXIV.

Lave granitoïde compacte, à fond noir, nuancée de petits points, de taches irrégulières, de légers linéamens, d'un gris jaunâtre, avec plusieurs crystaux lamelleux de feld-spath blanc brillant, dont quelques-uns sont en rhomboïdes; susceptible de recevoir un poli éclatant, tandis que la croûte extérieure composée de la même matière, est grenue, & chargée de petits crystaux irréguliers saillans de feld-spath, & de points également saillans d'une matière pierreuse d'un noir verdâtre rapprochée d'un schorl argileux.

C'est ici une des plus étonnantes laves que je connoisse. Elle existe sur la sommité du mont *Mézin* en Vivarais, à une élévation qui excède neuf cens toises sur le niveau de la Méditerranée, parmi d'autres matières volcanisées : elle a fait long-tems le sujet de mes méditations & de mon embarras. M. de Saussure à qui j'avois adressé dans le tems plusieurs échantillons de ces pierres volcanisées, m'écrivit : « *ces pierres me paroissent d'un genre* » *très-rare, & très-curieux, & m'ont fait le plus* » *grand plaisir : je m'occuperai incessamment de* » *l'examen particulier de la caisse précieuse que vous*

» *m'avez envoyée, & je m'empresserai de vous* » *faire parvenir une réponse détaillée*, &c. » Mais les troubles de Genève ayant obligé ce savant naturaliste à suspendre ses travaux littéraires, il n'a pu s'occuper que dans ce moment de l'étude & de l'analyse particulière de ces laves, afin d'être à portée de répondre d'une manière détaillée à la lettre que je lui avois adressée, & qui se trouve insérée dans le premier volume de l'histoire naturelle de la province du Dauphiné; mais ayant moi-même depuis cette époque, fait des recherches ultérieures sur cette lave, & ayant divers objets analogues à envoyer à M. de Saussure, je l'ai prié de suspendre sa réponse jusqu'à ce qu'il ait vu les morceaux de comparaison que je viens de lui adresser; & c'est moins pour soutenir l'opinion que j'avois adoptée au sujet des granits, que pour lui fournir de nouvelles armes contre moi-même, parce que n'ayant intention que de chercher la vérité dans une étude aussi épineuse que celle des produits volcaniques, qui embrasse non-seulement la lithologie entière, mais la connoissance des pierres dans un état d'altération, de mélange, de décomposition, de vitrification, &c. je serai toujours le premier à avouer avec empressement que j'ai été induit en erreur, lorſque des faits nouveaux que je n'avois pas été à portée d'obſerver, me mettront dans le cas de reconnoître que je m'étois trompé.

Les deſcriptions que j'avois envoyées à M. de Sauſſure des divers échantillons de laves *granitoïdes* du *mont Mézin*, ſont exactes & faites avec ſcrupule; mais les idées de théorie que ces morceaux m'avoient fait naître & que je n'annonçois à la vérité, qu'avec la plus grande réſerve ſont moins probables à mes propres yeux depuis que quelques laves de l'*Etna* & de *Vulcano*, qui m'ont été envoyées par M. le Chevalier de Dolomieu, m'ont convaincu que les feux ſouterrains pouvoient, dans quelques circonſtances, attaquer les porphyres & produire ſur eux des effets analogues à ceux de la fuſion, ſans néanmoins dénaturer beaucoup les ſubſtances qui entrent dans leur compoſition, particulièrement le feldſpath, qui eſt à peine altéré dans pluſieurs laves de l'Etna qui ont cependant formé de grands courans.

Or, il a dû arriver ſouvent que le fluide aqueux porté au dernier degré d'ébullition, & chargé de diverſes émanations gazeuſes qui augmentoient ſon activité, eſt entré en concours avec le feu, ou a agi immédiatement après les volcans ſur les matières que ces derniers avoient préparées & diſpoſées pour ainſi dire à de nouvelles combinaiſons. Je penſe que c'eſt-là le cas de la belle lave compacte *granitoïde du mont Mézin*, qui a été inconteſtablement remaniée par les eaux; l'union intime de ſes parties, l'eſpèce de poli qu'elle eſt ſuſceptible de recevoir, ſa pâte, ſon grain, tout annonce que le fluide aqueux a réparé les déſordres du feu. Tel étoit mon premier ſentiment, auquel je tiens encore, mais j'enviſageois cette théorie ſous un point de vue différent, & je croyois que les feux ſouterrains trouvant dans le voiſinage de leur foyer, les matières chymiques qui entrent dans la compoſition des granits, c'eſt-à-dire, la *terre argileuſe*, la *terre quartzeuſe*, le *fer* & *une portion de terre calcaire*, ſous une forme différente de celle des granits, il devoit en réſulter une vitrification homogène, une véritable lave; que cette dernière attaquée à ſon tour par l'acide ſulphureux, ou par quelqu'autre agent deſtructeur qui la convertiſſoit en terre, étoit enſuite repriſe & remaniée par le fluide aqueux, & que cette terre étant tenue en diſſolution, les molécules les plus analogues ſe rapprochoient, s'uniſſoient, & ſe fixoient à l'aide d'une cryſtalliſation confuſe : je croyois, dis-je, qu'alors il pouvoit en réſulter une pierre compoſée, de la nature de certains granits.

Un exemple ſervira à mieux développer cette idée. Je ſuppoſe que des volcans prennent naiſſance ſous un ſol ſemblable à celui de Paris & de ſes environs, & que les mêmes matières que nous voyons à l'extérieur s'enfoncent juſques vers la fournaiſe ou plutôt juſqu'à l'immenſe gouffre de toutes les ſubſtances inflammables qui ſe préparent à produire un incendie pareil à celui qui dévaſta anciennement la Sicile & la Terre de Labour.

Que deviendront alors les voûtes ſupérieures qui repoſent ſur cette mer immenſe de feu (car je donne une grande étendue à ce volcan). Il n'eſt pas douteux qu'elles ſeront expoſées à l'action d'un agent qui les attaquera d'abord inſenſiblement & par gradation, mais qui imprégnera enſuite de toutes parts ces matières d'un feu actif qui exercera la plus forte action ſur elles ; le fluide ignée porté enſuite au plus haut degré de concentration, & ſoutenu pendant de longs eſpaces de tems, agira ſur ces matières en raiſon des loix chymiques connues ; les amas immenſes de quartz pulvérulent qui compoſent le ſol de Fontainebleau & des environs , très-réfractaires par eux-mêmes lorſqu'ils ſont purs , deviendront bientôt fuſibles par le voiſinage de la terre calcaire ; les ſubſtances argileuſes, ainſi que le fer ſi généralement répandu par-tout , ſe mêleront , s'amalgameront avec les autres matières , & il réſultera néceſſairement, de cette combinaiſon , une véritable lave produite par ces diverſes terres qui ſe ſeront ſervies réciproquement de fondant.

Ce ſol dénaturé n'offrira plus alors qu'un produit volcanique homogène , & les élémens primitifs de cette terre différemment modifiés ſe trouveront enchaînés par les liens de la vitrification ; les veſtiges de toute eſpèce de corps organiſés dépoſés dans la roche calcaire , ou parmi les ſédimens argileux ſeront à jamais effacés.

Cette terre incendiée ne ſera plus couverte que de courans de matières fondues, que d'entaſſemens de ſcories & de laves variées par la forme & par la couleur. Tout portera l'empreinte , & les caractères du feu , & ceux qui verroient pour la première fois ce lugubre tableau , & qui n'auroient point de tradition ſur ſon origine, croiroient ſans doute que cette terre eſt ſortie ainſi façonnée des mains du Créateur.

Cependant tous ces amas immenſes de matière vitrifiée, n'étoient auparavant que des dépôts tranquilles accumulés lentement par la main du tems dans le ſein des mers, que des reſtes de corps organiſés qui avoient autrefois eu vie dans un fluide peuplé d'animaux de toute eſpèce; & c'eſt ainſi que la matière, dont le Protée de la fable n'étoit peut-être que l'emblême, ſuſceptible d'une infinité de combinaiſons, eſt douée du pouvoir de prendre les formes les plus variées, & ſouvent même les plus diſparates.

Enfin jetons encore un coup-d'œil ſur cette ſombre ruine, & portons nos regards ſur ces cendres accumulées, ſur ces ponces, ſur ces ſcories, ſur ces bancs énormes de laves; parcourons par l'imagination ces pics iſolés qui ſe ſont élevés, ces montagnes qui ſe ſont abymées, ces ſoupiraux profonds par où les flammes s'exhaloient, & obſervons enſuite la manière dont de nouveaux agens vont reprendre & remanier cette nature ſtérile & morte en apparence.

Les foyers de ces feux ſouterrains plutôt aſſoupis qu'éteints, jetteront encore de toutes

tes parts des fumées cauſtiques & bouillantes qui convertiront inſenſiblement toutes ces maſſes fondues, en une matière terreuſe; ces eſpèces de *ſolfatare* détruiſant le gluten de la vitrification, les différentes molécules qui entroient dans la compoſition de ces laves, ſe trouvant en liberté, ſeront prêtes à former de nouvelles combinaiſons.

Il ne leur faut que de l'eau, & ſi le moindre déplacement des mers vient ſubmerger ces contrées, tout va bientôt changer de face. Le grand agent de la nature, le fluide aqueux, va produire un nouvel ordre de choſes.

Les eaux qui couvriront les reſtes de ce grand incendie, ſe trouvant imprégnées des différentes émanations qui s'éleveront encore peut-être pendant pluſieurs ſiècles de ces foyers aſſoupis, mais non éteints, acquerront bientôt le pouvoir de diſſoudre ces matières, & s'en étant ſaturées, elles iront quelquefois, à l'aide des courans & des marées, les précipiter au loin en maſſes cryſtallines confuſes, de manière cependant que les loix de l'analogie & des affinités régnant toujours même au milieu de ce cahos, les molécules de quartz ſeront attirées par des molécules de leur eſpèce, celles du feld-ſpath, par celles du feld-ſpath ; le fer, & les élémens calcaires ſe trouveront auſſi mêlés en différentes proportions avec l'une ou l'autre de ces matières, ainſi que la terre argileuſe ; & il pourra naître de ces combinaiſons, des ſchorls, des feld-ſpath différemment colorés, en un mot, des maſſes pierreuſes ſans ordre, rapprochées, par leur nature, de celle des granits. Les vapeurs méphitiques qui s'éleveront de toutes parts ſur ces eaux, en auront néceſſairement éloigné tous les êtres animés, & l'on ne doit jamais y trouver dès-lors aucun reſte de ſubſtance organiſée.

Telle eſt l'eſquiſſe du plan que je m'étois formé ſur l'origine des granits. J'aimois à voir la nature agiſſante, par des moyens ſimples ſe ſervir tantôt des corps organiſés multipliés à l'infini dans le ſein des eaux pour élaborer la terre calcaire, convertir enſuite cette terre à l'aide des feux ſouterrains & de divers mêlanges en une matière fondue dont les molécules intimément unies ſe trouvoient enveloppées par les liens de la vitrification.

Je voyois enſuite ces immenſes magaſins de matière morte, & perdue en apparence, être rendus aux élémens par un moyen ſimple ; car les ſeules fumées qui s'élèvent des feux ſouterrains, ſuffiſent pour rompre les barrières qui s'oppoſoient aux diverſes modifications dont ces matières étoient ſuſceptibles. Dès-lors ces laves bientôt ramollies & converties en pouſſière fécondante, offriroient le champ le plus riche & le plus précieux à la végétation, les plantes s'empreſſeroient d y croître, ſi je puis m'exprimer ainſi, & des millions d'êtres qui peuplent l'air ou rampent ſur la terre, y puiſeroient les ſucs nourriciers qui leur donnent l'exiſtence & l'accroiſſement. Tandis que ſi ces zones incendiées réduites en ſubſtances pulvérulentes, ſe trouvoient au contraire recouvertes par des mers qui, en ſe déplaçant, auroient mis à ſec de nouvelles contrées, dès-lors ces mers, avant de ſe fixer, luttant avec fureur contre les barrières & les divers obſtacles qui s'oppoſeroient à leur marche, s'empareroient avidement de tous les ſédimens volcaniques qui formeroient le fond de ce nouvel océan; les émanations diverſes qui s'éleveroient bientôt de toutes parts de ce ſol incendié, communiquant aux eaux le pouvoir de diſſoudre pluſieurs de ces matieres, le fluide aqueux ne tarderoit pas à en être ſaturé; tandis que d'un autre coté la fureur des vagues, le balancement des eaux, la rapidité des courans, enlevant & entraînant pêle-mêle les parties les plus grossières, formeroient de ces divers matériaux, une espèce de cahos qui ne commenceroit à se débrouiller, que lorsqu'un peu de calme & de repos permettroit à la matière d'obéir aux loix de la pesanteur & des affinités; & comme cette opération ne pourroit se faire que difficilement dans un milieu tranquille, il résulteroit nécessairement de ces divers rapprochemens, une aggrégation souvent confuse, mais le tout se trouveroit solidement lié par la matière que le fluide tiendroit en dissolution, & qu'il déposeroit sous forme crystalline, parce que les molécules en seroient plus pures & plus élaborées.

Ainsi je suppose que les élémens du feldspath, matière abondante, bien moins dure que celle du quartz, tenus en dissolution par le fluide aqueux, se précipitassent sous forme crystalline, dans l'instant où les mêmes eaux charieroient & transporteroient les grains de quartz, ou les sédimens micacés; le feldspath, en se rapprochant par la crystallisation, enchaîneroit nécessairement tout ce qui se trouveroit sur sa route, & il naîtroit de-là une roche composée analogue aux granits que nous connoissons, & réunie comme eux par une pâte vitreuse homogêne, qui offriroit, lorsque rien n'auroit gêné le rapprochement des molécules, des crystaux caractérisés par la figure rhomboïdale ou par celles qui en dérivent.

Telle étoit mon opinion sur l'origine des granits dont je ne donne ici, je le répète, qu'une esquisse rapide, difficile peut-être à être bien saisie par les personnes qui n'auroient pas fait une étude approfondie de ces pierres, ainsi que des divers produits volcaniques; opinion qui, pour être bien entendue, auroit d'ailleurs besoin du développement d'une multitude de faits qui y sont relatifs.

Les différentes modifications que les produits des feux souterrains ont incontestablement éprouvées, celles dont ils sont susceptibles, & sur lesquelles les naturalistes qui se sont appliqués à l'étude des volcans sont d'accord dans ce moment, m'avoient depuis long-tems fait naître les idées que je viens d'exposer, & sur lesquelles je reviendrai peut-être quelque jour.

Cette marche de la nature me paroissoit d'autant plus simple, qu'elle dispense de recourir à une matière primitive, sur laquelle il paroît impossible d'avoir jamais des notions exactes ; il me semble d'ailleurs qu'elle est plus analogue à nos connoissances, & plus à portée de l'esprit humain, qui aime à s'appuyer sur des faits visibles & palpables, au lieu d'avoir recours à une multitude d'hypothèses, qui peuvent flatter à la vérité l'imagination, mais qui ne satisfont jamais la raison.

En un mot, l'homme commençant à mieux connoître la structure & l'organisation de la terre, ainsi que les divers matériaux qui la composent, voit de toutes parts des traces de révolution, mais il reconnoît en même tems une multitude de causes existantes qui peuvent les produire.

La matière ne s'anéantit ni ne se procrée, mais elle est sujette à une infinité de combinaisons, qui la font paroître sous toutes les formes possibles ; ces formes parcourent, si je puis m'exprimer ainsi, la terre en longueur & en latitude ; elles la pénètrent en profondeur ; elles se renouvellent, se modifient, s'altèrent, se détruisent, pour reparoître de nouveau. Les principaux moteurs de cette étonnante machine, sont le feu, l'eau, l'air & le mouvement ; nos sens nous avertissent, nous apprennent qu'ils existent ; nous les voyons opérer sous nos yeux de merveilleux phénomènes, ſans recourir à des prodiges ſurnaturels.

Mais dès l'inſtant que l'homme voulant s'élever hors de la ſphère des tems oſera porter ſon vol au-deſſus du néant, forcé de reconnoître alors ſa propre inſuffiſance, il doit néceſſairement tomber aux pieds du ſuprême Ordonnateur, & reſpectant ſes ſublimes décrets, il doit ſentir qu'il n'eſt pas fait pour en ſonder les profondeurs.

CHAPITRE XIII.

BASALTES ET LAVES DE DIFFÉRENTES ESPÈCES, AVEC DES CORPS ÉTRANGERS.

LAVES AVEC DU FELD-SPATH.

N°. 1. Basalte noir avec deux noeuds de feld-spath blanc, dont l'un, qui est rhomboïdal, a un pouce de longueur sur 8 lignes de largeur, vitreux, brillant, & divisé lui-même en une multitude de petits rhomboïdes plus ou moins parfaits; l'autre est de forme elliptique, d'un pouce 6 lignes de longueur sur 9 lignes de largeur, également brillant: cette lave compacte est encore remarquable par plusieurs fragmens de schorl noir, dont un est crystallisé en rhombes. *De Rochemaure, en Vivarais.*

Long. 3 p. 6 lig.
Larg. 2 p. 3 lig.
Epaiss. 2 p.

N°. 2. Basalte noir avec un noyau de feld-spath blanc, brillant & vitreux, d'un pouce de longueur ſur 9 lignes de largeur, dont la forme eſt rhomboïdale; ce gros cryſtal eſt compoſé lui-même d'une multitude d'autres cryſtaux de fel-ſpath en lozanges implantés & confondus les uns dans les autres, dont pluſieurs ſont bien caractériſés.

Ce morceau différe du précédent, non-ſeulement parce que le feld-ſpath en eſt plus brillant, mais par les cryſtaux mieux prononcés, & par deux linéamens réguliers qui règnent dans la partie la plus alongée du gros cryſtal, ce qui fournit trois eſpèces de diviſions parallèles qui rappellent en petit des accidens ſemblables, qu'on voit régner en grand dans certaines carrières de granit où le feld-ſpath domine; de tels granits paroiſſent alors diſpoſés en bancs; ceux qui exiſtent ſur le bord du chemin de *Vals à Entraigue*, en Vivarais, ſur la rive droite de la *Volane*, ont cette configuration.

Cet échantillon vient de *Rochemaure*.

Long. 3 pouces.

Larg. 2 pouc. 6 lign.

Epaiſſ. 1 pouc. 6 lign.

N°. 3. Baſalte noir, avec un noyau de feld-ſpath blanc lamelleux, remarquable par ſa groſſeur qui eſt de 8 lignes de longueur, ſur 4 pouces de largeur. *Ce feld-ſpath des plus durs & des plus cryſtallins vient de Rochemaure.*

Long. 4 pouc.
Larg. 1 pouc. 6 lign.
Epaiſſ. 8 lign.

N°. 4. Baſalte d'un noir un peu bleuâtre, d'une contexture analogue à celle du *baſalte graveleux*, avec du feld-ſpath blanc diſpoſé en lames brillantes, de 22 lignes de longueur, ſur 17 lignes de largeur. Je ne crois pas que l'on ait encore trouvé des noyaux de feld-ſpath de cette groſſeur dans les matières volcaniques. On voit à une extrémité de ce baſalte une petite cavité, une eſpèce de *géode* tapiſſée d'une jolie cryſtalliſation quartzeuſe dont les aiguilles ſont d'une telle délicateſſe, qu'il faut les obſerver avec une bonne loupe pour en diſtinguer la forme.

De Rochemaure.

Long. 3 pouc.
Larg. 1 pouc. 9 lig.
Epaiſſ. 8 lign.

Voilà ſans doute quatre morceaux intéreſſans trouvés au pied de la butte baſaltique ſur laquelle le château de Rochemaure eſt perché ; cependant le volcan qui a projetté cette butte, s'eſt fait jour dans les matières calcaires, & ſe trouve éloigné de plus de cinq lieues des roches granitiques. Il n'eſt pas étonnant qu'on y rencontre beaucoup de noyaux de pierre à chaux, mais pourquoi cette abondante proviſion de ſchorl noir, pourquoi la chryſolite, le feld-ſpath y exiſtent-ils ? où ſont donc les matières primordiales qui renfermoient ces différentes ſubſtances ? Giſſent-elles à de grandes profondeurs au-deſſous des montagnes calcaires ? La choſe eſt probable, mais il nous manque beaucoup de faits, & nous n'en avons point, ſurtout de poſitifs, pour pouvoir raiſonner ſur cette immenſe zone de matière ſchorlique qui doit occuper une région ſouterraine limitrophe de l'empire des volcans, puiſque les laves que vomiſſent les différentes fournaiſes du globe, ſous quelque latitude qu'on les obſerve, contiennent généralement du ſchorl.

BASALTES ET LAVES DE DIFFÉRENTES ESPÈCES.

LAVES AVEC DU GRANIT.

N°. 5. Baſalte noir, dur & compacte, avec un noyau de granit à fond blanc tacheté de noir de 2 pouces de longueur, 11 lignes de largeur, ſur 9 lignes d'épaiſſeur.

Le fond de ce granit eſt d'un beau blanc, couleur due au feld-ſpath blanc qui y domine, & qui s'y trouve en grains irréguliers, mélangés de points quartzeux; les petites taches noires ternes, verdâtres dans certaines parties, qu'on y remarque, vues à la loupe paroiſſent ne pas être un ſchorl pur, mais un quartz imprégné d'une diſſolution *ſchorlique*, noire dans quelques endroits, verdâtre & même d'un bleu pâle dans d'autres. Ce granit eſt de la plus belle conſervation, & d'une grande fraîcheur quoiqu'incruſte dans la lave.

Du pavé de Rigaudel.

Long. 3 pouc. 10 lign.
Larg. 2 pouc. 8 lig.
Epaiſſ. 10 lig.

N°. 6. Idem, avec un nœud de granit de 2 pouces de longueur, 1 pouce 10 lignes de largeur, ſur 10 lignes d'épaiſſeur. Le feld-ſpath blanc domine dans ce morceau, & la diſpoſition générale des molécules tend à la cryſtalliſation rhomboïdale; pluſieurs des lames dont il eſt compoſé portent ce caractère; quelques-unes ont un brillant qui imite celui du mica; le quartz eſt en très-petite quantité dans la pâte de ce granit; les points noirs y ſont plus multipliés & plus rapprochés que dans le morceau précédent, mais ils ſont tous d'un noir foncé mat. Ils forment des taches qui, vues avec une forte loupe, ſemblent devoir leur origine à une teinture de ſchorl qui s'eſt inſinué dans le feld-ſpath.

Du pavé du pont de Rigaudel.

Long. 3 pouc.
Larg. 2 pouc.
Epaiſſ. 1 pouc.

N°. 7. Baſalte noir, un peu poreux, avec un fragment de granit d'un pouce 9 lignes de longueur, ſur une largeur pareille & de 8 lignes d'épaiſſeur. Ce granit très-ſain, à fond blanc un peu jaunâtre, eſt compoſé de feld-ſpath cryſtalliſé en petits rhombes & en parallélipipèdes; le quartz n'y exiſte qu'en très-petite quantité, & le mica noir diviſé en points irréguliers y abonde; ce mica eſt ſi noir, qu'il faut des yeux exercés pour ne pas le confondre avec le ſchorl de cette couleur.

Du pic volcaniſé de Roche Rouge ſur le chemin de Landriat au Puy.

Long. 1 pouc. 10 lig.
Larg. 1 pouc. 6 lig.
Epaiss. 9 lig.

Voyez ce qui a été dit de cette magnifique butte, pag. 364 & suiv. des *Recherches sur les volcans éteints du Vivarais & du Velai*, où l'on en trouvera la gravure.

N°. 8. Basalte noir intact dans certaines parties, graveleux & réduit en substance rougeâtre plus tendre dans d'autres, avec schorl noir & chrysolite; mais essentiellement remarquable par une bande de granit de 3 pouces 6 lignes de longueur sur 1 pouce 9 lignes de largeur; ce granit est composé d'une couche mince de feld-spath blanc, avec quelques petits points de schorl noir, entre deux couches plus épaisses de mica, en lames couleur de cuivre bruni, accident qui paroît être dû à un coup de feu prompt & violent; la surface entière de ce granit étant toute couverte de ce mica bronzé, produit un très-bel effet, & ce morceau peut être regardé comme unique encore en son genre. Il a été trouvé dans une des anciennes bouches à feu du volcan de *la Bastide en Vivarais*, *à cent pas du château de M. le Comte d'Entraigues.*

Long. 4 pouc.
Larg. 3 pouc. 6 lig.
Epaiſſ. 1 pouc. 4 lig.

N°. 9. Lave poreuſe d'un gris noirâtre, avec un noyau de granit de 3 pouces de longueur, 2 pouces de largeur, ſur 1 pouce 6 lignes d'épaiſſeur; la lave poreuſe ſuppoſant toujours un coup de feu capable de convertir le baſalte en ſcories cellulaires, les corps étrangers engagés dans de pareilles laves, ont dû éprouver ſouvent l'action de ce feu. La pierre dont il eſt ici queſtion en eſt un exemple. Ce granit à fond blanc eſt de l'eſpèce des granits veinés; il eſt formé par diverſes petites couches alternatives parallèles de feld-ſpath, & d'une ſubſtance couleur de lie de vin, dont il n'eſt pas facile de déterminer la nature, parce qu'elle a été altérée par le feu.

Ce granit paroît au premier aſpect être entièrement calcine, car ſa couleur eſt terne, & ſon grain, friable & ſec; mais en l'examinant attentivement au grand jour, avec une bonne loupe, l'on reconnoît que le feld-ſpath n'a été qu'*étonné*, & diviſé en une multitude de petites gerçures qui lui ont donné cet œil terreux. Quelques grains de quartz inſérés dans ce granit, ont reçu la même atteinte, tandis que d'autres ont réſiſté & ont conſervé leur éclat, ce qui, je le répète, ne peut ſe diſtinguer qu'à la loupe; mais ce qu'il y a de remarquable encore, dans ce morceau, c'eſt que toutes les veines d'un rouge violâtre interpoſées entre le feld-ſpath, portent les caractères de la fuſion, & ſont réduites en ſcories cellulaires : il a donc fallu que la matière dont elles ſont formées fût très-fuſible, puiſqu'elle a été vitrifiée à un degré de feu qui n'a pas été aſſez fort pour faire couler le feld-ſpath. Etoit-ce un ſchorl lamelleux, ou un mica très-fuſible, ou une ſubſtance de la nature des pierres de corne? C'eſt ce que l'on ne peut pas décider, tous les caractères indicatifs étant détruits : l'on apperçoit ſeulement que cette matière eſt riche en fer, le barreau aimanté l'indique, ainſi que la couleur; l'on y diſtingue auſſi des grains de ſchorl noir qui s'y trouvent immiſcés & qui ne ſont pas entrés en fuſion; ils ont perdu ſeulement leur brillant.

J'ai trouvé ce beau granit, *dans la lave poreuſe du cratère de Montbrul.*

N°. 10. Lave cellulaire noirâtre, avec un noyau de granit de 3 pouces 2 lignes de longueur

gueur, ſur 2 pouces 6 lignes d'épaiſſeur.

Ce granit à fond blanc tacheté de noir, paroît ſec, friable & calciné, au premier aſpect; mais lorſqu'on l'obſerve à la loupe, l'on voit que le feld-ſpath & le quartz n'ont été abſolument que gercés, ce qui les a rendu friables, & leur a fait perdre une partie de leur tranſparence; l'on diſtingue cependant encore quelques parcelles qui ont conſervé leur éclat vitreux. Quant aux taches noires, elles ne ſont occaſionnées que par le ſchorl qui y abonde, & qui s'y trouve en gros grains. Ce dernier n'eſt point entré en fuſion, mais il a preſque entièrement perdu ſon brillant, ce qui le fait paroître terne & mat.

Ce morceau a été trouvé dans le cratère de *Montbrul*; il eſt, ainſi que les précédens, des plus inſtructifs & des plus rares, c'eſt pourquoi je me ſuis un peu étendu ſur ſa deſcription, ainſi que ſur celle du précédent.

N°. 11. Lave à petits pores de couleur noire foncée, tirée d'une des bouches du volcan de la *gravenne* de *mont Pezat*, ſur laquelle les feux ſouterrains paroiſſent avoir fortement agi, puiſqu'ils ont changé dans cette partie, des maſſes énormes de baſalte, en laves cellulaires très-vitrifiées. Un noyau de granit blanc de 2 pouces 9 lignes de longueur, 1 pouce 6 lignes de largeur, ſur 1 pouce d'épaiſſeur, s'étant trouvé engagé dans la lave de cet échantillon, y a été vitrifié à un tel point, qu'il a été changé en une eſpèce d'émail de la nature du biſcuit des porcelaines dures. La pâte de ce morceau eſt d'un grain ſerré, compacte & un peu brillant; c'eſt une porcelaine préparée par les mains de la nature. Mais comme tout eſt vitrifié dans ce morceau, rien ne peut mettre ſur la voie de prononcer ſi c'étoit une pierre argileuſe blanche mêlée d'un fondant, ou bien un ſimple noyau de feldſpath.

Long. 4 pouc. 6 lig.
Larg. 2 pouc. 4 lig.
Epaiſſ. 1 pouc. 6 lig.

BASALTES ET LAVES DE DIFFÉRENTES ESPÈCES.

LAVES AVEC DU SCHORL.

N°. 12. Lave poreuſe griſe & légère avec un nœud de ſchorl blanc, vitreux, diſpoſé en lames épaiſſes & irrégulières; ce ſchorl a un pouce de diamètre, fait feu avec l'acier, & eſt fuſible ſans addition ; le ſchorl blanc eſt de la plus grande rareté dans les matières volcaniques du Vivarais. Celui-ci a été trouvé dans les environs du cratère de *Montbrul.*

Long. 2 pouc. 9 lig.
Larg. 2 pouc. 4 lig.
Epaiſſ. 1 pouc. 6 lig.

N°. 13. Portion d'un petit priſme de baſalte hexagone, d'un noir foncé & d'une grande dureté, avec un noyau de ſchorl noir d'un pouce 5 lignes de diamètre ; ce ſchorl eſt ſi brillant & ſi vitreux, qu'on le prendroit d'abord pour une eſpèce de pierre de *gallinace* ; mais c'eſt un véritable ſchorl remarquable par ſa groſſeur.

Des environs de Rochemaure.

Long. 2 pouc. 6 lig.
Larg. 2 pouc.
Epaiſſ. 1 pouc. 6 lig.

N°. 14. Baſalte noir de l'eſpèce du baſalte graveleux, mais d'une grande dureté, & donnant beaucoup d'étincelles avec l'acier, avec un noyau de ſchorl noir d'un pouce 6 lignes de diamètre.

Du volcan de la Bastide, auprès du château de M. le Comte d'Entraigues.

Long. 3 pouc.
Larg. 2 pouc.
Epaiss. 1 pouc. 9 lig.

N°. 15. Basalte noir avec un nœud de schorl noir, vitreux, configuré en rhombe de 11 lignes d'intervalle d'un angle à l'autre.

Trouvé dans les environs de Rochemaure.

Long. 3 pouc. 5 lig.
Larg. 2 pouc. 6 lig.
Epaiss. 1 pouc.

N°. 16. Basalte noir & dur, donnant beaucoup d'étincelles avec l'acier, quoique un peu poreux, avec un noyau de schorl de deux pouces 6 lignes de longueur, sur 1 pouce de largeur, qui a reçu un coup de feu qui l'a fait entrer en fusion. Ce basalte contient encore un gros noyau de granit & un paquet de chrysolite.

Du volcan de la Bastide.

Long. 4 pouc.
Larg. 3 pouc. 10 lig.
Epaiss. 2 pouc.

N°. 17. Schorl de 3 pouces 4 lignes de

longueur, 2 pouces de largeur, ſur un pouce 6 lignes d'épaiſſeur, noir, dur, vitreux, & des plus brillans. Ce morceau bien remarquable par ſon volume, à une de ſes faces ſtriée & canelée, tandis que l'autre ſemble être entrée en fuſion, & avoir ſouffert de petits affaiſſemens dans certaines parties.

Ce ſchorl eſt configuré de manière à être pris d'un peu loin pour un morceau de charbon foſſile.

Ce rare échantillon a été trouvé dans les pouzzolanes du cratère de Montbrul.

Nº. 18. Autre ſchorl noir vitreux, de 3 pouces de longueur, 1 pouce 6 lignes de largeur, ſur 1 pouce d'épaiſſeur, diſpoſé en lames brillantes, mais compactes & très-adhérentes, ce qui le rend fort peſant; ſa couleur noires imite celle du plus beau jayet. Une des faces de ce morceau, examinée dans ſon vrai jour, réflète la lumière en divers ſens, & paroît comme moirée. Le feu a produit une eſpèce de vernis léger & brillant ſur cette partie, mais une choſe véritablement digne d'attention, c'eſt que cette face polie offre une multitude de ſtries légères & ſuperficielles qui imitent juſqu'à un certain point les cryſtalliſations que M. de Morveau, Avocat-Général au Parlement de Dijon, produit, par le moyen de l'art, ſur du fer tenu long-tems en incandeſcence. Comme ce ſchorl eſt très-chargé de fer, il ſemble que celui qui s'eſt trouvé diſſéminé dans ce morceau, ait acquis par un feu ſoutenu & gradué, une tendance à la cryſtalliſation.

Je n'ignore pas, & c'eſt pour prévenir toute objection, qu'il y a du ſchorl naturellement ſtrié; mais celui-ci, loin d'être dans ce cas, eſt au contraire diſpoſé en lames, & les filets cryſtallins ne ſont abſolument placés que ſur la ſurface où le feu a produit le léger vernis ſtrié dont j'ai parlé: ce bel accident rend ce morceau unique.

Trouvé parmi les pouzzolanes de Montbrul.

N°. 19. Schorl noir de 3 pouces 6 lignes de longueur, ſur 2 pouces 6 lignes de largeur. Ce ſchorl environné de laves poreuſes a été tellement attaqué par le feu, qu'il eſt criblé de pores, ce qui lui a fait perdre une partie de ſon brillant.

Du volcan de la Baſtide en Vivarais.

N°. 20. Schorl noir d'un pouce 7 lignes de longueur, 1 pouce 6 lignes de largeur, ſur 8 lignes d'épaiſſeur ; remarquable, en ce qu'il eſt percé d'une douzaine de trous ronds, dont quelques-uns ont juſqu'à 2 à 3 lignes de diamètre, & 4 à 5 lignes de profondeur ; le plus conſidérable eſt de forme conique ; ce qu'il y a d'extraordinaire, c'eſt que l'intérieur des cellules eſt tourné de manière à reſſembler beaucoup en petit aux trous que forment les pholades dans la pierre calcaire : ce qui ajoute encore beaucoup à cette reſſemblance, c'eſt que ce ſchorl eſt lamelleux & brillant, tandis que les cavités paroiſſent ternes & dépolies. Il eſt donc à préſumer que l'origine de ces trous eſt due ou à des globules pyriteux, ou à d'autres corps étrangers qui en ſe détruiſant ont laiſſé ces vides.

Des laves poreuſes de la Baſtide.

N°. 21. Autre ſchorl noir, lamelleux, brillant, de 11 lignes de diamètre, avec 3 trous ſemblables aux précédens ; mais le morceau eſt diſpoſé de manière qu'on voit avec la plus grande facilité un de ces trous qui coupe tranſverſalement les lames de ce ſchorl : l'intérieur de cette ouverture, de forme parfaitement ronde, & d'une ligne de diamètre eſt dépolie, tandis que le ſchorl eſt des plus brillans.

C'eſt ici un petit fait ſans doute; mais l'étude des ſchorls eſt ſi importante, leur origine paroît ſi ancienne, & eſt encore ſi inconnue, que tout ce qui peut tendre à donner des éclairciſſemens ſur leur ſtructure, & ſur les accidens qui s'y rencontrent, doit être retenu avec attention; d'ailleurs, rien ne doit être négligé dans l'hiſtoire des faits.

Des environs du cratère de Montbrul en Vivarais.

N°. 22. Schorl noir lamelleux d'un pouce 6 lignes de longueur, 1 pouce de largeur, ſur 8 lignes d'épaiſſeur; l'on voit ſur un des côtés dont la ſurface eſt très-unie, pluſieurs empreintes longitudinales, & d'autres rondes qui paroiſſent très-extraordinaires à la première inſpection, car étant en creux & de forme régulière, l'on croit d'abord qu'elles ont été gravées de main d'homme; mais en les examinant avec attention, l'on reconnoît que ces empreintes ont été moulées à l'aide de pluſieurs petits cryſtaux priſmatiques de ſchorl, antérieurs, ſur leſquels il paroît que le ſchorl lamelleux eſt venu s'adapter. L'on voit pluſieurs fragmens de ces cryſtaux qui ſont encore nichés dans leurs moules; quant aux petits creux ronds qui ont moins de profondeur, il paroît qu'ils ont été modelés également, ſur quelques globules de ſchorl noir, auſſi antérieurs aux ſchorls lamelleux.

Trouvé dans les pouzzolanes rougeâtres de Monbrul en Vivarais.

SCHORLS CRYSTALLISÉS.

On trouve quelquefois dans les produits volcaniques le ſchorl noir en cryſtaux iſolés, de forme rhomboïdale de différentes groſſeurs; on le rencontre auſſi en cet état implanté dans le baſalte; mais comme on pourroit regarder de tels cryſtaux comme l'effet des caſſures, ou de quelques autres accidens, parce qu'il eſt rare de les trouver parfaitement bien conſervés en cet état, il s'agiſſoit d'en trouver de purs, & dont la forme régulière & primitive fût à l'abri de toute eſpèce de ſoupçon. Le morceau ſuivant ne laiſſe rien à deſirer par ſa belle conſervation.

N°. 23. Cryſtal octogone de ſchorl noir à pans inégaux, & à ſommet dièdre. Ce ſchorl a 8 lignes & demie de longueur, ſur 9 de largeur, & 3 lignes dans ſa plus grande épaiſſeur; ce qui ſuppoſe un priſme extrêmement comprimé ; en effet, celui-ci ayant été gêné dans ſa cryſtalliſation eſt tellement applati, qu'on auroit de la peine à le reconnoître ſi l'on n'avoit pas les yeux exercés ; mais pour peu qu'on ait l'uſage de la cryſtallographie, l'on compte facilement les 8 pans, & les 2 ſommets dièdres ; mais ce qui rend ce cryſtal véritablement curieux, c'eſt qu'il eſt entièrement compoſé d'un aſſemblage de petits rhombes implantés les uns dans les autres, & formant un relief à l'extérieur. Ce ſchorl eſt noir, brillant, & n'a ſouffert aucune altération ; de manière que ce cryſtal, quoique comprimé, eſt dans ſon intégrité primitive, & les petits rhombes dont il eſt compoſé, ſont abſolument tels que la nature les a formés.

De Chenavari en Vivarais.

N°. 24. Schorl noir en priſme tetraèdre rhomboïdal, dont les angles aigus ſont de 60 degrés, & les obtus de 120, terminé par des ſommets trièdres très-obtus, compoſés d'un rhombe, & de 2 trapezoïdes en biſeaux, diſpoſés de manière que le rhombe de l'un des ſommets répond aux trapezoïdes du ſommet oppoſé.

Cette curieuſe variété ſe trouve dans les

roches mêlées d'hyacinthe & de grenats de la Somma ſur le Véſuve. L'on en voit pluſieurs dans le riche cabinet de M. Beſſon, ainſi que dans celui de M. de Romé de l'Iſle. Voyez ce qu'en a dit cet habile naturaliſte à la page 384, art. *ſchorls*, de la nouvelle édition en 4 vol. *in*-8° de ſa cryſtallographie.

N°. 25. Schorl noir vitreux, en priſme hexaèdre terminé par deux pyramides trièdres, obtuſes, à plans rhombes, ou ſub-pentagones alternativement oppoſés ſur chaque pyramide; on peut en voir le deſſin à la planche 4, fig. 88 & 98 de la nouvelle cryſtallographie. C'eſt la variété 5, pag. 385 des ſchorls de M. de Romé de l'Iſle. C'eſt auſſi le *baſaltes cryſtalliſatus niger hexaedrus columnâ longiore, pyramide trigonâ & planis tribus tetragonis, Litoph. Born.* 1, *p.* 34.

Lorſque, par quelques circonſtances, cette eſpèce de ſchorl hexaèdre a ſes ſix faces égales, ſa forme eſt ſemblable à celle du grenat dodecaèdre à plans rhombes, le priſme en eſt ſeulement plus long, & les deux pyramides trièdres ſont beaucoup plus obtuſes que celles du grenat.

Cette variété exiſte dans les *pouzzolanes des environs de Rome.*

On la trouve auſſi ſur l'Etna, mais les cryſtaux ont été un peu altérés par le feu.

Sur la montagne de Chenavari en Vivarais, parmi d'autres cryſtaux de ſchorl, ainſi qu'en Auvergne.

N°. 26. Schorl noir en priſme hexaèdre un peu comprimé, terminé d'un côté par une pyramide tetraèdre fort obtuſe à plans trapézoïdaux, & de l'autre par un ſommet dièdre également obtus, dont les plans ſont pentagones irréguliers.

M. de Romé de l'Iſle eſt le premier qui ait fait connoître cette variété, & ſa deſcription eſt ſi exacte que je ne ſaurois mieux faire que de la donner ici. Voyez pag. 389, variété 6, à l'article des ſchorls, & la planche 4, fig. 99 de ſon livre. J'ai vu les cryſtaux qu'il poſſède, & dont il fait mention. Ils ſont d'un beau noir, luiſans, ſolitaires & lamelleux, attirables à l'aimant, & ont 7 à 8 lignes de longueur, ſur 3 lignes dans leur plus grande largeur.

» La forme très-particulière de ces cryſ-
» taux, n'eſt pas facile à déduire de celle que
» je regarde comme primitive de cette eſpè-
» ce ; on peut néanmoins les conſidérer
» comme des *macles* produites par le renver-
» ſement d'une des moitiés longitudinales de

» la variété précédente, & ſur-tout de la
» modification de la variété dont le priſme
» eſt comprimé «. (pl. 4, fig. 98.)

Ces priſmes ſe trouvent parmi les matières volcaniques de la Carboneira, près du cap Gates, dans le Royaume de Grenade. Ils ont été apportés par M. Launoy, le même à qui l'on doit les tourmalines d'Eſpagne.

N°. 27. Schorl noir de Madagaſcar en cryſtaux ſolitaires, d'un beau noir luiſant, à neuf pans d'inégale largeur, & à pyramides trièdres obtuſes, dont la ſupérieure eſt à plans pentagones, alternativement oppoſés avec les plans hexagones de la pyramide inférieure.

Borax baſaltes lapidoſus columnaris politus pyramidibus triquetris. Linn. Syſt. nat. 1768. p. 95. N°. 3. De Romé de l'Iſle, variété 7, pag. 391, à l'article des ſchorls.

Ce ſchorl affecte la même cryſtalliſation que la tourmaline.

Il eſt vitreux dans ſa caſſure, & d'un noir très-vif; l'on en rencontre cependant quelques-uns d'un brun-rougeâtre, & d'autres d'un noir tirant ſur le vert.

Je ſuis incertain ſi ces ſchorls ſe trouvent dans les produits volcaniques, quoiqu'ils ſoient ſouvent environnés d'une terre rougeâtre qui pourroit bien être une lave ocreuſe, mais elle eſt en ſi petite quantité que je ne puis rien affirmer de poſitif à ce ſujet. M. l'Abbé Rochon qui a été à Madagaſcar, & que j'ai conſulté à ce ſujet, m'a aſſuré qu'il y avoit des matières volcaniques dans cette Iſle; c'eſt d'après l'aſſertion de ce ſavant, que j'ai placé le ſchorl de Madagaſcar, parmi les ſchorls rejettés par les volcans.

N°. 28. Schorl dodecaèdre rhomboïdal.

De Romé de l'Iſle, p. 396, à l'article des ſchorls.

Se trouve dans une lave argileuſe du Véſuve.

Dans les pouzzolanes de Rochemaure en Vivarais.

En Auvergne.

N°. 29. Schorl noir, vitreux, en priſme à 8 pans d'inégale largeur, ſolitaire, terminé par deux ſommets dièdres oppoſés, dont les plans ſont hexagones.

De Romé de l'Iſle, variété 9, p. 398, à l'art. des ſchorls.

Se trouve en abondance en Vivarais, & j'en poſsède des cryſtaux qui ont neuf lignes de diamètre.

Ces cryſtaux ſont ſouvent implantés dans le baſalte en priſme ou en maſſe; on les rencontre auſſi dans les pouzzolanes, dans les courans volcaniques boueux, ainſi que dans les laves argileuſes d'où on les détache facilement. Ils exiſtent auſſi en Auvergne, & dans preſque tous les volcans. Ils ſont abondans ſur le *Monto Roſſo de l'Etna*, ainſi qu'au *Véſuve*. C'eſt à cette variété qu'il faut rapporter un ſchorl noir-verdâtre, dont les couleurs ſe manifeſtent par le poli, & que les Napolitains taillent, & mettent au nombre des pierres précieuſes du *Véſuve*.

N°. 30. Schorl noir, en priſme octaèdre dont les côtés ſont inégaux, terminé à une extrémité par un ſommet tetraèdre, à plans pentagones, & de l'autre, par un ſommet ſemblable, mais rentrant en dedans. Voici comment M. Romé de l'Iſle décrit ce ſchorl à la page 407 de la nouvelle cryſtallographie.

» Schorl noir en priſmes octaèdres inéqui-
» latéraux, terminés d'un côté par un ſom-
» met tetraèdre à plans pentagones, & de
» l'autre par un ſommet ſemblable, mais
» rentrant en dedans. (pl. 5. fig. 14.)

» Ces cryſtaux qui n'ont point encore été

» décrits ſe trouvent avec ceux de la variété
» 9, parmi les produits volcaniques du Vé-
» ſuve, & du monte Roſſo ſur l'Etna.

» Ce ſont de vraies *macles* produites par
» le renverſement d'une des moitiés du do-
» décaèdre priſmatique de cette même variété
» 9. Si l'on tranche en effet un de ces priſ-
» mes, par la moitié, d'un ſommet à l'au-
» tre, parallèlement aux deux faces hexago-
» nes du priſme, & qu'on retourne enſuite
» un de ces ſegmens longitudinaux, de ma-
» nière que la moitié des deux faces du ſom-
» met dièdre de l'une des extrémités, ſe ren-
» contre avec la moitié des deux faces du
» ſommet dièdre de l'autre extrémité, les
» deux demi-ſommets dièdres donneront
» d'une part un ſommet tetraèdre à plans
» pentagones, & de l'autre un ſommet ſem-
» blable, mais rentrant en dedans.

» Quant aux plans du priſme, ils ſeront
» les mêmes que dans les variétés 9, à l'ex-
» ception néanmoins des deux faces rhom-
» boïdales ſur leſquelles s'eſt faite la ſection,
» & dont les deux moitiés, par cette inver-
» ſion, produiront alors une eſpèce de four-
» che ou de pentagone, avec un angle ren-
» trant, ſemblable à celui que préſentent les
» cryſtaux de *ſélénite priſmatique à angle rentrant*;
» avec

» avec la forme desquels, ces macles de
» schorl noir ont un rapport des plus mar-
» qués; mais le schorl noir n'est pas le seul
» qui nous présente ces *macles* produites par
» l'inversion d'une moitié de ces crystaux.
» On en rencontre de semblables, non-seu-
» lement dans le schorl verd prismatique,
» mais encore dans plusieurs schorls blancs «.

Vésuve.

Monte Rosso de l'Etna.

Dans la pouzzolane de Chenavari en Vivarais.

N°. 31. Schorls noirs prismatiques, fibreux, striés ou en aiguille, réunis ordinairement en faisceaux ou cannelures, si multipliées, & si tumultuairement couchées les unes sur les autres, qu'il est ordinairement très-difficile de déterminer leur forme exacte; il est cependant certain que, lorsque les prismes sont complets, ils sont terminés par des pyramides obtuses, lisses, dont le nombre des plans varie entre 3 & 6, selon M. de Romé de l'Isle, page 417 de la Crystallographie à l'art. des schorls.

J'ai trouvé des schorls de cette variété dans les laves de Rochemaure, ainsi que dans celles d'Entraigues, de la Bastide, & de la montagne de la Coupe, en Vivarais.

N°. 32. Faiſceau d'aiguilles priſmatiques de ſchorl blanc, dans un noyau de ſchorl noir d'un pouce de longueur ſur 9 lignes de diamètre, implanté lui-même dans un baſalte noir très-dur ; ces aiguilles qui ont environ trois quarts de lignes de diamètre ſur 6 lignes de longueur ſont très-bien caractériſées, la ſurface en eſt liſſe & brillante, & leur couleur reſſemble à celle d'une agathe blanche demi-tranſparente ; une des aiguilles légèrement colorée par le fer eſt un peu jaunâtre. Ces petits priſmes ſont hexagones, ſans pyramide, ſoit qu'elle ait été détruite, ſoit que les priſmes ſoient naturellement tronqués. Le noyau de ſchorl noir qui les renferme eſt d'autant plus curieux, qu'il eſt enveloppé lui-même, ainſi que je l'ai déjà dit, dans un baſalte plein de ſchorls noirs & de chryſolite qui entre en décompoſition.

Des environs du château de Rochemaure en Vivarais.

N°. 33. Aiguille priſmatique, de ſchorl blanc, d'un grain vitreux & brillant, implantée dans un gros cryſtal de ſchorl noir octogone à pyramide obtuſe diédre. Ce cryſtal a été aſſez heureuſement caſſé pour mettre à découvert cette belle aiguille prifmatique de fchorl blanc, qui a plus de 4 lignes de longueur fur une demi-ligne de diamètre ; mais comme une feule de fes faces eft en évidence, il eft impoffible d'en déterminer la cryftallifation.

Il eft très-curieux, fans doute, de trouver un cryftal de fchorl blanc, dans un cryftal de fchorl noir.

Des environs du château de Rochemaure en Vivarais.

BASALTES ET LAVES DE DIFFÉRENTES ESPÈCES AVEC DE LA CHRYSOLITE.

DE LA CHRYSOLITE PROPREMENT DITE DONT LA CRYSTALLISATION EST DÉTERMINÉE.

Gemma pellucidiffima, duritiæ fexta, colore viridi fub-flavo. Chryfolit. Wall. Min. 1772. *p.* 243. *fp.* 109. *Gemma viridi-lutea. Woltersd. Gemma vera ex flavo viridefcente. Carth. & Min. pag.* 21. *n°.* 7. 4. *Demefte, lettres. vol.* 1. *pag.* 429. *efp. VIII. De Romé de l'Ifle, Cryftallographie, efp. VII des gemmes, pag.* 271 *du tom. II.*

Cette pierre de la classe des gemmes, est d'un jaune verdâtre; M. de Romé de l'Isle, dans ses savantes recherches sur les formes des crystaux, nous a appris à distinguer la véritable chrysolite d'avec les topazes d'Orient mêlées de verd, qu'on nommoit improprement chrysolites orientales, & d'avec la chrysolite du Brésil, & celle de Saxe. Celle dont il est question diffère des précédentes, non-seulement par sa forme crystalline, mais par sa gravité spécifique. Sa crystallisation prismatique hexagone terminée, lorsque les crystaux sont parfaits, par une double pyramide hexaèdre à plans triangulaires isocèles, pouvant persuader que cette chrysolite n'est qu'un crystal de roche coloré, il étoit réservé à M. de Romé de l'Isle d'en établir la différence.

» En y regardant de plus près, on trouve » bientôt dans la forme crystalline de ces deux » pierres des différences très-considérables. » 1°. Le triangle isocèle du crystal de roche, » (pl. VIII. fig. 3) a son angle aigu du som- » met de 40°, tandis que cet angle est de » 50° dans le triangle isocèle de la chrysolite, » (pl. VIII. fig. 2.) ce qui rend sa pyramide » hexaèdre plus obtuse que celle du crystal » de roche; dans celui-ci les faces de la py-

» ramide forment avec celle du prisme un
» angle obtus de 142°, tandis que cet angle
» est de 130° dans la chrysolite. 2°. Dans le
» crystal de roche les arêtes longitudinales du
» prisme ne sont jamais tronquées ; elles le
» sont au contraire presque toujours, &
» quelquefois d'une manière très-sensible
» dans la chrysolite, d'où résulte un prisme
» dodecaèdre à plans alternativement larges
» & étroits, terminés par deux pyramides
» hexaèdres obtuses. (pl. VI. fig. 16.) La
» troncature de ces arêtes est quelquefois si
» légère, que le prisme paroît hexaèdre,
» (pl. VI. fig. 15.) ou d'un nombre de côtés
» variable entre six & douze, suivant le plus
» ou le moins de largeur de ces troncatures.
» 3°. Le prisme du crystal de roche a des
» cannelures ou stries transversales plus ou
» moins sensibles : les stries de la chrysolite
» quoique très-fines, sont toujours longitu-
» dinales ; son tissu est d'ailleurs sensiblement
» lamelleux, & l'application de ces lames
» paroît s'être faite parallèlement à l'axe du
» prisme, en quoi cette gemme diffère de la
» *topaze* ou *chrysolite de Saxe*, dont les lames
» sont au contraire dans une direction per-
» pendiculaire à l'axe du prisme. 4°. Enfin
» ce tissu lamelleux de la chrysolite, est ce

» qui donne à ces cryſtaux, lorſqu'ils ſont
» nets & diaphanes, un éclat bien ſupérieur
» à celui du cryſtal de roche le plus pur. Ces
» caractères extérieurs ſuffiſent pour empê-
» cher de confondre les cryſtaux de chryſo-
» lite avec ceux dont ils approchent le plus
» quant à la forme cryſtalline «.

Quant à la peſanteur ſpécifique de cette chryſolite, elle eſt de 30. 989., tandis que celle de la topaze verdâtre d'Orient eſt de 40. 106., celle de Saxe 35. 640., celle du Bréſil 27. 821.

DE LA CHRYSOLITE DES VOLCANS.

La chryſolite que j'ai nommée *chryſolite des volcans*, parce qu'elle ſe trouve en abondance dans les baſaltes & dans les laves, mais dont l'origine n'eſt cependant nullement due aux volcans, eſt de la même nature, quant à la gravité, à la couleur, & aux propriétés chymiques, que la précédente; elle n'en diffère que parce qu'on la trouve en gros fragmens irréguliers dans les produits volcaniques. Comme je ſuis venu à bout à force de voyages & de recherches de former une des plus riches collections en ce genre, je puis entrer dans des détails qui ſerviront à faire connoître cette pierre ſur laquelle on n'avoit que des notions vagues.

Quoiqu'on puiſſe voir à l'œil nud la contexture de la chryſolite des volcans, il vaut beaucoup mieux faire uſage d'une bonne loupe pour l'obſerver. On voit d'abord qu'elle eſt compoſée d'un aſſemblage de grains ſablonneux plus ou moins fins, plus ou moins adhérens, raboteux, irréguliers, quelquefois en eſpèce de croûte, ou de petites écailles graveleuſes; mais le plus ſouvent en fragmens anguleux qui s'engrènent les uns dans les autres. La couleur de ces grains eſt variée; les uns ſont d'un vert d'herbe tendre & agréable; d'autres, d'un vert-clair tirant ſur le jaune, couleur de la véritable chryſolite; quelques-uns ſont d'un jaune de topaze, quelques autres, d'une couleur noire luiſante, ſemblable à celle du ſchorl, de ſorte que dans l'inſtant on croit y reconnoître cette ſubſtance; mais en cherchant au ſoleil le vrai jour de ces grains noirs, & en les examinant dans tous les ſens, on s'apperçoit que cette couleur n eſt due qu'à un vert noirâtre qui produit cette teinte ſombre & foncée.

Il y a des chryſolites qui paroiſſent d'un jaune rougeâtre, ocreux à l'extérieur; je me ſuis apperçu en les examinant avec ſoin, que cet accident eſt dû à une altération occaſionnée dans les grains jaunâtres qui ſe décompoſent en partie, & ſe couvrent d'une eſpèce de rouille ferrugineuſe.

On trouve des chryſolites moins variées dans leurs grains & dans leur couleur; on voit non loin de *Vals* un baſalte très-dur qui en contient de gros noyaux très-ſains & très-vitreux, preſque tous d'un verd-tendre légèrement nuancé de jaune. On y remarque ſeulement quelques grains un peu plus foncés qui ſe rapprochent du noir.

La chryſolite des volcans eſt en général beaucoup plus peſante que le baſalte. Elle donne des étincelles lorſqu'on la frappe avec le briquet : on en trouve dans les baſaltes de *Maillas*, non loin de St. Jean-le-Noir, dont les grains ſont ſi adhérens, qu'ils paroiſſent ne former preſque qu'un ſeul & même corps. J'en ai fait ſcier & polir des morceaux qui pèſent juſqu à 4 livres ; ils ſont d'une grande dureté, & ont pris un poli aſſez vif, mais un peu étonné à cauſe de leur contexture formée par la réunion d'une multitude de grains qui, quoique fortement liés, ne font cependant pas un enſemble, un tout parfait.

Cette ſubſtance eſt des plus réfractaires, le

feu des volcans ne lui a occaſionné aucun changement ſenſible. J'ai des laves du cratère de *Montbrul*, réduites en ſcories, qui contiennent de la chryſolite qui n'a ſouffert aucune altération.

Je n'avois jamais pu venir à bout de la fondre au feu des fourneaux ordinaires, quelque violent & quelque ſoutenu que fût ce feu ; mais elle eſt entrée en fuſion parfaite, par l'action de l'air déphlogiſtiqué, chez M. de Lavoiſier, au moyen de l'appareil ingénieux qu'il a perfectionné, à l'aide duquel on peut, en très-peu de tems, ſoumettre une multitude de matières à l'action d'un feu ſupérieur encore à celui des meilleurs miroirs ardens connus, puiſque la platine la plus pure eſt fondue en peu de momens. La chryſolite que je ſoumis à cette expérience, venoit des volcans du Vivarais : elle fut plus long-tems à fondre que la platine, mais elle coula parfaitement, & forma un verre d'un noir verdâtre.

On trouve dans le baſalte de *Maillas* la chryſolite en fragmens irréguliers, ou en noyaux arrondis ; il y en a des morceaux qui pèſent juſqu'à 8 à 10 livres ; pluſieurs paroiſſent avoir été uſés & arrondis par l'eau, avant d'avoir été pris dans les laves.

J'ai de la chryſolite en table d'un pouce d'épaiſſeur ſur 4 pouces de longueur, & 2 pouces de largeur. J'en ai envoyé ſous cette forme à M. Sage; elle ſe trouve engagée dans une belle lave poreuſe bleue du cratère de *Montbrul.*

C'eſt auprès du village du *Colombier* en Vivarais, qu'on trouve la *chryſolite* en *groſſes maſſes* dans le baſalte, on en voit des morceaux qui pèſent juſqu'à 30 livres; elle eſt à très-gros grains qui varient dans leur couleur. Je poſsède des colonnes qui en contiennent des noyaux beaucoup plus gros que le poing. J'ai envoyé à M. le Comte d'Angiviller de la Billarderie, un morceau de chryſolite du *Colombier*, qui pèſe une douzaine de livres, très-curieux, en ce qu'on voit qu'il affecte une cryſtalliſation pyramidale bien caractériſée, mais dont il n'eſt pas aiſé de déterminer les faces d'une manière affirmative, parce qu'il y a une portion de ce cryſtal monſtrueux par ſa groſſeur, qui eſt rompue. J'ai recommandé avec le plus grand ſoin ſur les lieux de rechercher de pareils morceaux, & de me les faire parvenir. Il ſeroit curieux de trouver des cryſtaux parfaits d'un auſſi grand volume, & d'une ſubſtance qui n'eſt pas encore à beaucoup près connue, &

qui mérite d'être étudiée avec attention.

Cette pierre, malgré ſon extrême dureté, a éprouvé le ſort de certaines laves qui s'attendriſſent, ſe décompoſent, & paſſent à l'état argileux, ſoit à l'aide des fumées acides ſulphureuſes qui ſe ſont élevées en abondance de certains volcans, ſoit par d'autres cauſes cachées qui enlèvent & détruiſent l'adhéſion, & la dureté des corps les plus durs : c'eſt ici un des grands myſtères de la nature. On voit, non loin du volcan éteint de *Chenavari* en Vivarais, une lave compacte qui s'eſt décompoſée & a paſſé à l'état d'argile de couleur fauve, qui contient des noyaux de chryſolite, dont les grains ont conſervé leur forme & leur couleur, mais qui ont perdu leur coup-d'œil vitreux, & qui s'exfolient, & ſe réduiſent en pouſſière tendre ſous les doigts; tandis que dans la même matière volcanique argileuſe, on voit encore des portions de lave poreuſe griſe qui n'ont pas perdu leur couleur, & qui ne ſont que légèrement altérées. Mais les détails des faits vont nous inſtruire d'une manière plus démonſtrative.

N°. 34. Baſalte noir avec un noyau de chryſolite, remarquable non-ſeulement par ſa forme & par ſon volume, mais encore par la conſervation & la fraîcheur de la chryſolite; cette dernière matière eſt en grains irréguliers, & ſa couleur dominante eſt d'un jaune verdâtre, mais l'on y diſtingue des grains d'un vert plus foncé, d'autres qui tirent au noir, & imitent en quelque ſorte le ſchorl; l'on y en reconnoît auſſi quelques-uns d'un blanc foiblement teint en jaune, ou lavés d'un vert à peine ſenſible; les grains de cette chryſolite, dont les plus conſidérables n'ont guère plus d'une ligne de diamètre, ont peu d'adhérence, & ſe détachent facilement.

Longueur 4 pouces.

Largeur 2 pouces 9 lignes.

Epaiſſeur 9 lignes.

Du volcan du Cros, non loin d'Entraigues en Vivarais.

N°. 35. Chryſolite dans un baſalte noir, altéré, un peu poreux. Cette chryſolite eſt à grains jaunâtres, à grains vert-clair, & à grains vert-de-pré; tous ces tons de couleur ſont en général frais, les grains ont plus d'adhéſion que dans le morceau précédent, & ſont mieux liés; le même baſalte renferme en outre un noyau de ſchorl noir, lamelleux, d'un pouce 6 lignes de longueur ſur 1 pouce de largeur.

Longueur 4 pouces.

Largeur, 2 pouce 9 lignes.

Du volcan de la Baſtide en Vivarais.

N°. 36. Baſalte ligneux de couleur violâtre, reſſemblant à un véritable bois pétrifié. Un noyau de chryſolite de 8 lignes de diamètre eſt encaſtré dans une partie de ce morceau. Cette chryſolite, quoique en grains, diffère de la précédente, 1°. en ce qu'elle a plus d'adhéſion; 2°. en ce qu'elle eſt plus douce au toucher; 3°. par ſa couleur très-rapprochée de celle du cuivre bruni, de manière qu'à l'œil nud, on a de la peine à le perſuader que ce ſoit une véritable chryſolite; ce n'eſt qu'en l'obſervant au grand jour avec une loupe, qu'on y diſtingue bientôt les grains vitreux d'un jaune verdâtre, & ceux couleur vert-de-pré, mélangés avec d'autres grains altérés, recouverts d'une efflorcſcence jaunâtre, qui forme une eſpèce de vernis luiſant & onctueux de couleur cuivreuſe, chatoyante dans certaines parties.

Du cratère de Montbrul.

N°. 37. Lave poreuſe bleuâtre avec un

noyau de chryſolite en table, dont les grains ſont d'un jaune-clair, d'un jaune-verdâtre, & quelques-uns tirent ſur le noir; l'on voit entre ces grains durs & ſains, d'autres grains altérés, convertis en une ſubſtance terreuſe jaunâtre.

Longueur, 2 pouces.
Largeur 7 lignes.
Epaiſſeur 7 lignes.
Du cratère de Montbrul en Vivarais.

N°. 38. Chryſolite dont les grains ſont d'un jaune verdâtre avec d'autres grains d'un vert plus foncé. Cette chryſolite, qui forme un gros noyau arrondi, eſt entièrement environnée de lave cellulaire noire très-vitrifiée. Elle n'a éprouvé malgré cela aucune altération.

Diamètre 3 pouces.
Epaiſſ. 1 pouce 6 lignes.
Du volcan de la Baſtide en Vivarais.

N°. 39. Chryſolite d'un jaune ocreux, preſqu'entièrement décompoſée, c'eſt-à-dire, que la plupart des grains ont perdu en partie leur dureté & leur adhéſion, & ont été convertis en ſubſtance terreuſe jaunâtre; l'on y diſtingue cependant encore pluſieurs grains intacts d'un très-beau vert; cette chrysolite a été saisie & enveloppée par une belle lave poreuse bleuâtre.

Longueur 2 pouces 6 lignes.

Largeur 1 pouces 6 lignes.

Du cratère de Montbrul en Vivarais.

N°. 40. Chrysolite à grains d'un vert foncé, & d'un jaune-verdâtre, remarquable non-seulement par son volume, mais encore par l'intime adhésion de ses grains, car ce morceau a très-bien supporté le poli sur une de ses faces.

Longueur 3 pouces 6 lignes.

Largeur 2 pouces 6 lignes.

Epaisseur 2 pouces.

Cet échantillon a été détaché des laves basaltiques de Maillas.

N°. 41. Chrysolite en galet. Les grains dont elle est composée varient par la couleur; les uns sont d'un jaune-fauve, d'autres d'un jaune-verdâtre, quelques-uns d'un vert de pré, & plusieurs d'un vert semblable à celui de certains jades; l'on en distingue aussi d'une couleur sombre qui tirent au noir, mais cette couleur paroît n'être due qu'à un vert très-foncé; une des faces de ce morceau met à découvert quelques grains rougeâtres, en partie altérés; mais d'autres échantillons de cette espèce nous mettront dans un moment sur la voie de reconnoître les grains qui sont souvent d'un rouge très-vif.

Cette chrysolite a reçu le poli sur l'une de ses faces, ce qui prouve que ses grains sont adhérens. Le côté brut, annonce manifestement par sa forme bombée & arrondie que ce morceau est une portion de galet, & que cette pierre a été primitivement roulée par les eaux. Toute cette surface lisse est teinte en rouge-ocreux.

Longueur, 2 pouces 9 lignes.
Larg. 2 pouces.
Epaiss. 1 p.
Des laves poreuses du cratère de Montbrul.

N°. 42. Chrysolite à fond rougeâtre, remarquable par une multitude de grains vitreux, demi-transparens, couleur d'hyacinthe; en observant ces grains au soleil, avec une bonne loupe, ils paroissent être des fragmens irréguliers & sablonneux de véritable hyacinthe, mêlés avec d'autres grains d'un vert-jaunâtre, & d'un vert de pré. Ce morceau est d'autant plus précieux, qu'il qu'il eſt propre à donner quelques lumières ſur la nature d'une multitude de grains opaques d'un rouge vif, & ſouvent d'un rouge violâtre, qu'on trouve particulièrement dans les chryſolites de la *Baſtide* dont je vais faire mention.

Des laves poreuſes voiſines du Château de la Baſtide.

N°. 43. Chryſolite en table, composée 1°. de grains d'un jaune verdâtre; 2°. de grains d'un verd d'herbe; 3°. d'autres grains d'un verd opaque & terne imitant un jaſpe fauve; 4°. de grains noirs brillans, qu'on pourroit prendre d'abord pour du ſchorl, mais qui obſervés à la loupe ſont d'un verd foncé; 5°. enfin, de grains opaques dont la pâte & la couleur imitent le jaſpe ſanguin. L'on reconnoît en étudiant avec attention ces grains dont quelques-uns ſont un peu violâtres, qu'ils ſont produits par de l'hyacinthe altérée qui a perdu ſa tranſparence; l'on peut même ſuivre juſqu'à un certain point les nuances de cette altération, car l'on trouve des grains qui ont conſervé encore un peu de tranſparence: il eût été difficile cependant, ſans l'échantillon précédent, de reconnoître la véritable origine de ces grains d'un rouge de jaſpe.

Ce morceau a été tiré du Volcan de la Bastide.

Longueur, 2 pouces 6 lignes.

Larg. 2 pouces.

Epaiss. 6 lig.

N°. 44. Chrysolite recouverte sur l'une de ses faces, par une petite couche de basalte en partie poreux. Cette chrysolite graveleuse, offre à la vue simple, des grains d'un beau verd, & d'un verd jaunâtre; mais les grains dominans sont en hyacinthe plus ou moins altérée, dont la couleur passe du rouge vif, au rouge violâtre, & au rouge terne; l'on peut étudier dans ce morceau les divers degrés d'altération qu'ont éprouvé les grains de cette espèce d'hyacinthe.

Longueur, 3 pouces.

Larg. 2 p. 6 lig.

Epaisseur 2 pouces.

Du Volcan de la Bastide.

N°. 45. Basalte dur & compacte, avec une multitude de cellules qui paroissent être les moules d'une substance étrangère détruite; plusieurs de ces cavités sont pleines de nœuds irréguliers de chrysolite jaunâtre & rouillée, à l'exception de quelques grains qui ont conservé leur couleur & leur dureté;

tous les autres ſont friables & altérés à un tel point, que les grains ſe réduiſent en pouſſière ſous les doigts. Il eſt étonnant de voir une pierre auſſi dure, auſſi vive & auſſi brillante, être attaquée, ſi je puis m'exprimer ainſi, d'une maladie qui détruit les formes, l'adhéſion, & fait diſparoître la couleur, ne laiſſant ſubſiſter qu'une terre morte, image du dépériſſement & de la deſtruction.

Il ſeroit à deſirer que les Naturaliſtes s'attachaſſent davantage à ſuivre les différens degrés d'altération, & de décompoſition des corps : il eſt vrai que cette étude ne préſente d'abord rien de ſéduiſant; mais l'on en ſeroit dédommagé par les découvertes qui réſulteroient néceſſairement d'un tel travail.

Long. 4 p. 6 lig.
Larg. 3 p. 6 lig.
Epaiſſ. 6 lig.
Des environs de Rochemaure.

N°. 46. Lave compacte entièrement argileuſe, de couleur fauve, avec divers petits nœuds de chryſolite à grains verds, & à grains jaunâtres. Le même agent qui a changé la lave en matière argileuſe, tendre & douce au toucher, a porté ſon action ſur la chryſolite qui s'y eſt trouvé engagée; auſſi cette dernière a-t elle perdu ſon brillant, ainſi que ſa dureté, & eſt-elle devenue friable & terreuſe.

Cette variété a été tirée du pied de la montagne de Cheidevant à une lieue de Rochemaure.

Longueur, 2 pouc. 6 lig.
Larg. 1 pouc. 9 lig.
Epaiſſ. 1 pouc. 6 lig.

N°. 47. CHRYSOLITE ARGILEUSE.

Voici ſans doute une des plus étonnantes altérations de la chryſolite; ce morceau trouvé dans *les environs de la Chartreuſe de Bonnefoi parmi les baſaltes argileux*, mérite toute l'attention des obſervateurs.

Examinée à l'œil nud, cette chryſolite reſſemble abſolument à une argile marbrée bariolée de jaune, de violâtre, de noir & de jaune verdâtre. Mais en la contemplant à la loupe, on y diſtingue 1°. des grains de chryſolite d'un blanc jaunâtre qui imitent par un certain poli gros & onctueux, des gouttes de cire; 2°. des grains violâtres, & des grains noirs ternes; 3°. quelques grains d'un jaune verdâtre demi-tranſparens, reſſemblans auſſi à de la cire; l'on ſe perſuade en examinant ces grains à la loupe, qu'ils doivent avoir de la dureté ; mais l'on eſt étonné, en les attaquant avec la pointe d'un canif, de voir qu'ils ſe laiſſent entamer avec la plus grande facilité, qu'ils ſont onctueux, & ſe laiſſent couper comme de la cire ; l'on ſent auſſi en les écraſant ſous les doigts, qu'ils ſont ſavonneux ; tel eſt le dernier degré d'altération qu'éprouve la chryſolite. De tels morceaux, ſont en général fort rares. (1)

Des environs de la Chartreuſe de Bonneſoi.

LAVE AVEC QUARTZ.

N°. 48. Noyau de quartz blanc laiteux, demi-tranſparent, très-vif & donnant beaucoup d'étincelles avec l'acier, enveloppé dans une brèche volcanique dure.

Longueur 1 pouce.

---

(1) » Les vapeurs acides, dit M. de Romé de l'Iſle, réagiſſent » également ſur les grenats contenus dans les tufs volcani- » ques & dans les laves compactes, poreuſes ou cellulaires, » les grenats ſont alors d'un blanc mat & plus ou moins » friables, ſelon le degré d'altération qu'ils ont éprouvés ; » elles réagiſſent même ſur les chryſolites en maſſes gra- » nuleuſes, dont M. Faujas de Saint-Fond m'a fait voir, » dans les laves & baſaltes de nos provinces, des morceaux » qui conſervent encore leur couleur verdâtre avec une par- » tie de leur luiſant, & qui néanmoins ſont aſſez tendres » pour pouvoir ſe couper auſſi facilement que de la cire. » *Cryſtallographie Tom. II, pag. 647 & ſuiv.*

Largeur, 5 lignes.
Epaiſſeur, 7 lignes.
Du rocher volcanique de Polignac en Velai.

LAVE AVEC GRÈS.

N°. 49. Noyau de grès blanc, formé par un ſable quartzeux, dur & vitreux, ne faiſant aucune efferveſcence avec les acides, de forme ovale, & incruſté dans une lave poreuſe griſe; les bords de ce grès ſont colorés par une diſſolution ferrugineuſe d'un brun rougeâtre.

Ce noyau a 2 pouces de diamètre.

Tiré des laves qui bordent le ruiſſeau du Rioupezzouliou près d'Expailly en Velai.

Je poſſède un autre morceau de lave poreuſe venue d'Andernach, avec un très-beau noyau de grès à-peu-près de la même eſpèce. Je le tiens de M. de Malesherbes qui a eu la bonté de me le donner.

LAVE AVEC TRIPOLI.

N°. 50. Tripoli d'un blanc jaunâtre, d'un grain fin, mais ſec, ne faiſant aucune efferveſcence avec les acides, enveloppé dans un baſalte noir.

Long. 10 lignes.
Larg. 8 lignes.
Des environs de Rochemaure en Vivarais.

LAVE AVEC UNE PIERRE ARGILEUSE DE LA NATURE DES PIERRES A RASOIRS.

N°. 51. Pierre à rasoirs, d'un gris jaunâtre tirant un peu sur le verd; son grain fin & serré est doux au toucher; sa pâte, susceptible de recevoir le poli, ne fait aucune effervescence avec les acides, & ne donne point d'étincelles avec l'acier; elle est très-rapprochée du *schistus olearius* de Linn. p. 39. Cet échantillon a été saisi par une lave dure de la nature du basalte.

Long. 2 pouces.
Larg. 1 pouce 8 lig.
Epaiss. 9 lignes.
Des environs de Rochemaure en Vivarais.

LAVE AVEC PIERRE MARNEUSE.

N°. 52. Pierre d'un gris terne tirant sur le jaune, à grain fin, mais sec, enveloppé dans un basalte noir, mêlé de zéolite. Cette pierre soumise à l'analyse, m'a donné un tiers de son poids de matière calcaire; le reste est argileux, avec quelques molécules très-fines de quartz.

Long. 1 pouce 6 lign.

Larg. 1 pouce 3 lign.

Des environs de Rochemaure, en Vivarais.

LAVES AVEC DES MATIÈRES CALCAIRES.

Comme on ne sauroit apporter une trop grande attention sur un sujet aussi délicat, & aussi intéressant que celui des matières calcaires renfermées dans les laves, j'ai cru qu'il convenoit de les diviser.

1°. En noyaux calcaires purs & non altérés, saisis par la lave.

2°. En spath produit par la matière calcaire convertie en chaux par l'action des feux volcaniques, & élaborée par le fluide aqueux.

3°. En spath calcaire déposé après coup dans les cavités & interstices de certaines laves.

4°. En filons de basalte dans les roches calcaires.

Je vais suivre ces divisions que j'appuierai d'exemples.

§. I.

N°. 53. Fragment irrégulier de pierre calcaire blanche à grain fin, nullement altéré, dans un basalte noir; les points de contact de la matière calcaire, avec la lave, sont aussi sains que le reste de la pierre qui n'a reçu aucune atteinte du feu.

Long. 1 pouce 2 lig.
Larg. 10 lig.
Epaiss. 8 lig.
Des environs de Rochemaure, en Vivarais.

Je pourrois faire mention ici de plusieurs autres variétés en ce genre, mais comme un sujet aussi sec par lui-même, ne sauroit être trop resserré, je me contente de citer ce seul morceau qui prouve assez démonstrativement que la pierre calcaire peut être quelquefois prise & enveloppée par la lave fondue, sans en être altérée.

§. II.

Matière calcaire changée en chaux par les feux volcaniques, & convertie ensuite en spath calcaire par le fluide aqueux.

S'il est des circonstances ou la pierre calcaire n'a reçu aucune atteinte dans la lave en fuſion, il paroît qu'il en a exiſté d'autres où cette même pierre ſoumiſe à un feu ſoutenu, a paſſé à l'état de chaux. Mais comme la plupart des volcans ont été ſous-marins, les eaux s'infiltrant ſourdement à travers les laves, y ont quelquefois remanié les matières calcaires, & les ont cryſtalliſés en ſpath brillant; deux échantillons rares & curieux que je poſsède, peuvent me permettre cette conjecture; mais j'avoue que la deſcription, quelque exacte qu'elle ſoit, n'en donnera jamais une idée auſſi frappante que celle qu'on peut en prendre en examinant les morceaux mêmes.

N°. 54. Baſalte d'un noir foncé donnant des étincelles avec l'acier, d'un grain très-vif, avec des noyaux ſphériques de ſpath calcaire.

Une des faces de ce morceau offre neuf globules ronds ou ovales de ſpath calcaire blanc demi-tranſparent, étroitement *enchatonnés* dans le baſalte. Le plus petit de ces globules, n'a qu'une ligne de diamètre, le plus gros en a *6*, l'on voit auſſi ſur le même côté *6* cellules vides dont le ſpath s'eſt détaché.

La partie oppoſée renferme moins de noyaux

de ſpath, mais elle a deux grandes cellules vides dignes d'attention, dont je parlerai bientôt ; les globules de ſpath ſont en maſſe compacte, un ſeul eſt cryſtalliſé en rayons.

Ils font une forte efferveſcence avec les acides, & s'y diſſolvent entièrement.

Comme j'ai dit que ce ſpath calcaire s'eſt formé dans le baſalte au moyen de divers fragmens de pierre qui après y avoir été calcinés, ont été changés en ſpath, par le moyen de l'eau ; je ſens d'avance qu'on ne manquera pas d'objecter qu'il eſt bien plus ſimple de ſuppoſer que ce baſalte étoit poreux de ſa nature, & que les cellules ont été remplies après coup, par des molécules ſpathiques que les eaux y ont dépoſées lentement. Je conviens que cette objection ſe préſente naturellement, & je penſe que la choſe s'eſt opérée de même dans quelques circonſtances ; mais l'examen & l'étude de ce morceau me forcent de l'enviſager ſous un point de vue différent Car,

1°. Le baſalte dont il eſt queſtion a le grain auſſi ſerré que dur.

2°. Les cavités qu'on y remarque paroiſſent moins être dues à des ſouffflures qu'à des corps étrangers qui y ont moulé leur empreinte, car l'intérieur de ces cavites est uni, égal & luisant, comme si l'on y avoit passé un léger vernis, ce que je regarde comme l'effet des nœuds calcaires dont le contact avec la matière basaltique, a facilité la fusion dans ces parties, & y a occasionné une vitrification plus accomplie.

Mais comment supposer, pourroit-on encore objecter, que tous ces fragmens de matière calcaire enveloppés par la lave dans leur état de pierre calcaire, aient tous une forme sphérique ou ovale?

Je me crois fondé à répondre que le volcan étant sous-marin, peut avoir vomi les premiers courans de laves sur un fond composé de très-petits cailloux calcaires, roulés & arrondis par les eaux, ou s'être fait jour dans un pareil fond, ce qui est d'autant moins hors de vraisemblance, que ce même basalte se trouve mêlé d'une multitude de grains de chrysolite en sable fin; or, la chrysolite étant ordinairement en masse, & se trouvant ici en poussière dans la lave, n'est-il pas raisonnable de penser qu'elle a été ainsi divisée par les eaux en grains sabloneux, parmi les petits cailloux calcaires arrondis, de manière que ces deux différentes espèces de pierres se rencontrant dans le basalte, viennent l'une & l'autre à l'appui de cette hypothèse ; mais le morceau suivant est d'un tel caractère qu'il semble résoudre entièrement la question.

N°. 55. Lave grise, pesante quoique poreuse, dont les cellules presque toutes de forme ronde, n'excèdent guère 3 lignes de diamètre, sur 2 lignes & demie à 3 lignes de profondeur quant aux plus considérables, car la plupart des autres n'ont pas la moitié de cette grandeur. L'on distingue dans cette lave quelques noyaux irréguliers de spath calcaire d'une grande blancheur, dont l'un de forme triangulaire, à angles arrondis mérite la plus grande attention. Ce noyau vu en cet état, a dix lignes de base; l'on pourroit le regarder d'abord comme ayant été déposé par infiltration dans une des cellules déjà formée; mais la lave a été si heureusement rompue dans cette partie, qu'en séparant les deux morceaux adhérens, le noyau calcaire se trouvant alors entièrement à découvert, cesse d'être triangulaire, & est au contraire de forme oblongue; l'on voit en le mesurant qu'il a un pouce quatre lignes de longueur, sur neuf lignes dans son grand diamètre; & que tous les angles en ont été uſés & arrondis par le frottement; en un mot, l'on reconnoît très-bien que c'étoit primordialement un véritable gallet, une pierre calcaire roulée & uſée par les eaux, ſaiſie & enveloppée en cet état par la lave, modifiée enſuite en ſpath calcaire par le fluide aqueux imprégné de gas méphitique.

Tiré des laves du Volcan éteint d'Evenos, en Provence, non-loin de Toulon, où j'ai recueilli moi-même ce curieux & rare échantillon.

§. III.

Spath calcaire dépoſé après coup dans les cavités & interſtices de certaines laves.

N°. 56. Baſalte noir avec ſchorl. Une des faces de ce morceau eſt preſqu'entièrement recouverte d'une couche de ſpath calcaire lamelleux très-blanc, de 2 lignes d'épaiſſeur; ſa partie oppoſée renferme un gros nœud du même ſpath qui entre dans le baſalte: deux fiſſures remplies également de ſpath, & correſpondantes à ce noyau, annoncent que ce baſalte rompu dans cette partie fut ſoudé par le ſpath.

Ce bel échantillon a été trouvé dans les environs de Rochemaure.

Long. 3 pouc. 6 lig.
Larg. 2 pouc.
Epaiſſ. 1 pouc. 10 lig.

N°. 57. Lave d'un gris blanchâtre, même eſpèce du n°. 55, avec ſchorl noir en aiguilles, & zéolite blanche en grains irréguliers; on voit au milieu d'une des faces de ce morceau, une petite cavité ou géode de 9 lig. de longueur, 7 lignes de largeur, ſur 5 lignes de profondeur. Une couche mince de zéolite en ſtalagmite tapiſſe l'intérieur de cette eſpèce de nid, au milieu duquel on diſtingue 3 cryſtaux blancs tranſparens de ſpath calcaire. Ces cryſtaux qui ſont adhérens ont 2 lignes de diamètre ſur 4 lignes de longueur, & ſont configurés en priſmes hexaèdres tronqués. C'eſt le *natrum truncatum Linn, pag. 86*, l'eſpèce 5 var. 1-4, planche 2, fig. 1-4 de la Cryſtallographie de M. de Romé de Liſle, & la variété 6, p. 277 du tom. 1, des Lettres du Docteur Demeſte.
Long. 4 pouc. 4 lign.
Larg. 4 pouc.
Epaiſſ. 1 p. 2 lig.

§. IV.

Filons de basalte dans les rochers calcaires.

Les Volcans ont quelquefois projetté des laves dont les courans se sont insinués dans les matières calcaires, & s'y sont prolongés fort en avant.

L'on voit à *Aubenas*, à *Aps en Vivarais*, de belles traînées de basalte dans la roche calcaire : mais un des courans les plus remarquables dans ce genre, est celui de la montagne de la *Chamarelle*, non-loin de *Villeneuve-de-Berg*, où la lave compacte s'est prolongée à plus de 3000 toises à travers des rochers calcaires de la nature du marbre, pour le grain & pour la dureté. Vid. planche 16, p. 308, *des Recherches sur les Volcans éteints du Vivarais & du Velai.*

Je vais faire connoître ici les échantillons tirés de cette montagne, qui m'ont paru les plus remarquables.

N°. 58. Pierre calcaire grise de 4 pouces 5 lignes de longueur, 3 pouces 3 lignes de largeur, sur 1 pouce 3 lignes d'épaisseur, sciée & polie. Cette tablette est traversée diagonalement par un filon de basalte d'un pouce

pouce 6 lignes de largeur ; ce basalte noir & très-dur, renferme des grains de schorl noir. Sa pâte est si étroitement unie, & tellement soudée contre la pierre calcaire, qu'elle ne fait avec elle qu'un seul & même corps. Cette pierre dont le grain est fin & serré, est susceptible d'un beau poli. Rien ne paroît altéré dans les points de contact. Je parlerai de son état chimique à la fin de cette section; il est bon de connoître auparavant tous les morceaux.

N°. 59. Même espèce de pierre calcaire, coupée en tablette polie d'un côté, ayant 3 pouc. 10 lign. de longueur, 3 pouces 6 lig. de largeur sur 1 pouce d'épaisseur, remarquable par une couche de basalte des plus durs, occupant la base de la tablette. Cette couche, qui a pris un beau poli, est recouverte d'une bande calcaire de 8 lignes d'épaisseur, surmontée à son tour par un filet de basalte de 3 lignes de hauteur incrusté dans la pierre calcaire.

N°. 60. Autre morceau de 3 pouces de longueur, 2 pouces 6 lignes de largeur sur 2 pouces de hauteur, coupé & poli d'un côté où l'on distingue une bande de basalte de 10 lignes d'épaiſſeur recouverte par une couche calcaire de 7 lignes d'épaiſſeur, qui eſt ſurmontée à ſon tour par un filet baſaltique de 3 lignes de hauteur. Ce petit filet de lave eſt mêlé de quelques fragmens de pierre calcaire, & de deux globules de ſpath de la même nature; un des côtés de la plus grande couche baſaltique, celui qui eſt opſé à la face polie, a ſa ſurface changée en matière ocreuſe d'un jaune ſafrané.

N°. 61. Pierre calcaire de la *Chamarelle*, de 2 pouces 3 lignes de longueur, 2 pouces de largeur, ſur un pouce une ligne d'épaiſſeur, avec une couche de baſalte de huit lignes de hauteur; la couleur de la pierre calcaire eſt d'un gris jaune un peu verdâtre, ſon grain eſt plus ſec, & moins doux que celui des morceaux précédens & paroît avoir éprouvé une légère altération. Le côté qui a été poli, offre une petite bande de matière calcaire changée en ſpath, & la couche baſaltique renferme quelques grains de ſpath calcaire.

N°. 62. Autre pierre calcaire du même lieu, de 2 pouces 6 lignes de longueur un pouce 9 lignes de largeur, ſur un pouce d'épaisseur, coupée en tablette, polie dans tous les sens.

Une couche de basalte de 2 lignes d'épaisseur, qui recouvre entièrement une des plus grandes faces de la pierre calcaire, s'y est étroitement soudée. Ce basalte est lardé de divers fragmens irréguliers de la même pierre à chaux, qui ont été saisis pendant que la pierre étoit en fusion.

Ce morceau est d'autant plus instructif que la tablette de pierre sur laquelle le basalte repose, est non seulement d'un grain fin qui a reçu un beau poli, mais encore que cette pierre est mélangée de molécules basaltiques qui s'y trouvent intérieurement disséminées & comme pétries & amalgamées avec les trois élémens calcaires. Pour se former une idée exacte de ce morceau, il faut absolument le voir, ainsi que le suivant qui est peut-être plus remarquable encore.

N°. 63 Echantillon *de la Chamarelle*, de 4 pouces 5 lignes de longueur, 3 pouces de largeur, sur un pouce 3 lignes d'épaisseur, coupé en table & poli sur toutes ses faces.

Remarquable, 1°. par une bande de basalte noir, dur, & renfermant du schorl de la même couleur : cette zône de matière volcanique occupe une des extrémités de la tablette, & a 10 lignes dans ſon épaiſſeur moyenne.

2°. La pierre contre laquelle le baſalte eſt ſoudé, eſt compoſée d'élémens calcaires immiſcés & combinés avec des molécules baſaltiques ſi atténuées, & ſi étroitement unies avec la pâte calcaire, qu'elles ne font qu'un même corps, & que l'enſemble pourroit être pris pour une pierre homogène, ſi l'analyſe ne fourniſſoit des moyens ſimples pour ſéparer la matière baſaltique.

Cette pierre, compoſée de lave & de matière calcaire, eſt d'un tiſſu ſerré, d'un grain fin, ſuſceptible d'un beau poli : comme la pouſſière volcanique colorée en noir ſe trouve combinée en portions à-peu-près égales avec la pouſſière calcaire, & qu'elle y eſt immiſcée d'une manière irrégulière, elle a formé des ondulations, des eſpèces de nuages, des marbrures qui s'enfoncent dans l'intérieur de la pierre. L'on y diſtingue auſſi quelques taches légères de ſpath calcaire.

Il eſt ſi difficile, je le répète, de décrire de pareils morceaux, qu'il eſt abſolument néceſſaire de les voir, de les étudier, de les analyſer ſoi-même.

Remarques sur le basalte de la Chamarelle.

Les six échantillons décrits dans cette Section, viennent de la montagne de la *Chamarelle*, dans les environs de *Ville-neuve-de-Berg, en Vivarais*, où je les ai choisis moi-même.

Ils offrent un grand problême en histoire naturelle; car l'on demandera toujours comment un courant de lave compacte, un ruisseau de basalte en fusion, a eu le pouvoir, non-seulement de se faire jour dans la roche calcaire la plus dure, mais encore d'y circuler tantôt dans un sens, tantôt dans un autre, de couper transversalement des couches d'une épaisseur considérable, de voyager ainsi dans une longueur de plus de 3000 toises sans être arrêté par des barrières de cette nature. Mais l'on revient surtout avec peine de sa surprise, lorsqu'en parcourant ce courant basaltique, l'on reconnoît qu'il a suivi non-seulement l'inclinaison du rocher qui s'abaisse vers la rivière d'*Ibie*, mais qu'il a escaladé encore la croupe de la montagne de la *Chamarelle*, & s'est élevé jusques sur sa crête.

Il est certain que si l'on ne voyoit pas, que si l'on ne touchoit pas la lave basaltique de ce courant extraordinaire, que ſi on ne le ſuivoit pas juſqu'au foyer principal d'où il a découlé, l'on ne ſe perſuaderoit jamais qu'un fait pareil pût exiſter dans la nature.

La choſe eſt pourtant irrévocable, & cette lave a été vue & étudiée, non-ſeulement par de très-habiles Naturaliſtes François, mais encore par divers ſavans du Nord qui ont traverſé l'Allemagne & une partie de la France pour voir ce beau phénomène volcanique.

Comme j'écris particulièrement pour les perſonnes initiées dans la Lithologie, & que ceux qui n'ont pas été à portée de viſiter les lieux, pourront voir au Cabinet du Roi les échantillons de ces matières, je ne dois entrer dans aucun détail ſur l'identité du baſalte de la *Chamarelle*, avec celui des autres Volcans; nulle eſpèce de doute qu'il ne ſoit abſolument le même, & qu'il ne contienne les mêmes principes chymiques.

Mais ce courant a-t-il ainſi circulé à une époque où la montagne calcaire *de la Chamarelle* avoit déjà toute ſa conſiſtance, & ſa dureté? Le volcan qui l'a projetté étoit-il ſous-marin, & les matériaux de la montagne *de la Chamarelle*, étoient-ils dans un état de pâte molle, de ſédimens boueux qui n'oppoſoit qu'une foible réſiſtance à la lave? Ce ſont-là ſans doute autant de queſtions curieuſes, mais délicates & bien difficiles à réſoudre.

Jettons encore un coup-d'œil ſur les morceaux déja cités, & voyons s'il ſeroit abſolument impoſſible de reconnoître la marche de la nature.

Raiſon de préſumer que le courant étoit ſous-marin.

Obſervons, 1°. que les numéros 58 & 59 font mention d'un baſalte d'un beau noir & d'une grande dureté, tellement adhérent à la pierre calcaire, que le tout ſemble ne faire qu'un même corps; ne pourroit-on pas conclure d'après cela que ſi le baſalte bouillant, en faiſant effort contre la roche, eût pénétré dans ſon intérieur à une époque où la matière calcaire avoit déjà toute ſa dureté, ce baſalte en ſe refroidiſſant auroit néceſſairement éprouvé un retrait bien propre à opérer ſa disjonction avec la pierre contre laquelle il adhéroit dans ſon état d'expanſion.

2°. Les numéros 59 & 60 offrent des filets, des ramifications baſaltiques qui n'ont que peu de lignes d'épaiſſeur; l'on en diſtingue même qui n'ont pas une demi-ligne; comment concevoir alors que la lave compacte ait pu ſe nicher ainſi dans de ſi minces fiſſures qui devoient lui oppoſer une réſiſtance inſurmontable?

3°. Le baſalte en queſtion fait une légère efferveſcence avec les acides, lorſqu'on ſoumet à cette épreuve des fragmens choiſis, & qu'on les touche même à pluſieurs lignes des points de contact. Comment imaginer que les molécules inviſibles à l'œil aient pu s'inſinuer ainſi par la voie sèche dans le baſalte?

4°. D'un autre côté, l'on trouve les élémens baſaltiques immiſcés à pluſieurs pouces de profondeur dans la roche calcaire *de la Chamarelle* où ils ſont diſſéminés en poudre impalpable, & tellement amalgamés, qu'on ne peut les ſéparer qu'à l'aide d'un acide.

Penſeroit-on qu'un courant de lave qui partiroit de nos jours du Véſuve ou de l'Etna, produisît un pareil phénomène en s'appliquant contre des roches calcaires?

5°. Les numéros 60 & 61, ainſi qu'une multitude d'autres morceaux qu'on a la facilité d'obſerver ſur les lieux, renferment de petits dépôts de ſpath calcaire, & l'on ne ſauroit révoquer en doute que cette cryſtalliſation n'ait été formée par l'intermède du fluide aqueux.

Voilà ſans doute des raiſons ſéduiſantes, qui porteroient à penſer que les laves baſaltiques *de la Chamarelle*, agiſſoient ſous les eaux de la mer à une époque où cette montagne étoit dans les premiers momens de ſa formation, c'eſt-à-dire, dans un tems où elle n'étoit qu'un amas de ſédimens boueux; mais comme rien n'eſt auſſi important, ni ſi eſſentiel en hiſtoire naturelle, que de conſidérer les objets ſous différens rapports, & que la prudence & la bonne-foi exigent de chercher & de développer toutes les objections qui peuvent naître ſur cette matière, je me fais un devoir d'établir ici celles que l'étude & l'obſervation locale m'ont mis à portée de me faire à moi-même.

Moyens qui tendent à affoiblir l'opinion qui vient d'être expoſée.

Il eſt néceſſaire d'obſerver que le numéro 62, ainſi que beaucoup d'autres pierres du même genre qu'on trouve à la *Chamarelle*, offrent un baſalte qui contient lui-même beaucoup d'éclats de pierre calcaire. Si tous ces noyaux de pierre y euſſent été emprisonnés lorſque la matière étoit boueuſe, ſon deſsèchement ſubit n'auroit-t-il pas produit des ſoufflures, des déchiremens, des eſpèces de rides dans la lave environnante? & ces nœuds éprouvant eux-mêmes un fort retrait, loin d'être adhérens ne ſeroient-ils pas au contraire diſproportionnés aux nids qui les contiendroient? mais l'on voit très-bien au contraire que ces nœuds ſont étroitement enveloppés par un baſalte compact nullement tourmenté, & que ces fragmens de pierres à chaux, ſont ſains quant à la pâte, mais diviſés ſimplement en éclats ſemblables à ceux que produit une pierre dure qu'on vient de briſer.

En ſecond lieu, ſi la matière calcaire eût été dans un état boueux, le courant baſaltique auroit-il eu la facilité, après être deſcendu dans la petite vallée, ou plutôt dans la gorge de la rivière d'*Ibie*, de s'élever enſuite ſur la croupe de la *Chamarelle*, & de grimper ſur ſon plus haut eſcarpement? une matière auſſi compacte, n'auroit-elle pas ſuivi l'ordre des gravités, & cette longue & lourde traînée de matière fondue ne ſe ſeroit-elle pas précipitée à de grandes profondeurs dans cet amas de fange?

J'avoue cependant qu'on pourroit répondre que la montagne de la *Chamarelle* étant formée *ſtrata ſuper ſtrata*, ce qui ſuppoſe néceſſairement une opération longue, étoit peut-être déjà convertie en roche dure, à l'exception des bancs ſupérieurs, qui n'étoient pas encore conſolidés. Cette ſuppoſition, j'en conviens, n'eſt pas hors de vraiſemblance.

Quant à l'action du fluide aqueux ſur le baſalte bouillant; quant au combat terrible qui doit naître du contact de l'eau & du feu, lorſque des matières fondues circulent dans le fond des gouffres marins, il faut convenir que cette phyſique eſt encore très-peu avancée, & que nous ſommes trop dépourvus d'obſervations exactes & ſuivies à ce ſujet, pour pouvoir nous permettre des raiſonnemens fondés ſur cette matière; car la comparaiſon tirée de l'exploſion que forme un métal fondu qu'on jette dans l'eau, pourroit bien n'être pas applicable au cas préſent, & l'on ne peut ſe permettre aucune conjecture à ce ſujet, juſqu'à ce que des circonſtances heureuſes, permettent quelque jour à de bons Obſervateurs de ſuivre & d'étudier en grand l'effet de l'eau ſur les laves bouillantes.

CONCLUSION.

La nature ſemble avoir voulu dans cette occaſion, comme dans bien d'autres, s'envelopper d'un voile impénétrable ; ou plutôt la ſcience eſt trop peu avancée, & le Code des faits eſt de trop nouvelle date pour que le nœud d'une telle opération puiſſe nous être ſi-tôt connu (1). J'avoue donc avec

---

(1) Le Vivarais n'eſt pas le ſeul endroit où il y ait de ſemblables courans, car voici ce que m'apprenoit M. de Sauſſure le 28 Avril 1778.

» J'ai vu dans l'Etat de Veniſe, à 6 lieues au nord de » *Vicence*, dans une vallée qui porte le nom de *Valdagno*, » des laves qui ſe ſont fait jour à travers des couches de » pierre calcaire ; on doit la découverte de ces laves à un » Médecin de ce pays-là, M. Girolamo Feſtari, très-habile & » très-zélé Naturaliſte. Il a eu la complaiſance de me con- » duire ſur une des montagnes où il a obſervé ce phénomène. » Je vis ſur cette montagne en cinq ou ſix endroits ſitués » les uns au-deſſus des autres, la lave noire ſortant d'entre » les couches calcaires. Dans quelques places la lave ſembloit » avoir ſuinté entre les couches ſans les déranger. Dans d'au- » tres, elle s'étoit frayée un paſſage en déplaçant & en ſou- » levant ces couches. Ces laves formoient des ſaillies plus ou » moins avancées & plus ou moins épaiſſes, ſuivant le plus » ou moins de facilité qu'elles avoient eu à ſortir. J'exa- » minai la pierre calcaire dans ſes points de contact avec » la lave, & je trouvai que dans quelques endroits cette

franchiſe que je ne ſuis pas aſſez inſtruit pour réſoudre d'une manière démonſtrative ce beau problême. Je me contenterai donc de dire que comme l'on reconnoît inconteſtablement que la plupart des bouches volcaniques des monts *Couérou*, ont leur foyer dans une chaîne calcaire antérieure à ces Volcans, puiſqu'on retrouve dans preſque toutes les laves de ce canton, des fragmens de cette même roche calcaire, il eſt à préſumer que les montagnes de *Villeneuve-de-Berg*, étoient dépendantes de la même chaîne, d'abord parce qu'elles ne ſont que des ramifications des Montagnes voiſines; en ſecond lieu, parce que la pierre en eſt du même grain; troiſièmement, parce que les unes & les autres renferment en général des cornes d'Ammon & des bélemnites.

Je penſe encore que l'eſcarpement où coule l'*Ibie*, étoit déjà en partie excavé, non par ce chétif ruiſſeau, mais par quelque courant diluvien, ou par des enfoncemens, puiſque la lave a ſuivi des pentes qu'elle a dû trouver toutes formées.

» pierre avoit un peu ſouffert, & paroiſſoit un peu calcinée,
» tandis qu'ailleurs elle n'étoit point altérée «.

Le basalte bouillant paroît donc avoir cheminé sur une roche calcaire aussi compacte & aussi dure qu'elle l'est dans ce moment, mais un tel effet ne pouvoit avoir lieu sans produire des déchirures, des fissures, des tranchées, que la force expulsive de la lave en fusion agrandissoit sans cesse. Les parois de toutes ces excavations resserrant avec effort la matière fluide, l'obligeoient à s'insinuer de droite & de gauche jusques dans les plus minces ouvertures, & le combat de diverses masses brûlantes contre des pierres qui ne résistent pas long-tems au feu, donnoit lieu à une multitude d'éclats & de fragmens dont la lave bouillante s'emparoit bientôt, & qu'on retrouve actuellement dispersés de droite & de gauche dans le centre de ce basalte.

Il devoit arriver aussi nécessairement que le basalte quoiqu'en fusion, n'avoit pas partout le même degré d'incandescence; aussi pouvoit-il s'adapter alors, se souder impunément contre la pierre à chaux, tandis que dans d'autres circonstances sa chaleur enlevoit l'eau de la crystallisation de la roche calcaire, & la réduisoit en substance pulvérulente, ce qui donnoit la facilité à la lave de s'approprier alors cette poussière calcaire. Mais s'il eſt difficile de rendre raiſon de ce mélange intime des molécules calcaires avec le baſalte, il l'eſt bien davantage d'expliquer l'union des molécules baſaltiques, avec la pierre à chaux, ſans admettre un intermède qui a contribué à cette mixtion. Cet agent n'a pu être que le fluide aqueux qui combinoit ainſi la terre baſaltique avec la terre calcaire, les conſolidoit enſuite par une eſpèce de cryſtalliſation rapide & précipitée dans quelques parties, mais plus épurée dans les vides où cette terre plus en liberté, étoit changée en ſpath tranſparent.

Le même fluide tenant en diſſolution beaucoup d'élémens calcaires, les dépoſoit auſſi dans le tiſſu même de la lave, ce qui peut donner quelques renſeignemens, ſur ces molécules qu'on retrouve dans la pâte même du baſalte de la *Chamarelle.*

Il ne ſeroit donc pas hors de toute vraiſemblance, d'après cet énoncé, de regarder ce ſingulier courant de lave baſaltique, comme ayant été véritablement ſous-marin à une époque où la montagne de *Chamarelle* étoit déja formée & conſolidée depuis bien du tems, mais ſubmergée alors, ainſi que les monts *Couérou*, par l'effet de quelque grande revolution.

LAVES AVEC DES DENDRITES.

N°. 64. Ce morceau trouvé parmi les débris de basalte amoncelés au pied du Château de *Rochemaure*, est un basalte noir, très-dur, avec quelques grains de schorl noir vitreux ; une des faces est recouverte d'un vernis de spath calcaire blanc, occupant un espace de 2 pouces de largeur, sur un pouce de hauteur, recouvert par un charmant buisson de dendrites très-finement dessiné, & d'un beau noir.

Long. 4 pouc.
Larg. 2 pouc.
Epaiss. 1 pouc.

N°. 65. Basalte noir avec dendrites disposées en bouquets isolés.

Cet échantillon est recouvert d'une efflorescence ocreuse jaunâtre, très-adhérente. C'est sur ce fond coloré que sont étalées de belles dendrites d'un noir foncé, jettées par petits bouquets séparés, presque tous de la même grandeur, & grouppés d'une manière

manière à-peu-près égale. Ces dendrites ressemblent à des feuilles de persil.

Long. 4 pouc.

Larg. 2 pouc. 6 lig.

Epaiss. 1 pouc. 6 lign.

Tiré des laves qui sont au-dessous des basaltes prismatiques du pont de Rigaudel, en Vivarais.

N°. *66*. Basalte noir avec dendrites en buisson, & une petite cavité ou géode tapissée d'une espèce d'hématite chatoyante gorge de pigeon.

Ce basalte d'un noir lavé, jette beaucoup d'étincelles lorsqu'on le frappe avec le briquet, ce qui caractérise sa dureté. Deux des faces de ce morceau sont planes & unies, la moins grande est de couleur grise, ce qui est occasionné par l'altération de la lave qui se laisse couper dans cette partie jusqu'à une demi-ligne d'épaisseur. L'on voit dans quelques interstices de cette croûte argileuse, une ocre jaune produite par la décomposition du fer.

L'autre face a vers sa base une espèce de ruban jaune de 3 pouces de longueur sur 3 lignes de largeur, produit par la décomposition du fer, sur lequel l'on voit des dendrites en petits buissons, & au-dessus de

M

cette bande, une zone brune formée par une couche légère d'hématite ſpéculaire brillante, jettée de manière qu'il ſemble qu'on y ait voulu deſſiner des montagnes.

Enfin la partie irrégulière de ce morceau offre une cavité de trois pouces de longueur, ſur un pouce 6 lig. de largeur, dont l'intérieur eſt revêtu d'un vernis de ſtalactite ferrugineuſe couleur *gorge de pigeon* vive & chatoyante. Cette eſpèce de géode baſaltique obſervée avec une bonne loupe, étale des accidens & des couleurs qui rappellent la plus brillante cryſtalliſation des fers ſpéculaires de *l'iſle d'Elbe*. L'on voit dans deux fiſſures de cette cavité quelques gouttes rondes, d'autres oblongues, d'une matière blanche & vitreuſe, qui reſſemble à de la cire blanche fondue, ou à des globules de Calcédoine. Mais cette matière qui induiroit certainement en erreur, ſi l'on s'en rapportoit au ſeul témoignage de la vue, n'eſt que du ſpath calcaire, ainſi que je m'en ſuis aſſuré en la touchant avec l'acide nitreux. Ce morceau rare méritoit d'être connu.

Long. 4 pouces.

Larg. 2 pouc. 6 lig.

Epaiſſ. 1 pouc. 6 lig.

Du pavé d'Expailly en Velai.

LAVES AVEC DE LA ZÉOLITE.

OBSERVATIONS.

L'origine de la véritable zéolite (1) n'eſt pas encore bien connue. Je ne l'ai trouvée juſqu'à préſent que dans les produits volcaniques; les beaux morceaux que M. le Préſident Ogier avoit raſſemblés en Danemark, & qui venoient de Féroé, avoient été recueillis parmi des matières qui avoient ſubi l'action des feux ſouterrains; l'on peut s'en aſſurer non-ſeulement par le Mémoire de M. Pazumot (2), mais encore en examinant le reſte des matières qui environnent pour l'ordinaire la plupart des beaux échantillons, qui ont été diſperſés dans les divers Cabinets de Paris, à la vente qui fut faite de celui de M. le Préſident Ogier.

---

(1) M. Cronſtedt nous a fait connoître le premier ce nouveau genre de pierre.

(2) Inſéré dans les *Recherches ſur les Volcans éteints du Vivarais & du Velai*, page 111.

La plus belle de ces zéolites d'Islande existe dans le Cabinet de M. le Duc de Chaulnes. J'en ferai bientôt mention.

Les Volcans de l'isle de France, de l'isle Bourbon, de l'Ethna, ainsi que quelques Volcans éteints de l'Italie, du Vivarais, de l'Auvergne, ceux du Vieux-Brisack, &c... ont fourni des zéolites bien caractérisées.

Quelques Naturalistes ont regardé la propriété qu'avoit la zéolite de former une gelée demi-transparente sans effervescence avec les acides, comme un caractère suffisant pour la distinguer. Mais d'autres matières ayant la même propriété, ce caractère seul devient trompeur; cependant il ne faut pas le rejetter, parce que réuni à d'autres, il sert à faire reconnoître la zéolite.

M. Pelletier a publié dans le Journal de Physique, Décembre 1782, page 420, un Mémoire très-bien fait sur l'analyse de la zéolite de Féroé, & sur une substance pierreuse venant des Mines de Fribourg en Brisgaw., connue sous le nom de *zéolite veloutée;* il résulte de son travail, dont je vais donner ici les résultats,

Qu'un quintal fictif de zéolite (de Féroé) contient, terre argilleuse bien calcinée,

c'eſt-à-dire, privée d'air & d'eau. 20 grains.
Terre calcaire dans le même état. 8 grains.
Terre quartzeuſe. . . . 50 grains.
Phlegme ou humidité. . 22 grains.

100

» On ſera peut-être ſurpris, dit M. Pelle-
» tier, de retrouver en produits, le poids de
» zéolite employée, mais j'ai toujours eu
» les mêmes ſuccès en répétant les mêmes
» expériences.

» Pour faire la ſynthèſe ou recompoſition
» de la zéolite de Féroé, j'ai fait un mélan-
» ge de 300 parties de terre quartzeuſe, de
» 312 de terre baſe d'alun, & de 48 grains
» de chaux vive. J'ai tenu ce mélange à un
» feu très-vif pendant quatre heures, & j'ai
» obtenu une maſſe un peu agglutinée qui
» peſoit 500 grains. J'en ai mis dans de l'acide
» nitreux & vitriolique qui ont produit de la
» gelée, mais moins conſiſtante que celle
» que fait cette ſubſtance en nature. Cela
» vient de ce que dans la ſynthèſe, les prin-
» cipes ne peuvent ſe combiner auſſi intime-
» ment qu'ils le ſont par la nature; p. 424.

Mais un fait très-intéreſſant dans le Mémoire de M. Pelletier, c'eſt d'avoir reconnu que la pierre déſignée ſous le nom de

zéolite veloutée de Fribourg en Brisgaw,
» est une calamine, ou mine de zinc qui ne
» contient point de principe aériforme; que le
» quintal fictif est composé de 50 à 52 grains
» de terre de nature quartzeuse, de 12 parties
» de phlegme, & de 36 d'une terre métallique
» qui produit du zinc ; que cette mine ne
» peut se réduire que lorsqu'on l'a décom-
» posée par un acide, & puis par les alkalis,
» & traitant ensuite le précipité dans les
» vaisseaux fermés avec la poudre de char-
» bons, à moins qu'on ne la mêle avec du
» cuivre rouge.

» J'ai eu occasion depuis d'analyser deux
» espèces de calamines crystallisées qui n'é-
» toient point de Fribourg, & j'ai vu avec
» plaisir qu'elles faisoient la gelée avec les
» acides. J'en ai de même séparé le quartz
» & la terre métallique.

» J'ai fait la synthèse ou recomposition
» de cette mine en mêlant 400 parties de
» quartz avec 768 grains de zinc précipité
» des acides par les alkalis.

» J'ai exposé ce mélange au feu pendant
» quatre heures, mais il n'a point été assez
» fort pour se fondre. Dans cet état cepen-
» dant, l'ayant traité avec les acides, il s'est
» formé des gelées; mais elles n'avoient pas

» la conſiſtance de celle que produiſoit la » calamine analyſée; cela ne peut être attri» bue qu'à ce que la combinaiſon n etoit » pas aſſez intime. En procédant ainſi, je » ne m'attendois pas à vitrifier ce mélange, » puiſque la calamine elle-même n'avoit » point fondu, mais j'ai toujours voulu voir » ce qui en réſulteroit. M. Darcet à qui j'ai » fait part de mon travail, m'a obſervé au » ſujet des ſynthèſes, qu'ayant eu occaſion » de faire différens mélanges d'apres les pro» duits obtenus par diverſes analyſes, & » entre autres ſur les laves, il s'en falloit de » beaucoup que ces nouvelles combinaiſons » entraſſent en fuſion comme les laves elles» mêmes.

» D'après cet eſſai, on voit que cette nou» velle ſubſtance donne des produits abſo» lument différens de ceux qu'on retire de la » zéolite de Féroé, que j'ai fait connoître, » & à laquelle je l'ai comparée. La pro» priété de faire la gelée eſt donc un carac» tère auſſi infidèle que peut l'être quelque» fois l'aſpect extérieur, pour déterminer la » nature de certaines ſubſtances: & dans cet» te occaſion, un Chymiſte qui s'en ſeroit » rapporté à cette ſeule expérience, ne ſe » ſeroit pas moins trompé que le Natura-

» liſte qui l'auroit jugée d'après le coup-
» d'œil ; « pages 428 & 429.

Quels ſont donc les caractères qui doivent diriger le Naturaliſte dans la connoiſſance de la véritable zéolite ? Je crois que ceux que je vais indiquer ſuffiront.

1°. La zéolite ſoumiſe à un feu vif dans un creuſet, ou rougie à la lampe d'émailleur, & mieux encore, placée dans un charbon qu'on creuſe & qu on allume, & attaquée avec l'air déphlogiſtiqué, jette, un inſtant avant ſa fuſion complette, un feu vif & brillant qui ceſſe & n'a plus le même éclat lorſque la matiere parfaitement fondue roule en globules dans le creuſet de charbon.

2°. La zéolite eſt fuſible ſans adition, & donne un beau verre.

3°. Réduite en poudre fine & traitée avec les acides, elle produit bientôt une gelée ſolide & tranſparente, ſans faire aucune effervescence.

4°. La cryſtalliſation réunie aux autres caractères, ſert auſſi à la faire reconnoître.

Son origine eſt encore problématique. Le ſentiment de M. Pazumot eſt qu'il ne faut pas mettre cette pierre au rang des productions des Volcans, mais qu'il faut la conſidérer comme une réproduction formee par la décompoſition d'une terre volcaniſée (1).

Je ſais que les baſaltes purs ou décompoſés, ainſi que preſque toutes les laves, contiennent de la terre argileuſe, de la terre quartzeuſe, auſſi-bien qu'une portion de terre calcaire, & que ces différentes terres ſe trouvent réunies dans la zéolite; il peut ſe faire que les laves décompoſées, & remaniées par le fluide aqueux, aient donné naiſſance à la pierre qui fait l'objet de ces obſervations; mais ſi la zéolite avoit été produite ainſi, ne devroit-on pas la trouver en plus grande abondance, & l'on ſait qu'elle eſt en général peu commune? Cette ſuite nombreuſe de Volcans, reconnus depuis quelques années, & viſités par un grand nombre de Naturaliſtes inſtruits, n'auroit-elle pas dû offrir plus ſouvent cette pierre à leurs recherches? L on compte cependant encore les endroits où on la trouve & où elle n'eſt jamais qu'en petite quantité.

J'en poſsède quelques échantillons d'une grande beauté pris dans le *Volcan de Rochemaure en Vivarais*, où cette zéolite, tantot en grains, tantôt en fragmens irréguliers qui

(1) Mémoire de M. Pazumot, page 113.

paroiſſent avoir indubitablement appartenu à d'autres morceaux, eſt étroitement empriſonnee dans le baſalte le plus compacte, & le moins poreux. Je crois donc que la lave s'eſt emparée, en coulant, de ces fragmens de zéolite, de la même maniere qu'elle a ſaiſi les divers noyaux de pierre calcaire, de granit, &c... qu'elle a trouvés ſur ſa route; mais comme on reconnoît auſſi la zéolite cryſtalliſée en aiguille ou en cube dans le centre même de quelques baſaltes, j ai examiné avec la plus grande attention les petits vides qui contenoient ces cryſtalliſations; & obſervant que les baſaltes n'étoient nullement poreux de leur nature, je n'ai pu attribuer le petit nombre de cellules zéolitiques qu'on y voit, qu a la matière même de la zéolite ſaiſie en nature par la lave, & remaniée par les eaux; car je concois bien plus facilement que le fluide aqueux peut s'infiltrer à travers le baſalte, & y diſſoudre & cryſtalliſer, dans quelques circonſtances, les corps qu'il y trouvera enveloppés, que je ne concois qu'une eau ſaturée d'une ſubſtance pierreuſe, traverſe le tiſſu ſerré du baſalte le plus compacte, pour aller dépoſer la matière qu'elle tient en diſſolution dans quelques cavités fort rares, formées on ne ſait comment dans le centre d'une lave compaƈte de ſa nature; & il doit en être, je penſe, de la zéolite, comme des globules de ſpath calcaire, empriſonnés dans le centre de quelques baſaltes Je préſume, d'après les échantillons que je poſſéde, que ces derniers doivent leur origine à des cailloux roulés de pierre calcaire enveloppés par la lave, convertis en chaux & régénérés en ſpath par le fluide aqueux qui a remanié la terre calcaire.

Mais comme dans les éruptions boueuſes, mélangées de détrimens calcaires, les eaux imprégnées de gas mephitique diſſolvent la terre à chaux, & la dépoſent ſous forme de ſpath, en lames confuſes, ou en cryſtaux déterminés, dans les fiſſures & dans les crevaſſes où ces dépôts peuvent arriver ſans peine, je penſe qu'il eſt auſſi quelques circonſtances où le fluide acqueux a pu tenir en diſſolution la matière zéolitique, & la dépoſer dans les fiſſures occaſionnées par le retrait de la lave ; & c'eſt ainſi qu'on en voit quelques-unes à Rochemaure, où la zéolite a eu la liberté de ſe cryſtalliſer. Mais toutes les fois que je trouverai les paſſages & les voies interceptés, j'aimerai mieux croire que le corps *zéolitique* lui-même a été enveloppé. Cette opinion peut n'être pas démontrée, mais elle paroît jusqu'à présent plus simple & plus plausible que les autres, jusqu'à ce que de nouveaux faits viennent la détruire.

Il seroit à désirer qu'on pût découvrir la zéolite dans des lieux étrangers aux Volcans. Le nombre de bons observateurs s'étant multiplié, il faut espérer qu'on ne tardera pas à reconnoître si elle existe en effet hors des lieux qui ont été la proie des feux souterrains, ou si son origine est constamment due aux matieres volcanisées: dans la première supposition, c'est-à-dire, s'il étoit incontestablement reconnu que la véritable zéolite se trouve dans les montagnes calcaires, ou parmi les roches micacées, ou granitiques, ou dans les argiles, &c. l'on auroit des notions plus assurées sur son origine. En attendant, attachons-nous à décrire le plus exactement que nous pourrons les zéolites qu'on trouve dans les produits des Volcans.

N°. 67. *Zéolite blanche, en globules compactes* (1). Cette variété existe dans un basalte noir de

(1) *Zeolithus purus, albus, solidus, globosus*, du Cabinet de Born.

Rochemaure, qui renferme également des grains & des aiguilles de ſchorl noir; ce baſalte eſt lardé de toute part, & dans tous les ſens, d'une multitude de globules de zéolite dont les plus gros ont trois lignes de diamètre, & les plus petits une demi-ligne; cette zéolite compacte & à grains fins, eſt ſi abondamment répandue dans cet échantillon, qu'elle entre au moins pour moitié dans ſon poids.

Longueur, 2 pouc. 9 lig.
Largeur, 1 pouc. 9 lig.
Epaiſſeur, 1 pouce.

Ce morceau poli ſur une de ſes faces, vient de la troiſième butte des environs de Rochemaure.

L'on trouve la zéolite en globules, & en petits fragmens irréguliers *dans quelques laves du Vicentin & de Féroé; dans celles de Gergovia en Auvergne; dans le baſalte d'Aubenas & d'Aps en Vivarais.*

N°. 68. *Zéolite en maſſe, blanche, demi tranſparente, & à grains fins très-ſerrés, ſemblables à ceux de certaines calcedoines demi-tranſparentes.*

J'ai trouvé la zéolite en cet état, formant un noyau d'un pouce 2 lig. de longueur, ſur 10 lig. de largeur, dans le centre d'un baſalte noir des plus durs, auquel il eſt encore adhérent. Cette zéolite qui est très-dure, est d'un blanc laiteux opaque, sur sa croûte superficielle; tandis que la partie interieure plus vitreuse, est demi-transparente. On ne se douteroit jamais que ce fût-la une véritable zéolite, si l'analyse ne le démontroit (1). L'échantillon qui renferme celle-ci est d'ailleurs remarquable par de gros noyaux d'une pierre d'un gris jaunâtre, en partie calcaire, & en partie argileuse.

Longueur, 4 pouces & demi.
Largeur, 2 pouces.
Epaisseur, 1 pouce & demi.
Des environs de Rochemaure en Vivarais.

N°. 69. *Zéolite en stalactite blanche mamelonnée.*
Cette variété de zéolite tapisse l'intérieur d'une espèce de géode d'un pouce 9 lign. de diamètre, sur 5 lign. de profondeur, formée dans une lave compacte d'un gris blanchâtre, mêlée de schorl noir, & de grains irréguliers de zéolite & de spath calcaire blanc.

---

(1) M. Cronstedt a reconnu cette espèce dans les zéolites *de Féroé*, & la décrit de la manière suivante : *Zeolithus particulis impalpabilibus figuræ indeterminatæ, purus, albus, Cacholonio similis*, §. 109, è Feroe Islandiæ.

Cette cavité eſt ſurmontée d'un grouppe de cryſtaux de ſpath calcaire blanc, demi-tranſparens, partant d un centre commun, mais dont la cryſtalliſation eſt trop confuſe pour pouvoir être déterminée; une des faces de ce grouppe, ainſi que le reſtant de la géode, eſt tapiſſé d'une couche d'une ligne d'épaiſſeur, d'une belle zéolite blanche, en ſtalactite mamelonnée, ſans cryſtalliſation régulière.

Ce morceau eſt d'autant plus intéreſſant que je l'ai trouvé parmi les laves de la Chauderoie, ſur le mont Mézin, à une grande élévation.

N°. 70. *Zéolite blanche, en cryſtaux fibreux, divergens vers un centre commun; zéolite palmée.*

Cryſtalli zeolitis pyramidales concreti, ad culmen tendentes, Cronſt. Min. §. 111. 1.

Variété A. En grouppes ſolides adherens, formés par des cryſtaux pyramidaux, partant d'un centre commun.

Le plus beau & le plus curieux morceau que j'aie vu en ce genre, eſt celui qui exiſte dans le riche Cabinet de M. le Duc de Chaulnes. Cette zéolite de *Féroé*, vient de la vente de M. le Préſident Ogier. Voici les dimenſions exactes de cet échantillon capital, que j'ai priſes moi-même.

1°. Sa longueur eſt de 9 pouces.

Sa hauteur moyenne de 3 pouces 6 lig.

Son épaiſſeur de 3 pouces 6 lig.

Son poids de 4 livres 4 onces & trois quarts d'once.

Il paroît qu'elle a fait partie d'un plus gros morceau.

2°. Un des côtés extérieurs de ce grouppe, offre quelques cavités irrégulières, ſur ſa ſurface, recouverte de protubérances qui reſſemblent à certaines ſtalactites mamelonnées, & ſans ordre; une ſubſtance terreuſe adhéroit autrefois à ces parties raboteuſes, & leur ſervoit d'enveloppe, c'eſt cette terre qui leur a donné une teinte ferrugineuſe; il en reſte encore quelques grains, & comme j'ai vu pluſieurs échantillons de la même eſpèce où cette croûte eſt plus abondante, & que j'ai reconnu qu'elle étoit le produit d'une lave en décompoſition, il en reſte aſſez à la zéolite dont il eſt queſtion pour me permettre de prononcer que c'eſt la même matière volcanique.

3°. La face la plus conſidérable, & la plus unie de ce morceau, celle qui en développe la contexture intérieure, & qui paroît être la ligne où il aura été très-adroitement rompu, eſt digne de la plus grande attention;

tion; car l on y voit le ſyſtême de cryſtalliſation de cette pierre, où les aiguilles partant de différens centres divergent en pluſieurs ſens. Une de ces cryſtalliſations, qui eſt la plus régulière, & la plus complette, occupe preſque la moitié du morceau, elle eſt de forme orbiculaire, & reſſemble à une eſpèce d'auréole rayonnante, de trois pouces de diamètre; l'on ne ſauroit s'en faire une idée plus juſte, qu'en ſe repréſentant une pyrite ſphérique de la même groſſeur, en rayons divergens, qui ſeroit coupée par le milieu; le reſte de l'échantillon eſt compoſé de portions demi-ſphériques, ou coniques de zéolite également radiée, & les extrémités des rayons qui ſe correſpondent, s'engrènent les uns dans les autres, à la manière de certaines cryſtalliſations d'antimoine.

Cette belle zéolite eſt d'un blanc laiteux, mais d'une pâte cryſtalline & vitreuſe, ſurtout lorſqu on l'examine à la loupe; & quoique les cryſtaux ſoient adhérens les uns aux autres, ils ſont cependant aſſez gros, pour qu'on puiſſe reconnoître que les aiguilles ſont autant de priſmes tétraèdres tronqués. De Féroé en Iſlande.

N°. 71. *Variété B. Zéolite blanche, compacte, en rayons divergens, dure & susceptible de recevoir le poli.*

Cette zéolite soyeuse dans sa cassure, a ses aiguilles si fines, qu'il est impossible d'en déterminer la crystallisation, en les observant même avec une forte loupe.

Ce noyau, de forme irrégulière, se trouve dans le centre d'un basalte noir tacheté de points de zéolite blanche spathique, & de schorl noir.

Mais ce qui rend ce morceau très-instructif, c'est que ses bords offrent des segmens de cercle, des portions coniques tronquées, où la crystallisation étant subitement interrompue, suppose que ce nœud n'est qu'un fragment d'un morceau plus considérable, & qu'au lieu de s'être formé dans le basalte par extudation, il y a été tout simplement enveloppé par accident, tel qu'il existe.

Long. du fragment de zéolite, 1 pou. 6 lig.

Larg. . . . . . . 10 lig.

Le basalte qui renferme cette zéolite a été poli sur trois de ses faces, & a été tiré de la troisième butte volcanique de Rochemaure en Vivarais.

N°. 72. *Variété C.* Basalte d'un noir foncé, d'une grande dureté, avec une cavité d'un pouce 6 lignes de longueur, 1 pouce de largeur, ſur 6 lignes de profondeur, entièrement tapiſſee de belle zéolite d'une grande blancheur, cryſtalliſée en priſmes tétraèdres tronqués, ſaillans, detachés, & ſe croiſant en divers ſens (1); ces cryſtaux, qu'il faut examiner avec une loupe, ſont d'une très-belle eau, brillans & tranſparens; nul doute que cette zéolite n'ait été remaniée par les eaux, & cryſtalliſée dans cette cavité où la matière zéolitique s'étoit trouvé empriſonnée.

Long. 3 pouc. 6 lig.
Larg. 2 pouc. 6 lig.
Epaiſſ. 1 pouc. 6 lig.

De la butte volcanique d'Aps, à deux lieues du Theil, en Vivarais.

N°. 73. *Variété D.* Baſalte noir, dont la ſuperficie eſt grisâtre, mêlé d'une multitude de fragmens & d'aiguilles de ſchorl noir, avec de la zéolite en grains irréguliers, en petits globules compactes, dont la contexture eſt diſpoſée en rayons, mais remar-

(1) *Zeolithus cryſtalliſatus albus, cryſtallis priſmaticis tetraedris diſtinctis, ad centrum tendentibus, Iſlandia.* De Born.

quable par une cavité qui offre une des plus admirables cryſtalliſations zéolitiques. Cette ouverture qui a 2 pouces de longueur, 1 pouce 1 ligne de largeur, ſur 4 lignes de profondeur, eſt entierement tapiſſée d'un dépôt de zéolite blanche, hériſſée dans tous les ſens d'une multitude de petits filets priſmatiques déliés, ſoyeux & brillans, qui produiſent le plus charmant effet.

Long. de l'échantillon, 5 pouces.

Largeur, 4 pouces.

Epaiſſeur, 1 pouce 3 lignes.

Ce morceau rare a été trouvé au pied de la troiſième butte de Rochemaure.

ZÉOLITE CRYSTALLISEE EN CUBES.

Zeolitus cryſtalliſatus cubicus Iſlandiæ. Litoph. Born. 1, pag. 46.

Zeolites figurâ determinatâ cryſtalliſatus. Wall. Min. 1772, pag. 214.

Zéolite blanche en cubes. Sage, *Elémens de Minéralogie, Tom. I, pag.* 384.

Zéolite en cubes. De Romé de Liſle: *Nouvelle Cryſtallographie, Tom. II, pag.* 40, *article zéolite, eſpèce* 1.

Il y a des cryſtaux de zéolite cubique qui ſont diaphanes, d'autres d'un blanc laiteux. La zéolite diaphane eſt électrique par communication.

N°. 74. *Zéolite cubique transparente, dans de petites cavités formées dans le basalte le plus dur; tantôt ces crystaux sont grouppés, tantôt ils sont solitaires.* Le basalte de cet échantillon renferme un grand nombre de ces cavités avec de la zéolite cubique, & d'autres où la zéolite est en filets soyeux.

Dans le basalte de la troisième butte de Rochemaure en Vivarais.

La zéolite cubique se trouve aussi

Dans les laves d'Islande. De Born.

Dans celles de l'Isle de Bourbon. Pazumot.

Parmi les laves des Isles Cyclopes. De Dolomieu.

Dans les basaltes de Rochemaure & d'Aps, en Vivarais. Faujas de Saint-Fond.

N°. 75. *Basalte avec de petites cavités où la zéolite blanche est crystallisée en parallélipipèdes rectangles qui se trouvent à côté de la zéolite cubique.*

Le parallélipipède rectangle n'étant qu'une modification du cube, cette zéolite ne doit être regardée que comme une variété de la première, mais il étoit bon de la faire connoître.

De la troisième butte basaltique de Rochemaure en Vivarais.

N°. 76. *Zéolite cubique dont les angles sont tronqués de biais par des plans triangulaires isocèles, dans les huit angles solides. Cette belle variété est brillante & transparente comme le crystal de roche.*

Je possède cette rare zéolite dans une lave compacte de la nature du basalte que M. le Chevalier de Dolomieu m'a apportée, à son retour de Sicile, & qu'il a recueillie dans les Isles Cyclopes au pied de l'Ethna. Cette variété doit se rapporter à la fig. 12, de la pl. 2, de la nouvelle Crystallographie de M. de Romé de Lisle, qui avoit reconnu la même crystallisation dans une marcassite.

Mais on ne l'avoit point encore vue dans la zéolite.

Je me rappelle cependant que M. de Born fait mention, dans la description de son Cabinet, d'une zéolite blanche crystallisée de *Feroé* exactement semblable au quartz. *Zeolitus crystallisatus albus, quartzo simillimus, è Feroe Islandiæ.* Il ne dit rien de précis sur la crystallisation, qui n étoit certainement pas celle du quartz. On pourroit croire que c'eſt une zéolite rapprochée de celles des Iſles Cyclopes, & elle l'étoit du moins quant à la fineſſe & à la tranſparence de la pâte. La deſcription de M. Born étant inſuffiſante, l'on ne pouvoit ſe former aucune idée exacte de cette zéolite, mais la voila reconnue dans *la lave des Iſles Cyclopes.* L'on en peut voir un bel échantillon a Paris, dans le Cabinet de M. le Duc de la Rochefoucauld.

J'en poſsède moi-même deux cryſtaux bien caractériſés, adhérens à la lave.

M. le Chevalier de Dolomieu, à qui nous devons cette zéolite, en a de ſuperbes morceaux dans le riche Cabinet qu'il a formé à Malte.

N°. 77. *Zéolite dodécaèdre à plans pentagones réguliers.*

Cette variété nouvelle a été encore apportée des Iſles Cyclopes, par M. le Chevalier Deodat de Dolomieu. J'en poſsède un beau cryſtal ſolitaire, niché dans la cavité d'une lave compacte de la nature du baſalte. Cette zéolite eſt brillante & tranſparente comme la précédente.

Cabinet de M. le Duc de la Rochefoucauld.

Cabinet de M. le Chevalier Dolomieu.
Cabinet de M. Faujas de Saint-Fond.

LAVES AVEC DES GRENATS.

Comme l'on trouve des grenats enveloppes dans les laves, & qu'ils ont été confondus par quelques naturalistes, avec certains schorls, tandis que de véritables grenats décolorés & convertis en substances argileuses par les émanations volcaniques, n ont pas été regardés par d'autres comme ayant appartenus à ce genre de pierre, il est bon de jetter un coup-d œil sur les différentes variétés de grenats connus, & sur les altérations qu'ils ont éprouvées, soit par la chaleur des laves bouillantes, soit par les fumées caustiques qui s'en émanent.

Il y a des grenats purs & transparens qui affectent des formes particulières, & dont la crystallisation est déterminée; il y en a dont la crystallisation est au contraire confuse. Le fer est abondant dans les grenats, puisque ceux même qui sont le plus transparens ne sont pas sans action sur l aiguille aimantée.

Les grenats se fondent aussi à un feu violent, & s'y changent en un émail d un rouge noirâtre ou verdâtre, attirable à l aiman.

Leur couleur qui ne doit point être regardée comme caractéristique varie beaucoup, car il y a des grenats d'un rouge de sang foncé, qui ont une belle couleur de feu lorsqu on les examine au soleil, d'autres d'un rouge foncé mélangé de jaune, tirant sur l'hyacinte, quelques-uns d'un rouge cramoisi; il y en a de violets.

L on a aussi des grenats d'un vert foncé qui viennent du *Bannat de Temeswar*, d'autres de couleur grise, de *Voigtland*, des noirs qu'on tire d'*Altemberg* & d'*Eibenstoch*; l'on en trouve de rouges opaques ou transparens, en *Bohême*, en *Espagne*, au *Mont Saint Gothard*, ainsi que dans les Alpes Dauphinoises, &c.

Il y a des grenats impurs, considérables par leur grosseur. *Borax margodes seu tessellatus argillaceus opacus. Lin. Syst. natu.* 1768, *p.* 97, *n°.* 6. *Granatus cryſtalliſatus vulgaris obſcurofuſcus, viridis, niger, &c... Wall. Min.* 1772, *pag.* 252, *argilla lapides, cryſtalliſata, teſſularis, ibid. pag.* 381, *sp.* 183, *d.*

M. de Romé de Lisle a fixé à quatre les variétés des grenats.

La première, est le grenat *dodécaèdre à plans*

rhombes. Cryſtallographie, tom. II, p. 322, planc. 4, fig. 106.

La ſeconde, le grenat *à 36 facettes, dont 24 ſont hexagones alongés, plus étroits que les 12 rhombes.* Id. pag. 324, pl. 4, fig. 107.

La troiſième, le grenat *à 36 facettes, dont 24 hexagones, moins alongées que dans la variété précédente, & plus grandes que les 12 rhombes. Id. pag. 326, pl. 4, fig. 108 & 109.*

Enfin la quatrième, le grenat *à 24 facettes trapezoïdales. Id. pag. 327, pl. 4, fig. 110.*

Telles ſont les variétés du grenat, beaucoup moins nombreuſes qu'on ne l'auroit cru. Auſſi M. de Romé de Liſle nous prévient-il dans ſon excellent ouvrage ſur la Cryſtallographie, que » pluſieurs Minéralo- » giſtes ont décrit non ſeulement des gre- » nats *cubiques, & priſmatiques;* mais encore des » grenats *octaèdres & décaèdres*, des grenats » *dodécaèdres* à plans *pentagones;* enfin des gre- » nats à 14, à 18, à 20 facettes. Mais il y a » lieu de croire que ces Auteurs ont pris » pour des grenats, tantôt des marcaſſites » cubiques ou dodécaèdres, parvenues à l'état » de mine de fer hépatique, ou d'un brun » rougeâtre; tantôt des hyacinthes vraies ou » fauſſes, ou toute pierre tranſparente, dont » la couleur tiroit ſur celle du grenat. Enfin

» l'on peut croire auſſi que l'inégalité très-
» fréquente des plans dans les grenats à 24
» & à 36 facettes, a ſouvent empêche d'en
» reconnoître le nombre, & la véritable
» forme «. *Cryſtall. Tom. II, pag.* 336.

Voyons actuellement en quel état ſe trouvent les grenats dans les produits volcaniques.

Grenat à 24 *facettes* trapézoidales. Dans les Produits volcaniques, de Romé de Liſle, Tom. II, p. 327, Variété 4.

Baſaltes cryſtalliſatus granatiformis dodecaedrus, mobilis in ſcoriâ cinereâ ſolidâ, e Veſuvio. Litoph. Born. II, pag. 73.

L'on trouve dans les roches micacées mêlées d'hyacinte & de ſchorl rejettées par le Véſuve vers la *Somma*, des grenats à 24 facettes, qui ſont dans leur etat primitif & qui n'ont rien ſouffert. Il y en a d'un jaune tirant ſur le verd, d autres d'un blanc cryſtallin, &c. Il paroît donc évident que le Véſuve s'eſt fait jour dans des matières de cette eſpèce qui exiſtent probablement à de grandes profondeurs ; l'on trouve auſſi des grenats enveloppés dans les laves mêmes, ſoit compactes, ſoit poreuſes, & ils s'y préſentent ſous les caractères ſuivans.

1°. Quoique ces grenats ſoient décolorés, l'on en voit dont la caſſure eſt encore vitreuſe.

2°. Ces grenats en perdant leur couleur, ont conſervé leur forme ; les angles des facettes ſont nets & purs.

3°. L'on en trouve quelques-uns où l'on diſtingue encore quelques reſtes légers de couleur rouge, ce qui prouve que ces grenats ont été véritablement colorés.

4°. Les lames rhomboïdales adaptées les unes ſur les autres, qui ont formé les grenats, ſont quelquefois auſſi apparentes dans ceux que les émanations volcaniques ont décolorés, que dans ceux qui ſont intacts.

5°. Les grenats décolorés ſont plus légers que les autres, & cette différence eſt grande, puiſque M. Briſſon a trouvé que la gravité ſpécifique du grenat tranſparent eſt de 41,888 :: 10,000, tandis que le grenat décoloré n'eſt plus que de 24, 634.

6°. Enfin quelquefois l'action des vapeurs qui frappoit ſur les grenats a été telle, que non-ſeulement leur couleur eſt entièrement diſparue, mais que la ſubſtance eſt devenue friable : ces grenats reſſemblent alors à une argile blanche ; l'on en trouve dans le grand nombre quelques-uns dont la forme eſt très-reconnoiſſable malgré leur décompoſition.

N°. 78. Grenats à 24 facettes trapézoïdales.

Basaltes crystallisatus granatiformis dodecaedrus, mobilis in scoriâ cinereâ solidâ, à Vesuvio. Litoph. Born. II, pag. 73.

De Romé de Lisle, Tom. II, page 327, Variété 4.

Du *Vésuve*, de *Pompeia*, *&c.* plusieurs ont la cassure vitreuse quoique décolorés, & la forme très-bien conservée.

N°. 79. Grenats d'un très-beau blanc, à 24 facettes changés en substance argileuse, friable, par les émanations volcaniques. Quelques-uns ont encore leur forme reconnoissable.

On trouve cette variété dans une lave poreuse d'un gris noirâtre. De la *Somma* au *Vésuve*, de *Viterbe*, de *Caprarole*. Dans plusieurs espèces de laves de *Tretto* dans le *Vicentin*, *&c.* Je l'ai trouvée dans un basalte des environs de *Montelimar*, mais je n'en ai jamais pu rencontrer qu'un seul échantillon.

N°. 80. Grenats impurs, donc les uns sont de couleur jaunâtre tirant sur le vert, d'autres presque verts, & plusieurs rougeâtres. Il y a de ces grenats gros comme le poing, qu'on trouve enveloppés dans la lave prismatique d'*Altemberg en Saxe*.

LAVES AVEC DES HYACINTES.

» Cette pierre, dit M. de Romé de Lisle,
» Tom. II, pag. 283, de sa Crystallographie,
» aussi commune que le grenat (que sou-
» vent elle accompagne) peut sans doute,
» ainsi que celui-ci, se rencontrer dans les
» deux Indes aussi fréquemment qu en Eu-
» rope; mais la différence de climat n'em-
» pêche point que la forme, la gravité spé-
» cifique, & les autres propriétés de l'hya-
» cinte ne soient par-tout les mêmes, &
» que par-tout elles ne différent de la forme,
» de la gravité spécifique (1) & des autres
» proprietes du grenat proprement dit. Ce-
» pendant ces pierres si différentes entr'elles,
» nous offrent souvent la même couleur;
» je veux dire qu'il est *des grenats proprement*
» *dits*, qui ont la couleur que l'on désigne
» par le nom d'*hyacintes proprement dites*, qui
» présentent le rouge vif & foncé du
» grenat. La couleur seule est donc in-

---

(1) Suivant M. Brisson, la gravité spécifique de l'hyacinte est de 36. 873. Les crystaux bruts de notre hyacinte d'Europe que je lui ai fournis, ont même été jusqu'à 37. 600, tandis que la gravité spécifique du grenat de Bohême, suivant le même Physicien, est de 41. 888.

» ſuffiſante pour diſtinguer l'hyacinte du gre-
» nat : auſſi lorſque les gemmes ont paſſé
» par les mains du lapidaire, n'a-t-on plus,
» pour reconnoître l'eſpèce à laquelle elles
» appartiennent, que l'un ou l'autre des
» moyens ſuivans. 1°. La dureté de l'hyacinte
» l'emporte ſur celle du grenat, mais de
» trop peu, pour que cette différence ſoit
» facile à ſaiſir. 2°. La gravité ſpécifique
» du grenat eſt ſupérieure à celle de l'hya-
» cinte. 3°. Cette dernière pierre eſt infuſi-
» ble au degré de feu qui met le grenat en
» fuſion.

» Mais lorſque ces gemmes conſervent
» leur forme cryſtalline, elle ſuffit ſeule
» pour les faire diſtinguer au premier coup-
» d œil, par ceux qui ont obſervé les diffé-
» rences eſſentielles & conſtantes qui s'y
» rencontrent; ce qui, pour le dire en paſ-
» ſant, doit faire ſentir combien l'étude
» des formes cryſtallines eſt importante pour
» la connoiſſance des pierres & des autres
» ſubſtances du règne minéral.

Les hyacintes varient par la couleur. Il y en a d'un rouge couleur de feu; d un rouge légèrement jaunâtre, d'un rouge lavé ſemblable à la couleur des grains de grenade. D autres, d'un jaune foncé noirâtre ou tirant ſur le verdâtre, ou ſur le rougâtre, telles que celles qu'on trouve dans les roches micacées rejettées par le Véſuve. Enfin, il y a des hyacintes ſans couleur dont quelques-unes ſont d'un blanc mat, tandis que d'autres ſont tranſparentes & ſans couleur, comme le plus beau cryſtal de roche.

Les hyacintes ne ſont point un produit du feu, ainſi que l'a cru M. Ferber, *Let. ſur l'Italie, pag.* 75 *&* 76. Elles ne ſe trouvent, au contraire, qu accidentellement dans les laves qui s'en ſont emparées, lorſque les feux des volcans les ont forcés de ſe faire jour à travers d'anciennes roches qui devoient leur origine à l'eau & qui contenoient des hyacintes, ou des grenats, ou des ſchorls, ou des chryſolites, &c. : les hyacintes d'un jaune foncé noirâtre de la *Somma*, qui tiennent encore à la roche micacée intacte, ſont une preuve indubitable de cette vérité.

N°. 81. Hyacinte dodécaèdre à plans rhombes, variété 1, pag. 287, du Tom. II, de la Cryſtallographie, plan. IV, fig. 113 & 114.

Hyacintus dictus Orientalis, dodecaedricus, hedrus habens rhomboïdeas & hexagonas; rhomboïdeas quidem ut plurimum octo, hexagonas quatuor.

tuor. Cappell. prodr. Cryſt. pag. 29, *tab.* 111, *fig.* 15.

Cette variété ſe trouve dans le ſable volcanique du ruiſſeau d'*Expailly en Velai.* Les hyacinthes qu on recueille dans ce ſable qui n eſt qu'une lave pulverulente, ſont d'une belle couleur de feu ; l on y en trouve auſſi d'un rouge tirant ſur le jaune, d'un rouge lavé, & de blanches. J'en ai une d'un pouce de longueur, ſur 6 lignes de diamètre, d'un brun rougeâtre, demi-tranſparente, mais privée de ſes pyramides.

Cette variété ſe trouve auſſi dans les Produits des Volcans éteints du territoire de Vicence (1).

---

(1) Je poſsède de ces dernières hyacinthes avec le ſable qui les accompagne ; elles viennent des collines de *Leonedo* dans le Vicentin, & ont été remiſes par M. Harduini à M. Beſſon, qui a bien voulu m'en faire part.

M. Harduini avoit publié dans le *Giornale d'Italia*, un Mémoire ſur les hyacinthes, ainſi que ſur les pierres obſidiennes & les autres pierres qui ſe trouvent au même lieu, & il regarde tous ces différens corps enveloppés dans la lave, comme le produit des feux ſouterrains. Mais cette opinion n'eſt nullement fondée, & les hyacinthes de *Leonedo* ne ſont pas plus l'ouvrage des volcans, que les jaſpes, les pierres à fuſil, les agathes, &c. qui ſont ſur la même colline.

Les hyacinthes de *Leonedo* ſont non-ſeulement ſemblables par la couleur à celles d'Expailly, mais le ſable ou plutôt

Hyacinthus è ſcoriis vulcanorum extinctorum territorii Vicentini. Litoph. Born. II, pag. 73.

---

les petits grains ferrugineux qui accompagnent ces hyacinthes, ſont de la même nature que ceux du Velai. Je ne les aurois certainement jamais reconnus, ſi je n'avois pas fait une étude particulière de ceux d'Expailly.

L'on a pu voir, dans *les Recherches ſur les Volcans éteints du Vivarais & du Velai*, p. 184 & 185, que les hyacinthes & les ſaphirs du *Rioupezouliou* ſe trouvent mêlés avec un ſable ferrugineux, fortement attirable à l'aimant; ce ſable eſt diviſé, en général, en gros grains ovales ou plutôt irréguliers, dont les angles ſont arrondis par le frottement; j'y apperçus la première fois que je l'examinai, des eſpèces de ſegmens de petits cryſtaux noirâtres, auſſi attirables que les grains informes, & je crus y reconnoître la cryſtalliſation du fer octaèdre; je fis donc ramaſſer une grande quantité de ce ſable, & l'étudiant grain à grain, je vins à bout de trouver, ſur ſix livres qui me paſsèrent par les mains, ſeulement cinq cryſtaux parfaits, dont la cryſtalliſation étoit l'octaèdre aluminiforme; ce fer attirable à l'aimant étoit abſolument ſemblable à celui qu'on trouve dans l'intérieur des ſteatites ou pierres ollaires de l'Iſle de Corſe, & il n'en différoit, qu'en ce que l'action des feux ſouterrains, l'ayant un peu attaqué, il n'avoit pas le même brillant

J'en donnai dans le tems un cryſtal à M. de Romé de Liſle, qui en a fait mention à la pag. 180, du Tom. III, de la nouvelle Cryſtallographie, où l'on peut voir ce qu'il dit des variétés du fer octaèdre. Les hyacinthes de *Leonedo* étant également mêlées avec un ſable attirable à l'aimant, devoient

LAVES AVEC DES SAPHIRS.

Alumen gemma, pretiosa. Seu alumen lapidosum pellucidissimum, solidissimum, Cæruleum. Lin. 103, §. 5.

---

naturellement fixer mon attention : voici ce que j'observai en étudiant ces hyacinthes ainsi que les grains ferrugineux qui les accompagnent.

1°. Je distinguai des hyacinthes rouges plus ou moins grosses, mais en grains irréguliers ; les angles des crystaux étant usés & détruits par le frottement, il en reste à peine quelques traces dans celles que je possède, mais assez pour reconnoître que ces hyacinthes on été crystallisées.

2°. Des hyacinthes d'un jaune semblable à celui du succin, d'autres d'un rouge pâle, & plusieurs entièrement décolorées, mais toutes en général usées.

3°. Ces hyacinthes sont accompagnées de grains beaucoup plus gros d'une pierre noire, vitreuse, nullement transparente, point attirable à l'aimant, brillante dans sa cassure, mais dont l'extérieur usé par le frottement, est terne ; en observant ces faces extérieures avec une loupe, l'on distingue tantôt quelques légères gerçures, tantôt quelques cellules ou petits pores peu profonds ; ces pierres ne sont qu'un véritable émail de volcan, que de simples fragmens de pierres obsidiennes ou de pierres de gallinace.

4°. D'autres petites pierres également noires, vitreuses & brillantes dans leur cassure, en grains irréguliers plus ou moins gros, mais très-usés par le frottement, offrant ainsi que les précédentes sur leur superficie, tantôt de légères stries, tantôt de petites cavités ; en un mot, si rapprochées

Gemma pellucidissima, duritie tertia, colore cæluleo in igne forti fugaci. Wall. min. 1772, *p.* 237, *sp.* 106.

---

de la pierre obsidienne, qu'il seroit très-difficile de les distinguer, si elles n'étoient fortement attirables à l'aimant, & beaucoup plus pesantes que les précédentes. Elles avoient une action si forte sur le barreau aimanté qu'il étoit impossible de ne pas les regarder comme une mine de fer très-riche; mais le brillant vitreux de leur cassure ressembloit si fort à un émail, que j'avois de la peine à me persuader que le fer octaèdre pût se présenter sous ce caractère: les grains étoient d'ailleurs en général si arrondis, que j'aurois été obligé de suspendre mon jugement si je n'avois pas trouvé dans ceux-ci un fragment de crystal ou l'on reconnoît un plan rhombe, produit par l'octaèdre aluminiforme passant au dodécaèdre à plans rhombes. Variété 4, page 179 du Tome III, de la Crystallographie.

Il est donc démontré que les grains irréguliers, noirs & ferrugineux, qui se trouvent confondus avec les hyacinthes de *Leonedo*, sont des détrimens de crystaux de fer octaèdres semblables à ceux d'Expailly, mais beaucoup plus dénaturés; ils sont aussi d'un noir plus foncé & leur contexture vitreuse est rapprochée de celle de la pierre obsidienne, mais cette dernière est moins pesante & n'a point d'action sur l'aimant.

Je m'appésantis sur ce détail, parce que la ressemblance de ce fer octaèdre avec l émail noir des volcans, pourroit induire en erreur, & que le rapprochement de ce fer avec celui d'Expailly, ou l'on trouve également des hyacinthes, est digne d attention.

Saphyrus gemma. Cronst. §. 44.

Quartzum nobile cæruleum, duritie tertia. Litoph. Born. 1, *p.* 20.

De Romé de Lisle, Crystallographie, Tom. II, pag. 213, 213 *& suiv.*

M. de Romé de Lisle a cru devoir ranger le saphir d'Orient, avec le rubis & la topaze d'Orient. Les couleurs opposées de ces pierres ne l'ont point arrêté, parce qu'elles ne sont dues qu'au même principe, le fer, plus ou moins abondant, ou modifié de telle ou de telle manière; M. de Romé de Lisle s'est attaché essentiellement aux formes, à la dureté qui sont les mêmes dans le saphir & la topaze d'Orient, & c'est ce qui l'a déterminé à n'en faire qu'une même classe. Il eût été à désirer, pour que ce rapprochement fût à l'abri de toute critique, que la pesanteur fût exactement la même; car voici dans quel ordre elle se trouve.

Gravité spécifique du rubis d'Orient, d'après les nouvelles expériences de M. Brisson, . . . 42. 833.

De la topaze d'Orient, 40. 106.

Du saphir d'Orient, 39. 941.

Ces pierres ſont donc entr'elles comme les nombres 42. 40. & 39.

Cette différence a fait dire à M. Romé de Liſle : » ſi la topaze & le ſaphir dont » nous parlons diffèrent un peu du rubis » quant à la gravité ſpécifique, cette diffé- » rence n'eſt due ſans doute qu'aux diverſes » proportions de la terre martiale qui entre » comme principe colorant dans les *rubis*, » les *topazes*, les *ſaphirs*, & même les *amé-* » *thiſtes*, qu'un égal degré de dureté, joint » à l'idendité de forme, m'oblige de conſi- » dérer ici comme une ſeule & même eſpèce «. *Crytallographie*, *Tom. II*, *pag.* 214.

M. Achard, qui a fait des Recherches chymiques ſur le ſaphir Oriental, a reconnu qu'un ſaphir peſant 12 grains, ayant reſté pendant quatre heures dans un petit creu- ſet ſous une moufle à un feu violent, & remis enſuite dans un creuſet de fuſion ſous une moufle pendant 14 heures, au feu le plus fort & le plus ſoutenu, peſoit après ces deux opérations, 11 grains $\frac{3}{4}$. n'ayant rien perdu de ſa couleur & etant reſté in- tact.

Ayant attaqué enſuite le ſaphir par une multitude de procédés chymiques, il a re- connu, » qu'une demi-dragme de ſaphir

» contient 10 grains de terre à cailloux, 2 gr.
» de terre calcaire, $17\frac{1}{2}$. grains de terre alu-
» mineuſe & 1 grain de terre martiale«. L on
peut voir tous les détails de ces expériences,
dans l'ouvrage même de M. Achard, traduit
en François, par M. du Bois, page 29,
Paris 1783.

Le ſaphir eſt électrique par le frottement.

Sa cryſtalliſation eſt formée par deux pyramides héxaèdres, fort alongées, jointes &
oppoſées baſe à baſe, ſans aucun priſme
intermédiaire.

Mais comme les pyramides du ſaphir,
ſont héxaèdres, ainſi que celles du cryſtal de
roche, M. de Romé de Liſle cherche a établir des caractères qui puiſſent former une
ligne de ſéparation bien marquée, il eſt bon
d'avoir ces caractères ſous les yeux. » 1°. L'in
» clinaiſon des faces eſt beaucoup moindre
» que dans le cryſtal de roche, (l'angle du
» ſommet de la pyramide dans le ſaphir eſt
» de 20 deg. à 30 deg. tandis que dans le cryſ-
» tal de roche, il eſt de 76 deg.) elle eſt mê-
» me ſi peu ſenſible dans pluſieurs de ces
» cryſtaux, qu'on les prendroit quelquefois
» pour des priſmes qui s'aiguiſent inſenſible-
» ment en pyramide. 2°. Dans les gemmes,
» la pyramide eſt toujours très-longue rela-

» tivement à ſa largeur ; ce qui ne ſe voit
» jamais dans le cryſtal de roche. 3°. Elle eſt
» ſouvent tronquee vers le ſommet par des
» plans obliques ou verticaux, dont il ne
» m'a pas été poſſible de déterminer le
» nombre ni la figure, par la diſette ou l on
» eſt d'échantillons ſuffiſamment caractéri-
» ſés. Dans ceux que je poſsède, les tronca-
» tures obliques du ſommet partent indiffé-
» remment, ſoit des faces, ſoit des arêtes ou
» bords de la pyramide alongée. 4°. Ces cryſ-
» taux paroiſſent lamelleux dans leur caſſu-
» re, qui d'ordinaire a lieu dans une direc-
» tion parallèle à la baſe des pyramides : j'en
» ai vu de tronqués net à leur extrémité,
» & d'autres qui préſentoient un ou plu-
» ſieurs petits triangles équilatéraux, légè-
» rement ſaillans ou de relief ſur la tron-
» cature hexagone du ſommet (1).

---

(1) J'ai deux cryſtaux, dit M. de Romé de Liſle, qui préſentent cette ſingularité. Le premier eſt un de ces ſaphirs qu on ramaſſe dans le ruiſſeau d'Expailly & qu'on appelle *Saphir du Puy*. Le ſecond eſt un veritable *Rubis d'Orient*. M. Faujas a fait la même obſervation ſur un ſaphir d'Expailly, d'un bleu velouté foncé, des plus vifs & des plus agréables : *Il offre*, dit-il, *un accident aſſez ſingulier : on voit à la baſe du priſme qui n'a point été rompu, un*

» M. d'Engeſtrom paroît avoir obſervé le » premier la forme pyramidale hexagone » fort alongée du ſaphir d'Orient. M. Faujas » de Saint-Fond l'a reconnue dans le ſaphir » du Puy, qui eſt certainement de la même » eſpèce que le ſaphir ou le rubis d'Orient (1)«.

N°. 82. Saphir d'un bleu velouté, foncé, des plus vifs & des plus agréables, de 4 lignes de longueur, ſur deux lignes de diamètre, s'amincïſſant par un des bouts en maniere de quille, formant une pyramide alongée ſans priſme, & tronqué net à l'autre extré-

---

double triangle ou un triangle dans l'autre en relief, d'une régularité ſurprenante. Note 80, *p.* 216, *du Tom. II, de la Cryſtallographie.*

(1) L'identité de forme, dit M. de Romé de Liſle, avoit ſuffi pour m'en convaincre; mais pour m'en aſſurer encore plus, j'ai prié M. Briſſon de ſoumettre à la balance hydroſtatique un des cryſtaux bruts de ſaphir du Puy, que j'ai reçus de M. Faujas de Saint-Fond. M. Briſſon a trouvé la gravité ſpécifique de ce ſaphir de 40,769; ce qui ne permet pas de le placer ailleurs qu ici. Il eſt donc aujourd'hui bien conſtaté que le vrai *ſaphir*, le *ſaphir Oriental*, exiſte ailleurs que dans les Indes, puiſqu'on le trouve en France, & peut-être encore dans quelques autres contrées de l'Europe, ainſi que l'hyacinthe & le grenat. *Note* 83, *p.* 217, *de la Cryſtallographie.*

mité, de ſorte que ce cryſtal parfait dans une partie, eſt incomplet dans l'autre, puiſqu'au lieu d'une troncature, il devoit y avoir, une autre pyramide alongée, jointe & oppoſée baſe à baſe à la première, ſans priſme intermédiaire, mais ce ſaphir n'en eſt pas moins intéreſſant, puiſqu'il porte avec lui une démonſtration que ſa troncature n'eſt point une ſection accidentelle. Mais une ſingularité qu'on obſerve quelquefois, non ſeulement dans le ſaphir d'Orient, mais encore dans le rubis Oriental; en effet, cette troncature eſt recouverte d'un double triangle, de la même matière que le ſaphir, formant un relief très-remarquable, c'eſt-à-dire, qu'on y voit un triangle très-régulier, qui en renferme un plus petit, également parfait formant une ſaillie ſur le plan de la troncature.

J'ai trouvé moi-même ce ſaphir dans le ſable ferrugineux du ruiſſeau de *Rioupezzouliou*, près d'Expailly, parmi des laves poreuſes, griſes & rougeâtres en décompoſition, qui ont enveloppé autrefois le fer octaèdre, les ſaphirs & les hyacinthes qu'on trouve parmi ces laves.

N°. 83. Autre ſaphir du même lieu &

d'une même cryſtalliſation, mais beaucoup plus gros que le précédent, puiſqu'il a cinq lignes de longueur, ſur 4 lignes de diamètre vers ſa baſe. Cette pierre offre une ſingularité digne d'attention, car en la tenant par les deux bouts, & en la préſentant au grand jour, de manière que les rayons de lumière traverſent horizontalement le cryſtal, tandis que la pyramide eſt diſpoſée verticalement, ce ſaphir paroît d'un verd d'émeraude. Mais ſi l'on place ce cryſtal dans une autre poſition, que ſa pointe devienne parallèle à l'horizon, & que l'on préſente l'œil à l'autre extrémité, comme ſi l'on vouloit lire dans le fond du cryſtal, il paroît dès-lors d'un très-beau bleu de ſaphir. De ſorte que ce ſingulier cryſtal eſt bleu dans un ſens & verd dans l'autre.

Du ruiſſeau de Rioupezzouliou, près d'Expailly, parmi des laves poreuſes décompoſées.

N°. 84. Saphir dont les angles ont été uſés & arrondis par le frottement, à une époque très-ancienne, puiſqu'on les trouve tels dans les couches de laves poreuſes altérées du ruiſſeau d'Expailly. Il y en a quelques-uns qui ont juſqu'à neuf lignes de longueur, ſur ſix lignes de diamètre, dont la couleur eſt plus ou moins belle ; l'on en trouve d'un bleu foncé, d'un bleu clair, d un bleu très-pâle, d'un bleu rougeâtre ; d'autres, bleus dans un ſens, & verds dans l'autre. J'en ai qui ſont abſolument d'un verd clair, & d'un verd jaunâtre. La pâte de ces ſaphirs n'eſt pas également pure ; l'on en diſtingue d'une très-belle eau, particulièrement ceux qui tirent au verd, tandis que d'autres ſont ternes, moins homogènes, & diſpoſés par lames. L'on voit auſſi parmi ces ſaphirs roulés, des ſaphirs héxaèdres, tronqués à chaque extrémité, ainſi que des variétés avec des pyramides héxaèdres alongées.

LAVES AVEC DU FER NOIRATRE OCTAEDRE ATTIRABLE A L'AIMAN.

Ferrum teſſulare ſeu cryſtalliſatum retractorium ſolitarium. Linn. ſyſtem. nat. 1768, *pag.* 136. *n°.* 2, *fig.* 23.

Minera ferri calciformis indurata octaedra. Cronſt. §. 203, *e.* 1.

Ferrum calciforme cryſtallinum. Scop. princip. min. §. 244. *a.*

Minera ferri cryſtalliſata octaedrica, figura aluminari, colore nigro. Wall. min. 1778, *ſp.* 322.

Sage, Elémens de Minéralogie. II, p. 171, *eſp.* 111.

Demeste, *Lettres*, *vol. II*, *pag.* 251, *esp.* 11.
De Romé de Lisle, *Crystallographie. Tom. III*, *pag.* 176 *& suiv.*

N°. 85. Fer octaèdre aluminiforme, terminé par huit angles équilatéraux d'une couleur terne, d'un grain sec & cassant, fortement attirable à l'aimant.

Ce fer se trouve en assez grande abondance parmi les laves friables & argileuses, grises, jaunâtres & rougeâtres, qui forment l'escarpement des bords du *Rioupezzouliou*, près *d'Expailly*, non-loin du *Puy* en Velai. Comme ce fer est en grains, ou en fragmens irréguliers, dont les angles sont émoussés, & que des recherches attentives m'ont fait trouver quelques crystaux octaèdres bien conservés; je suis le premier, à ce que je crois, qui ait reconnu que tous ces grains attirables à l'aimant, n'étoient que les detrimens de crystaux solitaires de fer octaèdre, semblables à ceux qu'on trouve dans une pierre ollaire grise de Corse.

J'ai reconnu aussi le même fer, mais plus dénaturé encore, accompagnant les hyacinthes des collines de *Leonedo*, dans le Vicentin; & j'en ai fait mention dans une note particuliere.

Comme le fer octaèdre se trouve constamment avec les hyacinthes & les saphirs d'Expailly, parmi les matières volcaniques, les Naturalistes que ces objets peuvent intéresser, ne seront peut-être pas fâchés de connoître la manière dont on recueille ces hyacinthes, ces saphirs & le fer crystallise, constamment mêlangés avec ces pierres fines. Ces détails donneront d'ailleurs des instructions sur la position de ces différentes matières.

Détails sur la manière dont on recueille les hyacinthes, les saphirs & le fer octaèdre d'Expailly en Velai.

Je m'adressai, étant au Village d'*Expailly*, à un Paysan du lieu, qui fait seul depuis trente ans le métier de chercher des hyacinthes & des saphirs dans le ruisseau du voisinage nommé le *Rioupezzouliou*, je lui promis une bonne gratification s'il vouloit me montrer en détail la manière dont il procédoit; ce bonhomme y consentit avec plaisir, & s'étant muni d'une petite auge en bois & d'un petit sac de toile, nous entrâmes en marche dans le ruisseau dont il s'agit, qui coule au pied du Village; mais qui est à sec dans les chaleurs de l'Eté; son lit encombré de basalte, & de laves poreuses roulées, est profond, & présente de droite & de gauche de grands escarpemens coupés à pic, tantôt formés par des laves basaltiques, tantôt par des laves poreuses altérées, de différentes couleurs.

Nous remontâmes avec beaucoup de peine ce torrent pendant environ une demi-heure par une route pénible, sans trouver le moindre signe indicatif d'hyacinthe, de saphir, ni de fer octaèdre. J'avois beau exercer mes yeux de tous côtés, je ne voyois briller que des fragmens de schorl noir vitreux; enfin, marchant encore pendant une demi-heure dans le lit du torrent qui se prolongeoit sur la montagne, & devenoit de plus en plus escarpé, le guide me faisant remarquer quelques petites mares ou repos d'eau de 3 ou 4 pieds de largeur, sur 7 à 8 pouces de profondeur, il me dit: *Nous trouverons ici quelque chose.*

Il entra alors dans l'eau, & remplissant sa petite auge du sable & de la terre qui étoient au fond de ces creux, il lava à différentes reprises ce sable, en l'agitant avec la main, tenant sans cesse l'auge au fond de l'eau. Les corps les plus pesants s'y précipitoient tous, & l'eau entraînoit la terre, & les sédimens les plus légers. Nous restâmes à-peu-près trois quarts-d'heure sur cette première station, & nous recueillîmes environ une livre & demie d'un sable ferrugineux à gros grains, attirables à l'aiman, parmi lesquels je vis briller une multitude de petites hyacinthes, & quelques saphirs.

Nous remontâmes encore le ruisseau, pendant quelques minutes, jusqu'a ce qu'ayant trouvé de nouveaux amas d'eau, le guide reprit ses opérations ; je devins son élève & son aide, & je me procurai une provision assez abondante de fer octaèdre, d'hyacinthes & de saphirs.

Je fis observer au guide que puisque nous trouvions des pierres précieuses dans ces parties, la mine ne devoit pas être éloignée, & il me répondit qu'à la vérité c'étoit-là le meilleur endroit ; mais qu'il n'existoit pas, à proprement parler, de mine ; qu'il avoit reconnu seulement que dans les tems d'orage, le torrent detachoit de ses bords les matières qui faisoient l'objet de nos recherches, & il me montra, en effet, dans l'escarpement du *Rioupezzouliou*, quelques zones minces & irrégulières d'un sable ferrugineux, interposées parmi des détrimens de lave en partie argileuse ; ces zones qui n'avoient n'avoient point de ſuite, & qui paroiſſoient jettees au haſard, mêlangées elles-mêmes de fragmens roulés de lave poreuſe : c'eſt-là que je trouvai parmi le fer octaèdre quatre à cinq hyacinthes, & un ſaphir dont les angles étoient uſés. Je conclus de-là qu une révolution diluvienne antérieure avoit ainſi attaqué ces hyacinthes enveloppées enſuite par les laves, ou plutôt je penſai que des éruptions volcaniques boueuſes avoient entraîné, ſans ordre, ce ſable ferrugineux & les pierres qui l'accompagnent, & que ces corps étrangers aux Volcans avoient été ſaiſis à de grandes profondeurs par les déjections volcaniques qui s'en étoient emparées en les rencontrant ſur leur route.

Le guide m'aſſura qu'autrefois ces pierres étoient plus recherchées, & que des particuliers avoient fait des puits d'épreuves, & des excavations aſſez profondes pour en découvrir la mine, mais que leurs efforts avoient été vains, & qu'on ne put jamais trouver qu'une terre volcaniſée, ſemblable à celle qu'on voit à l'extérieur, renfermant de tems à autres quelques petites couches minces & iſolées où l'on trouvoit des hyacinthes & des ſaphirs; mais que ces dépots diſparoiſſoient bientôt, ce qui obligea cette

Société à abandonner une telle entreprise.

On s'en est donc tenu depuis cette époque à la méthode de pêcher ces pierres dans le torrent, après les crues d'eau, & de les recueillir au moyen de diverses lotions, procédé beaucoup plus sûr ; & moins dispendieux. Quant au sable ferrugineux qui se précipite au fond de l'auge, on a soin de le séparer des hyacinthes & des saphirs, & on n'en fait absolument aucun usage. Tels sont les détails de ce que j'ai vu moi-même sur les lieux : je dois ajouter, que comme ces pierres ne sont pas abondantes, & qu'elles sont en général usees, elles ne produisent qu'un très-médiocre profit à celui qui s'occupe de les recueillir.

LAVES AVEC DE LA MINE DE FER SPÉCULAIRE LÉGÈREMENT ATTIRABLE A L'AIMANT.

De Romé de Lisle, Crystallographie, Tom. III, pag. 168, espèce 3

Fer minéralisé par le soufre ; fer spéculaire ou à facettes brillantes. Sage, Elémens de min. vol. II, pag. 174, espèce 6.

Min. de fer grise ou blanchâtre attirable à l'aimant. Demeste, Lettr. vol. II, page 255. Variété 1.

Mine de fer poligone à facettes brillantes. Ibid. page 257, espèce 5.

N°. 86. Lave compacte grise, homogène, pesante, dont les fissures, ainsi que les surfaces, sont recouvertes d'une multitude de petites lames minces, qui ont l'éclat & le brillant du plus bel acier poli. Elles sont accumulées & interposées sans ordre, comme si elles y avoient été élevées & fixées par l'effet d'une sublimation.

En observant ces espèces de paillettes avec de fortes loupes, l'on en reconnoît plusieurs qui offrent des segmens de prismes hexaèdres, dont les six côtés sont coupés en biseau; d'autres qui sont formées par deux pyramides hexaèdres jointes base à base, sans prismes intermédiaires, mais tronquées près de leur base. *Variété 10, pag. 199. du Tom. III, de la Crystallographie.*

Ces petits crystaux sont attirables à l'aimant, mais beaucoup moins que les crystaux octaèdres de Corse & d'Expailly; ils en diffèrent encore par la crystallisation: les crystaux d'Expailly, ainsi que ceux de Corse, ont été saisis accidentellement dans les laves, tandis que ceux de ce N° se trouvent légèrement attachés sur la surface d'une lave altérée de *Volvic en Auvergne;* & ils n'en ſont que beaucoup plus dignes d'attention, puiſqu'ils nous préſentent une nouvelle manière d'agir des feux volcaniques, ſur le fer que renferme le baſalte.

L'on peut voir dans le chapitre relatif à la décompoſition des produits volcaniques, que la nature s'eſt ménagée plus d'une reſſource pour réduire en terre des ſubſtances d'une grande dureté.

Tantôt l'acide ſulphureux, attaquant la lave la plus dure & la plus compacte, détruit ſon adhéſion, & met à découvert les molécules qui entroient dans ſa compoſition; d'autres fois des eaux rendues actives par des matières ſalines, opèrent un effet à-peu-près ſemblable, & qui n'en differe que parce que le fluide aqueux, dans ces circonſtances, n'a pas plutôt détruit qu'il recompoſe; enfin les émanations aériformes qui flottent dans l'atmoſphère, attaquent à la longue les laves les plus dures & les changent en terre, & quoique cette opération ſoit certainement très-lente & comme inſenſible, elle n'en eſt pas moins conſtante & certaine.

Le fer qui ſe trouve immiſcé dans les produits du feu, éprouve lui-même en ſe décompoſant, diverſes modifications qui le font paſſer par une multitude de couleurs depuis le rouge foncé le plus vif juſqu'au rouge tendre le plus pâle; depuis le noir, le brun & le gris, juſqu'au bleu, au vert & aux différens jaunes, &c. Ce fer diſſout par les eaux, ſe réunit en hématites, ou ſe précipite en ſédiment limoneux, ou ſe faconne en géodes, &c. Mais la lave micacée de *Volvic* nous apprend que le feu des Volcans a également le pouvoir de ſublimer le fer en molécules cryſtalliſées; l'examen attentif de ce fer me forcoit de tirer cette conſéquence. La lave qui en eſt recouverte eſt compacte, peſante & rapprochée de la lave baſaltique, & elle n'en diffère que parce que les molécules ferrugineuſes qui entroient dans ſa compoſition, en ont été ſéparées par l'action du feu, & ſe ſont réunies enſuite dans les fiſſures & les cavités qui les ont retenues. Cette lave, en abandonnant ſon fer, a dû néceſſairement perdre une partie de ſa couleur, & c'eſt ce qui lui eſt arrivé en effet; auſſi eſt-elle d'un gris-clair à l'œil nud, & preſque blanche lorſqu on l'obſerve à la loupe. Elle a dû être expoſée à un feu ſoutenu, mais non pas aſſez violent néanmoins pour la faire couler en email, & dès-lors elle a éprouvé une eſpèce de calcination; auſſi a-t-elle des fentes, des gercures ; auſſi ſon grain, beaucoup moins adhérent que celui du baſalte, eſt-il ſec & friable, & ſe laiſſe-t-il facilement attaquer avec un inſtrument tranchant. Cette lave reſſemble, en un mot, à une matière ſur-calcinée, qui ayant perdu le fer qu'elle contenoit, n'eſt plus attirable à l'aimant.

Quoique cette hypothèſe ſur la ſublimation du fer fût très-probable à mes yeux, d'après les échantillons de *Volvic*, elle n'étoit néanmoins pas démontrée, lorſque le haſard me procura un objet de comparaiſon qui ne me laiſſa plus aucun doute ſur ce ſujet.

Allant voyager en Provence en 1780, je m'arrêtai, en paſſant à Roane, chez un naturaliſte, bon obſervateur, M. Paſſinge. Je vis ſur une table dans ſon Cabinet, des débris d'un grand creuſet pris dans une Verrerie des environs de la Ville qu il habitoit.

Comme ce creuſet avoit été expoſé à l'action d'un feu long & ſoutenu, l'extérieur étoit revêtu d'une couche légère d'un véritable verre blanc, tranſparent; le reſte de la pâte qui avoit un pouce deux lignes d'épaiſſeur, avoit éprouvé une demi-vitrification, ſemblable à celle du biſcuit de la porcelaine la plus dure, & donnant comme elle des etincelles avec l'acier; ſon grain étoit fin, luiſant, mais opaque; ſa couleur étoit blanche dans les parties les plus expoſées au contact du feu, & un peu rougeâtre à meſure qu'elle approchoit du fond du creuſet.

Une couche d'un verre coloré en rouge violâtre, d'une ligne environ d'épaiſſeur, tapiſſoit le fond du creuſet; c'étoit un reſte de verre qu'on y avoit fait fondre & que le fer avoit coloré. M. Paſſinge, me dit d'examiner ces morceaux & d'en étudier les caſſures avec une loupe, ce que je fis; je reconnus alors de petites gerçures, & quelques cavités formées dans l'intérieur de la pâte, ſur les parties les plus voiſines du plafond du creuſet, & je vis avec un très-grand plaiſir que toutes ces fiſſures, miſes à découvert par les fractures du creuſet, étoient tapiſſées d'une multitude de petits cryſtaux de fer micacé, ſemblables à ceux de la lave de *Volvic*, & attirables comme eux à l'aimant. Ils étoient même plus réguliers, & formoient un corps plus ſolide & moins lamelleux. Cette découverte m'intéreſſa d'autant plus, qu'elle démontroit que le feu avoit eu le pouvoir de ſublimer le fer contenu dans l'argile, & d'en réunir les molécules ſous une forme régulière.

Je ſavois que le fer tenu long-tems en incandeſcence affecte ſur ſa ſurface, lorſqu'on le laiſſe enſuite refroidir d'une manière lente & graduelle, des eſpeces de ſtries, & de linéamens qui ſont autant d'ébauches de petits cryſtaux.

J'avois vu, dans les raffineries d'acier de *Rive en Dauphiné*, le fer ſe ſublimer & ſe réunir quelquefois en cryſtaux octaèdres bien caractériſés, dans les cavités ou bourſouflures que formoient les ſcories : mais dans ces deux circonſtances le feu agiſſoit ſur des maſſes entièrement métalliques, dont les élémens étoient homogènes; tandis au contraire que dans le baſalte, le fer diviſé en molécules impalpables, ſe trouve intimément mélangé avec la terre argileuſe, avec le quartz, & les autres matières qui entrent dans la compoſition de cette lave; de manière qu'il eſt difficile de concevoir comment les élémens ferrugineux ont eu le pouvoir de rompre leurs liens, & de ſe réunir enſuite ſous une forme régulière, c'eſt-à-dire ſous celle de fer octaèdre aluminiforme, attirable à l'aimant, dans les cavités ou les fiſſures produites par le retrait de la lave. Mais le fait exiſtoit, & il me paroiſſoit inconteſtable depuis que les débris de creuſet de la Verrerie des environs de Roane, m'apprenoient que le feu mis en action par la main de l'art, produiſoit un effet ſemblable à celui de la nature. Enfin ſi ces deux faits ne ſont pas encore ſuffiſans ; en voici un troiſième qui lève abſolument toute eſpèce de difficulté, & met la choſe dans la plus grande évidence.

N°. 87. Lave poreuſe rougeâtre, dont la pâte eſt lardée de pluſieurs petits fragmens de verre noir de Volcan, de véritable pierre obſidienne étroitement amalgamée, ce qui ſuppoſe un feu violent. Le deſſus de cet échantillon eſt plein de mamelons qui ne ſont autre choſe que le produit du feu, qui a fait couler en gouttes la lave poreuſe, tandis que le côté oppoſé, entièrement cellulaire, eſt recouvert d'une multitude de paillettes de fer cryſtalliſé, brillant, ſemblable pour la forme & pour la qualité à celui de *Volvic*.

Ce morceau curieux pris au Véſuve, par M. Beſſon, a été tiré des parois même du cratère formé par la dernière éruption de 1778.

Ce Naturaliſte en poſsède encore quelques-uns dans le même genre, entr'autres, un beaucoup plus conſidérable, remarquable par la configuration de la lave, qui à l'époque de ſa fuſion, paſſant par quelque filière étroite, pleine d'aſpérités, a adopté une forme comprimée garnie de cannelures longitudinales, qui donnent à ce morceau l'apparence d'écorce d'arbre. Toutes les ſtries de cette lave ſont garnies de petits cryſtaux brillans de fer ſpéculaire.

Enfin j'ai vu chez M. Beſſon un troiſième échantillon, où le fer micacé a une teinte chatoyante rougeâtre, tirant ſur le plus beau bronze poli.

Tous ces morceaux ayant été tirés de la bouche du Véſuve, il n'eſt pas douteux que le feu des Volcans n'ait ſublimé le fer qui s'attachoit en petits cryſtaux dans les fiſſures où on le rencontre; mais comme ce fer n'eſt commun ni dans les Volcans éteints ni dans ceux qui brûlent actuellement, il eſt à préſumer qu'il faut la réunion de pluſieurs circonſtances pour le produire.

Il n'eſt plus douteux, d'après tous ces faits, que les cryſtaux de fer micacé qui ſe trouvent ſur la lave altérée de *Volvic*, n'aient l'origine que je leur avois attribuée.

LAVES AVEC DU FER EN HÉMATITE.

Ferrum hæmatites intractabile rubricans, glandulosum, fragmentis concentratis. Linn. syst. nat. 1768, *pag.* 140, *n°.* 22.

Minera ferri calciformis indurata nigrescens, vel rubrâ, vel flavâ. Cronst. §. 204, 205, 206.

Ferrum ochraceum mineralisatum, minera rubrâ, durâ, ut plurimum figuratâ, magneti refractoriâ. Hæmatites ruber. Wall. min. 1778, *ep.* 331.

Sage, Elemens de Minéralogie II, pag. 192, *espec. X.*

Demeste, Lettres, vol. 11, *pag.* 308, *espec. XIV.*

De Romé de Lisle, Chrystallographie, Tom III, espèce VII, pag. 279.

L'hématite est une mine de fer formée à la manière des stalactites, c'est-à-dire, une mine dont les molécules ayant été tenues en dissolution par un fluide, se sont ensuite déposées & réunies à la manière des stalactites, en affectant tantôt des formes mamelonnées, coniques, cylindriques, &c. d'autres fois des formes bizarres & irrégulières, &c. La couleur de l'hématite est en général noire ou brune, rouge ou pourpre ; sa dureté varie également, il y en a qui est cassante, ou friable, parce qu'elle entre en décomposition ; d'autre qui eſt d'une dureté extrême & qui eſt ſuſceptible de recevoir le plus beau poli.

Les hématites dont je vais faire mention offrent un fait remarquable en hiſtoire naturelle ; elles n'ont point été ſaiſies accidentellement par les laves, mais elles ont été formées en place , au moyen des molécules ferrugineuſes que le fluide aqueux a détachées des produits volcaniques décompoſés. J'ai fait le premier cette remarque, & je l'ai appuyée de faits ſi démonſtratifs à l'aide des beaux échantillons que j'ai recueillis & qui ont été vus par un grand nombre de Naturaliſtes, (1) que cette vérité eſt dans tout ſon jour, particulièrement pour ceux qui ſeront à portée d'aller viſiter les lieux où l'on trouve ces curieuſes hématites.

La butte volcanique où elles exiſtent eſt ſi intéreſſante à connoître, que j'ai penſé que la deſcription n'en ſera pas déplacée ici.

» (1) Je dois à l'amitié de M. Faujas, dit M. de Romé » de Liſle , un très-rare morceau d'hématite brune mame- » lonnée, formée par le fer qui s'eſt ſéparé des laves, de la » montagne des environ de Polignac, échantillon d'autant plus » intéreſſant, que la lave poreuſe y eſt encore adhérente «. *Cryſtallographie*, *Tom. II*, *pag.* 655.

Cette colline, qui fait face à la tour du Château *de Polignac* en Velai, & qui en eſt à une très-petite diſtance, eſt diſpoſée de manière qu'il ſemble que la nature l'ait placée dans la poſition où elle eſt, pour l'inſtruction des Naturaliſtes.

Elle eſt ſituée dans un petit vallon entouré d'autres montagnes, & cet emplacement abſolument compoſé de laves poreuſes de diverſes couleurs, a été probablement un vaſte *cratère* abîmé. La colline qui a environ quatre cens pieds d'élévation eſt taillée à pic, de ſorte qu'on a la facilité d'examiner par-là ſa contexture intérieure. Comme j'ai mis le tems néceſſaire pour l'étudier avec la plus grande attention, & que j'ai eſcaladé, non ſans danger, les parties les plus eſcarpées, pour voir de très-près les matières qu'elles renferment, voici les notes que j'ai priſes ſur les lieux en partant de la ſommité & en deſcendant juſqu'à la baſe.

1°. Tout le couronnement de la colline eſt formé par diverſes coulées de baſalte, adaptées les unes ſur les autres en manière de grands bancs; ce baſalte eſt noir, dur, mais un peu rouillé; ſa contexture eſt inégale & raboteuſe, & il ſe détache facilement en éclats, ce qui eſt occaſionné par l'altération qu'il a éprouvée.

2°. On trouve après le baſalte des maſſes d'une épaiſſeur énorme de laves poreuſes, légères, torſes, entremêlées les unes avec les autres : cette eſpèce d'aſſiſe règne dans toute la longueur de l'eſcarpement ; les laves poreuſes qui la compoſent ſont de diverſes couleurs ; il y en a de brunes, de jaunâtres, de griſes, &c : elles ont éprouvé un degré aſſez conſidérable d'altération, car elles ſont tendres, friables & un peu argileuſes ; elles ont cependant conſervé leur forme : quelques-unes renferment du ſchorl noir qui eſt reſté intact, quoique la lave ait été attaquée.

3°. Comme rien ne ſe perd dans la nature, les molécules ferrugineuſes ſi abondantes dans les laves, ayant été miſes en liberté dans l'inſtant où la force d'adhéſion a été détruite, c'eſt-à-dire, lorſque la lave a perdu ſa dureté, dès-lors le fluide aqueux s'en eſt emparé, & les a dépoſé dans les vides & dans les cavités voiſines, tantôt ſous forme d'hématites mamelonnées, dures, noires & luiſantes, tantôt en eſpèce de dépôt ferrugineux moins adhérent, & d'autres fois en *géodes* ou *aétites* vides ou pleines d'une terre ocreuſe jaunâtre.

4°. C'eſt après ces laves en partie décolorées & mêlées de ſédimens ferrugineux, qu'on voit un autre amas de laves poreuſes, diſpoſé en manière de grand banc, qui ſe prolonge dans toute la longueur de la colline: ces laves ſont légères, & ſi fort décolorées, qu'on en trouve pluſieurs d'un véritable blanc de lait; elles ont conſervé leur forme, mais elle ſont tendres, friables & farineuſes, tandis qu'on en voit d'autres également blanches, qui-ont plus de dureté: on peut ſuivre dans cette eſpèce de banc les dégradations de couleur, depuis le gris juſqu'au blanc le plus éclatant ; l'on trouve encore ici quelques *géodes* ferrugineuſes, mais elles ſont moins communes que dans le dépôt ſupérieur.

5°. Les laves décolorées ſont ſuivies de gros fragmens irréguliers d'une eſpèce de pierre qui reſſemble à la pierre calcaire blanche ordinaire des environs de Paris: toutes ces pierres qui ſont abondantes, ont leurs angles émouſſés & arrondis; quelques-unes ſont friables & argileuſes, d'autres ſont ſolides & ont la dureté des pierres calcaires communes. Elles ſont très-blanches, mais leur ſurface extérieure eſt recouverte d'une ſubſtance ocreuſe jaunâtre: ces pierres qui ne ſont qu'une véritable lave compacte altérée, ſont mêlées avec quelques laves poreuſes qui ont également perdu leur couleur.

6°. Enfin, c'eſt après toutes ces matières qu'on trouve divers bancs irréguliers, ou plutôt des eſpèces de dunes fort épaiſſes, d'une terre argileuſe d'un gris verdâtre, peu liante, mais happant néanmoins fortement la langue, ne contenant aucun corps hétérogène. Cette dernière matière n'eſt qu'une décompoſition plus achevée des mêmes produits volcaniques.

D'après ce tableau, que je ne ſaurois trop exhorter les Amateurs de cette partie de l'hiſtoire naturelle d'aller étudier, il eſt probable à mes yeux que c'étoit ici une eſpèce de *ſolfaterra* ſous-marine, c'eſt-à-dire, qui brûloit à l'époque où cette partie du continent étoit ſous les eaux. Le fer détaché des laves, & dépoſé ſous forme d'hématite, annonce inconteſtablement le travail lent & ſucceſſif des eaux; mais comme celles de la mer, malgré l'acide qu'elles contiennent, n'auroient pas eu le pouvoir de décolorer ainſi ces laves, & que d'ailleurs celles du voiſinage ſont ſaines; il eſt à préſumer qu'il s'eſt élevé, dans cette partie, des émanations qui partant de bas en haut, attaquoient

attaquoient d'abord les laves les plus voiſines, & les convertiſſoient en argile. Ces émanations ne portoient leur action que juſqu'à la hauteur où les laves ſont décolorées, & ſe trouvant affoiblies dans les parties ſupérieures, elles n'agiſſoient que légèrement ſur le baſalte qui forme le couronnement de la colline remarquable que je viens de décrire ; & ſi les hématites ne ſe trouvent pas par-tout, c'eſt qu'il eſt évident que les émanations qui s'élevoient de bas en haut, portant leur force & leur action principale vers la baſe de la colline , les molécules ferrugineuſes y ont éprouvé d'autres modifications. La choſe eſt ſi vraie, que toute cette baſe de matière volcanique argileuſe , quoique peu riche en apparence en fer, en contient néanmoins une très-grande quantité, ainſi que je l'ai éprouvé par l'analyſe.

N°. 88. Lave poreuſe & argileuſe griſe bien caractériſée, & adhérente à une belle couche d'hématite noire , mamelonnée, luiſante, dure, faiſant feu avec le briquet; morceau des plus extraordinaires & peut-être unique en ſon genre, par les difficultés qu'il y a de trouver ſur la butte que je viens de faire connoître, & dont cet échantillon a été tiré, des hématites adhérentes à la lave.

Longueur, 4 pouc. 6 lig.

Largeur, 4 pouc.

Epaisseur, 1 pouce.

De la colline qui fait face au Château de Polignac en Velai.

N°. 89. Autre hématite d'un brun foncé, friable, formée par une espèce de fer limoneux, dont la superficie est couverte d'une multitude de petites cavités arrondies qui paroissent être une ébauche de crystallisation.

Long. 2 pouces.

Larg 1 pouc. 11 lig.

Epaiss. 6 lign.

Du même lieu.

N°. 90. Hématite de forme ovale, de trois pouces six lignes de longueur, dans son grand diamètre, & de deux pouces, dans son petit, dont la croûte est formée par diverses couches d'un brun noirâtre; mais dont l'enveloppe extérieure est d'un brun jaunâtre. Cette *géode* qui est d'une belle conservation n'a point été ouverte; on sent en l'agitant qu'elle est pleine d'une substance sablonneuse, mais cette matière, ainsi que j'ai été à portée d'en juger par d'autres *géodes* ſemblables que j'ai ouvertes, n'eſt qu'un dépôt ferrugineux, friable & terreux.

Du même lieu que le précédent.

N°. 91. *Géode* ferrugineuſe, dure, compacte, de forme ovale, dont l'intérieur eſt chambré, mamelonne, ramifié, c'eſt-à-dire, garni de petits filets cylindriques qui courent en divers ſens dans la géode recouverte, tant en-dedans qu'en-dehors, d'une couche farineuſe d'ocre jaune.

Longueur, 3 pouces.

Largeur, 2 pouces 2 lignes.

Epaiſſeur, 1 pouce 6 lignes.

Profondeur de la cavité de la géode, 1 pouce 2 lignes.

Du même lieu.

L'on trouve des géodes & quelquefois des hématites produites par le fer des laves, dans les montagnes volcaniques, voiſines de la Chartreuſe de *Brives, non-loin du Puy en Velai, à Rocheſſauve*, & dans les environs de *Pampelonne en Vivarais.*

LAVES AVEC DES GÉODES DE CALCÉDOINE CONTENANT DE L'EAU.

Chalcedonius globoſus, globis inanibus ſolutis,

partim aqua foetis, è Galzignario territorii Vicentini. Litoph. Born. 11, *pag.* 74.

Ferber, Lettr. sur l'Italie, pag. 24.

Demeste, Lettr. vol. 1, *pag.* 474.

De Romé de Lisle, Crystallographie, Tom. III, page 142.

La colline volcanique de Vicence, qui conduit *à la Madonna di monte Berico*, est composée d'une lave grise, compacte & pesante, mais tendre, friable & passant à l'état argileux: l'on reconnoît quelques grains de schorl noir, qui ont été attaqués par le même agent qui a altéré la lave, & ce schorl qui est terne, se réduit facilement en poudre. Une grande quantité d'agathes blanches demi-transparentes, rapprochées des calcédoines, dont plusieurs, qui sont de forme irrégulière, ont un pouce & demi & jusqu'à deux pouces de longueur, sur un diamètre plus ou moins grand; celles-ci sont en géral rompues, ou sans eau; l'intérieur en est mamelonné. Mais l'on en trouve d'autres de figure ronde ou ovoïde, beaucoup moins grosses, qui sont pleines d'eau; leur enveloppe est ordinairement grossière, terne & comme rongée; c'est pourquoi l'on a attention, lorsqu'on veut les monter en bague, de les faire polir; & alors elles ont de l'éclat &

assez de transparence pour qu'on puisse voir avec la plus grande facilité l'eau qui s'y trouve renfermée. Mais si cette eau trouve la plus légère issue, elle disparoît bientôt. Il faut également garantir ces *enhydres* du grand froid, parce que la gelée faisant dilater l'eau, cette dernière rompt ses barrières. J'ai vu de ces calcédoines qui, conservées avec soin, avoient encore toute leur eau après plus de vingt ans.

C'est l'eau qui est renfermée dans ces calcédoines qui leur a fait donner le nom d'*enhydri*, qu'on a traduit en françois, par celui d'*enhydres*: » Cet eau, dit M. Fougeroux de » Bondaroy, dans un Mémoire sur les géo- » des, lu à l'Académie des Sciences en 1777, » a presque rempli la capacité de ces opales: » il est resté une bulle d'air qui a produit le » même effet que dans les tubes qui servent » de niveau. Une preuve que cette bulle est » de l'air qui nage dans l'eau, c'est qu'en » tournant la pierre, la bulle, plus légère » que l eau, monte & gagne la partie la plus » élevée de la pierre: si vous la retournez, » la bulle du bas où vous l'avez portée re- » monte encore à la partie supérieure de » l'agate. La bulle change un peu de forme » dans les différens mouvemens qu'on lui

» fait éprouver. Enfin ces pierres produifent
» le même effet que les niveaux d'eau à bulle
» d'air, p. 684, Mém. de l'Acad. pour 1776«.
Cette explication, qui eft très bonne, eft conforme à celle que M. de Romé de Lifle avoit donnée en 1772, dans fon Effai de Cryftallographie, au fujet des gouttes d'eau qu'on trouve dans quelques cryftaux de roche.

N°. 92. Calcédoine ronde, d'un beau poli, d'une couleur laiteufe femblable à celle de l'opale, ayant dix lignes de diamètre & contenant de l'eau limpide qui occupe plus des trois quarts de la capacité de la géode, dont l'enveloppe tranfparente permet qu'on la diftingue facilement.

Des environs de Vicence.

J'ai vu dans le Cabinet de M. le Duc de Chaulnes, une très-belle calcédoine orientale, en partie d'un blanc laiteux, & en partie d'une couleur d'ambre jaune, taillée en cabochon, & d'un beau poli, renfermant dans fon centre une goutte d'eau de plus de cinq lignes de longueur, fur trois lignes de diamètre. Elle exifte en cet état depuis plus de trente ans; elle fut apportée d'Egypte à M. le Duc de Chaulnes, père; mais l'on n'a pas tenu une note du lieu où elle a été trouvée.

N°. 93. Calcédoine de forme oblongue & irrégulière, plus confidérable que la première, quoique de la même pâte & de la même couleur ; celle-ci étant ouverte, l'on a la facilité de voir la partie intérieure qui eft garnie de petits mamelons à furface polie, de la même matière que la calcédoine.

Longueur, 1 pouce 6 lignes.
Largeur, 1 pouce.
Epaiffeur de l'enveloppe, 4 lignes.
Du même lieu.

Calcédoine en goutte.

N°. 94. Calcédoine d'un blanc laiteux, tirant fur l'opale, d'un poli gras, difpofée ordinairement en gouttes lenticulaires ou en mamelons applatis & irréguliers.

Cette variété fe trouve fur la poix noire minérale qui recouvre la lave altérée du Puy de la Pege en Auvergne.

Calcédoine en fragmens irréguliers.

N°. 95. Calcédoine laiteufe demi-tranfparente, en fragmens irréguliers, qui paroît avoir été détachée d'un plus gros morceau.

Longueur, 1 pouce.

Largeur, 10 lignes.

Epaiſſeur, 6 lignes.

Trouvée dans la lave boueuſe du courant inférieur qui eſt au bas du Château de Rochemaure en Vivarais.

Silex, pierre à fuſil.

N°. 96. Silex; pierre à fuſil, jaunâtre, demi-tranſparente.

Longueur, 1 pouce 6 lignes.

Largeur, 1 pouce.

Epaiſſeur, 10 lignes.

Dans la lave boueuſe de Rochemaure en Vivarais.

Jaſpes de diverſes couleurs.

N°. 97. Jaſpe jaunâtre, groſſier, en fragmens irréguliers enveloppé dans les laves boueuſes de *Rochemaure en Vivarais.*

Dans celles des environs de la Chartreuſe de Brives en Vélai.

N°. 98. Jaſpe rougeâtre, en fragment irrégulier.

Dans la lave boueuſe de Rochemaure.

N°. 99. Jaſpe brun, en cailloux roulés.

Dans la lave boueuſe de Rochemaure.

Dans les laves altérées des environs de la Chartreuſe de Brives en Vélai.

Bleu de montagne.

Ochra cupri pulverea cœrulea. Linn. ſyſtema nat. pag. 192. *n°.* 4.

Cœruleum montanum terreum ant lapideum. Wal. min. 1, *edit. ſp.* 270, 1 & 2, *id.* 1778, *p.* 289, *ſp.* 359, *b. f.*

Minera cupri calciformis impura friabilis vel indurata. Cronſt. §. 196, *a. b.*

De Romé de Liſle, Cryſtallographie, Tom. III, pag. 356, *eſpec. VIII.*

Le bleu de montagne n'eſt abſolument qu'une chaux cuivreuſe, dépoſée par les eaux, dans une matrice, tantôt terreuſe, tantôt pierreuſe. Cette mine de cuivre doit être regardée comme une mine de tranſport, c'eſt-à-dire, comme une modification & un déplacement de la matière cuivreuſe remaniée par les eaux.

M. Ferber fait mention dans ſes Lettres ſur la Minéralogie de l'Italie, page 221, n°. 15, *du bleu & du verd de montagne ſuperficiel ſur du quartz & du ſpath calcaire du Véſuve:*

mais comme ce naturaliſte n'a vu ce bleu de montagne que dans des collections des produits volcaniques du Véſuve, faites à Naples par des Marchands de laves ou par des Amateurs qui achètent ſouvent de ces Marchands, & que je n'avois jamais pu voir moi-même de ce bleu de montagne adhérent encore à des matières volcaniques, j'étois déterminé à n'en point faire mention, juſqu'à ce que des échantillons à l'abri de toute ſuſpicion me fuſſent tombés entre les mains, & l'on en étoit à l'impreſſion de la pag. 248, de ce livre, lorſqu'en viſitant la riche Collection de M. Beſſon, je lui demandai s'il avoit trouvé du bleu de montagne ſur le Véſuve, parce que je ſavois que ce naturaliſte avoit viſité avec ſoin ce Volcan. Il me fit voir alors deux échantillons de bleu de montagne, dont l'un étoit ſur une baſe de quartz très-ſain & d'une belle conſervation; mais étant iſolé & nullement enveloppé de lave, il n'étoit pas poſſible d'aſſurer s'il avoit été rejetté par le volcan; & M. Beſſon en convint d'autant plus volontiers, que ce morceau lui ayant été donné à Naples, lui paroiſſoit ſuſpect à lui-même. Mais quant au ſecond, qui n'avoit pas la même fraîcheur, il m'aſſura l'avoir ramaſſé lui-même, non ſur le Véſuve, mais parmi les laves d'*Albano*.

N°. 100. Mine de cuivre, de l'eſpèce nommée *azur* ou *bleu de montagne*, dans un granit groſſier, composé de quartz, de feld-ſpath blanchâtre & de mica noir ; la chaux cuivreuſe bleue a été dépoſée dans les interſtices de ce granit, ainſi que ſur ſa ſurface intérieure ; il paroît même que le quartz fortement chauffé, eſt plus ſec & plus âpre au toucher que le quartz intact ordinaire. Il eût été à déſirer que M. Beſſon eût tiré cet échantillon des produits volcaniques d'*Albano*, en conſervant la lave adhérente.

Long. 3 pouces.

Larg. 1 pouc. 9 lig.

Epaiſſ. 1 pouce.

Trouvé dans la lave griſe boueuſe d'Albano, dans laquelle il y a des fragmens de pierre calcaire, du marbre, du ſchorl & du mica. C'eſt cette lave que les Italiens déſignent ſous le nom de peperino.

Du Cabinet de M. Beſſon.

ROCHE MICACÉE MÉLANGÉE DE DIVERSES SUBSTANCES, ET ENVELOPPEE DANS LA LAVE DE *LA SOMMA* AU VÉSUVE.

L'on trouve parmi les anciennes laves du

Véſuve, dans la partie de la *Somma*, des fragmens d'une roche mélangée, très-remarquable, & d'autant plus digne d'attention, que je ne crois pas qu'elle ait été encore remarquée autre part qu'au Véſuve, & qu'on ne l'a point trouvée en maſſe & en nature à l'extérieur de la terre, ni même dans les excavations des mines les plus profondes.

Comme je m'étois impoſé la loi, dans la Lithologie des Volcans, de ne parler abſolument que des pierres ou autres matières qu'on trouve annexées à la lave qui les a enveloppées, de manière qu'il ne puiſſe y avoir aucun doute que ces matières n'aient été arrachées de la terre par les feux ſouterains, j'attendois d'avoir trouvé des échantillons de la roche en queſtion encore adhérens à la lave, pour publier quelques détails ſur cette pierre, aſſez abondante au pied de la *Somma*, mais peu commune dans la lave même. C'eſt par-là que je finirai le Chapitre des laves avec des corps étrangers.

N°. 101. *Roche micacée, mélangée de diverſes ſubſtances, variée par le grain, la couleur & la dureté, & par les matières qui entrent dans ſa composition; enveloppée dans une lave cellulaire en scorie de la Somma au Vésuve.*

Rien n'est aussi difficile que de donner une description précise & satisfaisante de cette pierre : ceux qui la connoissent & qui l'ont étudiée, verront sans doute que j'ai tâché d'en saisir les caractères avec soin; mais ceux qui n'ont pas été à portée de l'observer, en prendront difficilement une idée, d'après ce que je vais en dire, tant elle est variée & pour ainsi dire bisare, par la multitude de matières qui sont entrées dans sa composition.

Cette pierre, qui est pesante, est compacte dans certaines parties, tandis qu'elle offre dans d'autres, des fissures, des vides, des espèces de nids tapissés par de brillantes crystallisations ; son grain est lamelleux, spathique, brillant, mais adhérent, & sa couleur est nuancée de blanc, de gris, de brun, de rougeâtre, de verd tendre, de verd foncé, & de parties micacées chatoyantes.

La base de sa pâte est formée par le spath calcaire blanc ou jaunâtre, mélangé quelquefois de petites lames de fer spéculaire attirable à l'aimant, de stéatite verte, de terre quartzeuse, de terre pesante, de terre argileuse. Chacune de ces matières est tantôt séparée par bandes, par petites zones, ou par paquets, & tantôt elles sont toutes réunies, confondues & comme amalgamées, & ne font alors qu'une seule & même masse. Les morceaux de cette pierre qui ont été rejettés par le volcan, sont souvent enveloppés de fragmens de marbre blanc, ou de spath calcaire de la même couleur, que le fluide aqueux a déposés contre la roche micacée; quelquefois on y rencontre de la pierre calcaire grise étroitement soudée contre la matière argileuse. Enfin, cette singulière brèche mixte offre divers systêmes d'arrangement, d'ordre & de disposition dans les matières dont elle est formée.

En observant avec soin les cavités irrégulières, les fissures & les vides qui s'y rencontrent, l'on y distingue:

1°. Des grenats transparens à 36 facettes, & d'un rouge pâle, entremêlés avec des hyacinthes brunes.

2°. Des grenats à 24 facettes trapezoïdales, dont plusieurs sont d'un blanc crystallin, & d'autres qui tirent sur la couleur de la chrysolite. Vid. de Romé de Lisle, Variété 4, pag. 330, Tom. II, de la Crystallographie. *Ce sont*, dit ce Naturaliste, *ces mêmes grenats décolorés par la perte de leur principe martial, & plus ou moins décomposés & même à demi-vitrifiés, qu'on trouve répandus en si grande quantité dans les laves des anciens Volcans d'Italie.*

3°. Des hyacinthes brunes. Variété 2, p. 290, Tom. II, de la Cryſtallographie.

Des hyacinthes d'un brun clair, à dix-huit facettes. *Variété 3, p. 291, Cryſtallo.*

Autres hyacinthes d'un brun jaunâtre à facettes plus multipliées par les troncatures. *Variété 4, pag. 292, Planche IV, figure 123, Cryſtallo.*

Autres en ſegmens de priſme à ſeize côtés. *Plan. IV, fig. 128, du même livre.*

4°. Emeraude priſmatique, d'un verd noirâtre & quelquefois de couleur blanche cryſtalline ou d'un violet pâle, en priſme hexaèdre ou dodécaèdre tronqué. Cette variété de l'émeraude ſe trouve mêlée & confondue parmi les grouppes d'hyacinthe. *Demeſte, Lettres, vol. I, pag. 428, eſp. VII. De Romé de Liſle, Cryſtallographie. Variété 3, pag. 254, du Tom. II.*

5°. De petits cryſtaux d'un verd noirâtre très-foncé, peu diaphanes, que M. de Romé de Liſle a rangés dans la claſſe des ſpaths fuſibles & qu'il a décrits dans les Variétés 4 & 5, eſpèce 2, pag. 20, de ſa Cryſtallographie. Cette variété de ſpath vitreux eſt très-rare. M. de Romé de Liſle eſt le premier qui l'ait reconnue dans un échantillon qui lui avoit été apporté du Véſuve par le Docteur Macquart, mais elle a été retrouvée dans d'autres morceaux de la même roche micacée que M. Beſſon a recueillis lui-même, au pied de la *Somma*.

6°. L'on trouve quelquefois dans la même pierre de petits dépôts de fer micacé attirable à l'aimant, diſſéminé en paillettes brillantes & quelquefois en petits cryſtaux octaèdres.

7°. Du ſchorl priſmatique, & du ſchorl dodécaèdre verdâtre ou noir.

8°. Du ſpath calcaire blanc lamelleux.

9°. Du mica noir ou vert.

10°. De la ſtéatite verte lamelleuſe.

11°. Du quartz blanc ou jaunâtre, également diſpoſé en lames irrégulières.

Telles ſont les diverſes matières que j'ai reconnues dans la roche compoſée qu'a rejetté le Véſuve dans la partie de la *Somma*; ces matières ſont tantôt mêlées & confondues enſemble, tantôt elles ſont ſéparées, particulièrement dans les vides & dans les fiſſures. Comme on ne trouve cette eſpèce de brèche que par fragmens, l'on ne peut rien

rien prononcer ſur la manière dont elle eſt placée dans l'intérieur de la terre; tout ce que l'on peut dire, c'eſt que ce mélange eſt fort extraordinaire.

Je finis ici la lithologie des Volcans, elle pourra être augmentée dans la ſuite, parce que cette belle partie de l'hiſtoire naturelle, occupant dans ce moment divers Savans, il réſultera ſans doute des découvertes de leurs recherches, & il ſera facile alors de ranger chaque objet nouveau dans la claſſe qui lui ſera propre.

CHAPITRE XIV.

BASALTES ET LAVES COMPACTES PASSANT A L'ÉTAT DE LAVES CELLULAIRES.

LAVES POREUSES.

LES laves poreuſes doivent leur origine à la lave compacte, au baſalte recuit, & quelquefois à la lave fluide élancée toute bouillante hors des cratères, qui, tombant & retombant pluſieurs fois dans les bouches embrâſées de Volcans, ſe bourſouffle & ſe crible de pores.

L'art peut imiter en petit, ce que la nature exécute en grand.

L'on eſt en uſage dans quelques parties du *Vivarais* & du *Dauphiné*, voiſines de la côte du Rhone, depuis le village de *Meiſſe*, juſqu'au-deſſous du *Theil*, de revêtir les parois des fours à chaux, avec des blocs de baſalte, faute de grès, & quoique cette lave compacte ſoit ſujette à couler, comme les maſſes en ſont très-épaiſſes, ces fours peuvent durer encore 15 à 18 mois.

J'ai ſouvent étudié l'intérieur de ces petites fournaiſes, qu'on peut regarder comme des eſpèces de volcans en miniature, & j'y ai recueilli quelques obſervations qui ne ſont pas à négliger.

Variété 1. *Baſalte paſſant à l'état de lave poreuſe par le moyen de l'art.*

Quoique cet échantillon ſoit l'ouvrage de l'art, il n'en eſt pas moins propre à répandre du jour ſur la théorie des laves poreuſes. Il a été tiré des fours à chaux qui exiſtoient alors à côté du Château de *Serdeparc*, à demi-lieue de *Montelimar* ſur la route de Dauphiné. L'on voit dans cet échantillon des parties où la lave eſt encore baſaltique ; tandis que le reſte eſt entièrement changé, par l'action du feu, en lave poreuſe noire. Comme ce baſalte renfermoit du ſchorl noir, l'on reconnoît que ce dernier a été fondu & vitrifié ſans qu'il ſe ſoit mêlé pour cela avec la ſubſtance baſaltique.

Le paſſage du baſalte & de la lave compacte, à l'état de lave poreuſe, s'eſt fait ici par gradation ; car les cellules ſont d'une fineſſe extrême dans certaines parties, beaucoup plus grandes dans d'autres, & très-considérables dans les côtés exposés au feu le plus violent. Ce passage ne sauroit donc être plus clairement démontré que par ce morceau, d'autant plus digne de confiance, qu'on y voit un fragment de brique que ce basalte s'est approprié en coulant, & qu'il a enlevé des parois de ce four, anciennement revêtu en briques. L'on peut voir que ce fragment n'a changé ni de caractère, ni de couleur, ce qui annonce qu'il faut un feu bien plus considérable pour fondre certaines argiles que pour faire couler le basalte.

Long. de l'échantillon, 3 pouces.

Larg. 2 pouc. 6 lig.

Epaiss. 1 pouc. 9 lig.

Variété 2. Basalte passant à l'état de lave poreuse sur les parois des bouches volcaniques.

C'est sur la montagne de la *Coupe*, au *Colet d'Aisa*, qu'on voit d'une manière démonstrative la transmutation du basalte en laves poreuses; cet échantillon tiré de ce *cratère* est remarquable, en ce qu'on reconnoît très-bien le grain, la couleur & la pesanteur du basalte, quoiqu'il soit criblé de pores. Il y a tout lieu de présumer qu'un coup de feu aussi violent que rapide mit le basalte dans cet état, mais que ce feu n'ayant pas été soutenu, la pâte basaltique se figea avant que les cellules fussent entièrement développées & qu'elles eussent gagné la totalité de la lave dont les pores sont très-inégalement disposés.

Long. 4 pouc. 6 lignes.
Larg. 3 pouc. 8 lignes.
Epaiss. 2 pouces.

Variété. 3. Même passage plus avancé.

Morceau tiré du *cratère de Montbrul*, d'autant plus intéressant que la lave compacte dont il est formé, de couleur un peu bleuâtre, paroît sous forme basaltique au premier aspect. Mais en l'examinant avec soin, l'on reconnoît que le basalte est percé d'une multitude infinie de pores très-fins. Ici le feu a été mitigé, mais long-tems soutenu. Une des faces supérieures de ce bel échantillon ayant été plus fortement chauffée a formé une espèce d'écume rougeâtre, qui n'est que le basalte lui-même converti en lave poreuse des plus spongieuses, dont la couleur eſt due à l'altération des molécules ferrugineuſes.

Longueur, 3 pouces 6 lignes.
Largeur, 3 pouces 2 lignes.
Epaiſſeur, 1 pouce.

Variété 4. Lave poreuſe à cellules ovales.

J'ai cru qu'il ne falloit pas négliger ce caractère dans la forme des pores, parce que je l'ai remarqué aſſez conſtamment dans certaines laves, tandis que la plupart des autres ont leurs pores irréguliers.

Celle ci doit être regardée encore comme un baſalte poreux, parce que quoique cellulaire, elle a encore le grain baſaltique, & qu'elle eſt peſante. Elle paroît avoir séjourné ſous les eaux, car on y voit un gros nœud de ſpath calcaire blanc très-cryſtallin d'un pouce 4 lignes de longueur, ſur un pouce de largeur.

Des Monts Couérou, dans la partie ſupérieure de Cheidevant.

Dans les Volcans éteints d'Evenos, en Provence; dans ceux d'Agde, en Languedoc, &c.

Longueur, 4 pouces 9 lignes.
Largeur, 3 pouces 3 lignes.
Epaiſſeur, 1 pouce 4 lignes.

Variété 5. Lave poreuſe d'un gris bleuâtre, à petits pores oblongs irréguliers, dans laquelle on diſtingue des eſpèces de petites couches, & des linéamens qui rappellent l'idée du bois pétrifié ; c'eſt le baſalte ligneux, Eſpèce VIII, page 59, plus fortement chauffé, & converti en lave poreuſe. L'on en trouve de la même eſpèce dont la couleur varie, étant quelquefois noire, d'autres fois brune ou rougeâtre.

Du cratère de Montbrul.

Longueur, 4 pouces.

Largeur, 2 pouces.

Epaiſſeur, 1 pouce & demi.

Variété 6. *Lave poreuſe rougeâtre, torſe.* Cette lave a ſes pores irréguliers, d'une grande fineſſe, & ce morceau ſingulier par ſa forme diſpoſée en manière de corne renferme un noyau de granit. Les laves torſes offrent une multitude d'accidens dûs à des circonſtances locales, & c'eſt dans cette variété qu'on peut ranger les laves qui imitent des cables, ou qui en paſſant par des fiſſures qui leur ont ſervi de filières, ont pris quelquefois des formes biſarres.

Longueur, 4 pouces 3 lignes.

Largeur, 2 pouces.

Epaiſſeur, 1 pouce.

Du cratère de la Coupe au Colet d'Aiſa. Du Véſuve, à l'Etna & dans preſque toutes les bouches des Volcans brûlans, & des Volcans éteints.

Variété. 7. *Lave poreuſe gris-de-lin à grandes cellules oblongues irrégulières.* L'intérieur de quelques-uns des vides, paroît avoir reçu une eſpèce de vernis jaunâtre, ce qui a été occaſionné par la fuſion de la matière, tandis que d'autres cellules ſont pleines d'une ocre ferrugineuſe rouge produite par la lave elle-même, convertie en ſubſtance terreuſe, ce que j'aurai occaſion de développer plus au long.

Longueur, 3 pouces & demi.
Largeur, 2 pouces 3 lignes.
Epaiſſeur, 1 pouce.
Du cratère de Montbrul.

Variété 8. *Lave poreuſe bleue, légère, à pores irréguliers.* Celle-ci renferme ſouvent des nœuds de chryſolite. C'eſt une des plus belles & des plus rares variétés de laves poreuſes.

Longueur, 3 pouces.
Largeur, 2 pouces.

Epaiſſeur, 1 pouce 3 lignes.

Du cratère de Montbrul.

Variété 9. Lave poreuſe gris-de-fer, légère & à petits pores parfaitement ronds ; elle eſt rapprochée, par la forme des pores, de la variété 4. Cette lave à pores exactement ronds n'eſt pas commune.

Longueur, 3 pouces.

Largeur, 2 pouces.

Epaiſſeur, 6 lignes.

Du cratère de la Gravene de Montpezat, en Vivarais. A l'Etna, au Véſuve, au Mont Hécla.

Variété 10. *Lave poreuſe légère du noir le plus foncé, à pores contournés & irréguliers.* Ce morceau renferme un noyau de granit.

Longueur, 3 pouces.

Largeur, 1 pouce 6 lignes.

Epaiſſeur, 1 pouce.

De la Gravene de Montpezat, en Vivarais.

Variété 11. *Lave d'un gris bleuâtre, à grandes cellules irrégulières, ſi légère, qu'elle ſe ſoutient ſur l'eau.* L'on trouve cette eſpèce dans le voiſinage de preſque tous les cratères, mais il n'eſt pas ordinaire de la rencontrer ſi légère.

Long. 3 pouc. 6 lig.
Larg. 3 pouc.
Epaiſſ. 1 pouc. 6 lig.
Des environs du Château de Polignac, en Vélai.

Variété 12. *Lave cellulaire blanche à pores irréguliers.* C'eſt ici ſans doute une des plus curieuſes, & des plus intéreſſantes laves ; elle a perdu ſon principe colorant, ſans que ſa forme & ſa contexture intérieure aient éprouvé la moindre altération. Le fer en ſe décompoſant lui a enlevé ſa dureté avec ſa couleur ; auſſi les parties les plus blanches ſont-elles friables, & ſe réduiſent-elles en pouſſière ſous les doigts. Cet échantillon eſt d'autant plus remarquable, qu'ayant été ſcié par le milieu, l'on diſtingue ſur la face intérieure, des parties où la lave poreuſe n'a pas entièrement perdu ſa couleur noire, ce qui la rend plus dure dans ces endroits, tandis que tout ce qui eſt d'une grande blancheur ſe réduit facilement en pouſſière.

Long. 3 pouc. 5 lign.
Larg. 2 pouc.
Epaiſſ. 1 pouc.
De la colline qui fait face au Château de Polignac, en Vélai, à la Solfaterra, à Lipari.

C'eſt pour completter la claſſe des laves poreuſes, que j'ai fait mention de cette dernière, qui, dans le fait, n'étant qu'une lave décolorée par l'acide ſulphureux, devroit être placée dans la ſection des laves décompoſées; mais quoiquelle ait perdu ſa couleur, ſa forme eſt ſi bien conſervée, qu'on ne ſauroit l'exclure de la ſuite des laves poreuſes, dont elle forme une variété très-remarquable; rien n'empêche d'ailleurs que la même lave poreuſe décolorée ne retrouve une place parmi les produits volcaniques décompoſés. Car, je le répète, l'on ne doit pas s'attendre à trouver une marche ſyſtématique invariable & facile à ſaiſir, dans la manière dont la nature a opéré dans des momens de criſe & de convulſion.

CHAPITRE XV.

DES PIERRES PONCES.

LES véritables pierres ponces ont été confondues par la plupart des Naturalistes, avec les scories & les laves cellulaires des Volcans ; personne n'avoit rien dit de positif sur les variétés de cette pierre, & sur les matières qui paroissent avoir donné lieu à sa formation, avant M. le Chevalier Deodat de Dolomieu qui, dans le Voyage qu'il vient de publier sur les Isles de Lipari, entre les dans détails les plus satisfaisans sur cette singulière production des Volcans. Ses observations sont si importantes, que je m'empresserai d'y puiser des faits qui ne peuvent que répandre un grand jour sur cette matière.

» L'Isle de Lipari, dit M. le Chevalier de » Dolomieu, est l'immense magasin qui » fournit les pierres ponces à toute l'Euro- » pe ; cette production volcanique est un » objet d'exportation nécessaire à plusieurs » arts, & quelque quantité qu'on en ait

» enlevée, elles ne paroiſſent pas diminuées;
» pluſieurs montagnes en ſont entièrement
» formées, on les trouve en morceaux iſo-
» lés au milieu des cendres blanches, fari-
» neuſes, (qui ne ſont elles-mêmes que des
» ponces pulvérulentes); on en a ouvert des
» carrières d'une grande étendue en fouillant
» aux pieds des montagnes, & dans les val-
» lées qui les ſéparent, & l'Iſle entière pa-
» roît avoir pour ban cette ſubſtance ſin-
» gulière «. *Voyage aux Iſles de Lipari, pag. 60 & ſuiv.*

Les pierres ponces ont été produites par un feu tel, que la matière dont elles ſont formées, ſur-tout dans les ponces légères, eſt dans un état de frite très-rapproché d'un verre parfait. Leur tiſſu eſt fibreux, leur grain eſt rude & ſec, & ces pierres ont une apparence ſoyeuſe luiſante qui leur eſt propre. Elles ſont beaucoup plus légères que les laves cellulaires ordinaires, moins dures & plus friables.

M. le Chevalier de Dolomieu étant à portée de les examiner en grande maſſe ſur les lieux, en a diſtingué quatre eſpèces qui diffèrent par le grain plus ou moins ſerré, par la peſanteur, par la contexture, & par la diſpoſition des pores. Comme il a eu la complaiſance de m'apporter des échantillons de ces différentes pierres ponces, elles ſeront décrites dans ce Chapitre; mais il eſt bon auparavant de rapporter quelques paſſages du livre de M. le Chevalier de Dolomieu.

» Les pierres ponces, obſerve ce Natura-» liſte, paroiſſent avoir coulé à la manière » des laves, avoir formé comme elles de » grands courans que l'on retrouve à diffé-» rentes profondeurs les uns au-deſſus des » autres autour du groupe des montagnes » du centre de Lipari; elles ſe ſont ainſi » entaſſées en grands maſſifs homogènes ſur » leſquels on cherche toujours à ouvrir les » carrières pour l'exploitation des pierres bon-» nes à bâtir; les pierres ponces peſantes oc-» cupent la partie inférieure des courans ou » des maſſifs, les pierres légères ſont au-deſſus; » arrangement qui leur donne une nouvelle » conformité avec les courans de laves ordi-» naires, dont les laves poreuſes occupent » toujours la partie ſupérieure. Cette diſpo-» ſition prouve encore l'identité de nature » entre les pierres ponces peſantes & ſoli-» des, & celles qui ſont légères & peu con-» ſiſtantes, & elle démontre que cette gran-» de raréfaction, ou cette légèreté n'eſt » point un caractère eſſentiel à ce genre de

» pierres. Les pierres ponces qui sont au
» milieu des cendres représentent les mor-
» ceaux de laves ou compactes ou poreuses
» que les Volcans vomissent & rejettent en
» pierres isolées.

» La fibre prolongée de la pierre ponce,
» est toujours dans la direction des courans.
» Elle est dépendante de la demi-fluidité de
» cette lave qui file comme le verre. M.
» Daubenton est le premier qui ait observé
» que les filets soyeux des pierres ponces
» légères étoient un verre presque parfait.
» Lorsqu'on trouve des morceaux de pierres
» ponces qui ont la fibre contournée dans
» tous les sens, ils ont sûrement été lan-
» cés isolés, & ils ne dépendent d'aucuns
» courans « *Voyage aux Isles de Lipari, pag. 64 & 65.*

Les Naturalistes croient assez généralement, que les pierres ponces sont peu communes dans les Volcans. M. le Chevalier de Dolomieu lui-même dit : » qu'il est bien
» singulier que l'Isle de Lipari & celle des
» Vulcano soient les seuls Volcans de l'Eu-
» rope qui produisent en grande quantité la
» pierre ponce, l'Ethna n'en donne point,
» le Vésuve très-peu, & en morceaux isolés.
» On n'en trouve point dans les Volcans

» éteints de la Sicile, de l'Italie, de la Fran-
» ce, de l'Eſpagne & du Portugal : j'avoue
» cependant que je ne connois pas aſſez les
» productions du mont Hecla en Iſlande,
» pour ſavoir ſi notre pierre s'y trouve en
» abondance «.

Mais il faut attribuer cette diſette apparente de pierres ponces, à deux cauſes La première eſt que l'étude des produits volcaniques eſt encore au berceau, & que ce n'eſt que depuis très-peu de tems que quelques Naturaliſtes commencent à s'en occuper ſérieuſement, & à examiner les objets de près. Il faut donc croire qu'à meſure que cette ſcience fera des progrès, & que les Obſervateurs ſe multiplieront, cette immenſité de Volcans, non imaginaires, mais réels qui ſont diſperſés ſur preſque toutes les parties de la terre, & qui occupent quelquefois ſans interruption des zones immenſes, nous préſenteront non-ſeulement des matières nouvelles; mais il eſt à préſumer qu'on y trouvera abondamment des objets qu'on regarde actuellement comme rares, parce qu'on n'a pas encore viſité un aſſez grand nombre de ces anciennes bouches à feu. Cependant quoique nous ſoyons encore bien pauvres en faits, ſur les Volcans même de l'Europe, l'Europe, nous en avons déjà aſſez, pour ne laiſſer ſubſiſter aucun doute ſur les amas nombreux & conſidérables de pierres ponces qui ont été rejettées, à diverſes époques, du ſein de la terre.

Non-ſeulement l'Iſle de *Vulcano* & celle de *Lipari* nous en offrent les deux plus grands magaſins connus, mais le Véſuve qui n'en produit que des morceaux iſolés depuis quelque-tems, en a rejetté autrefois de grandes quantités ; l'éruption qui détruiſit *Herculanum* & d'autres Villes, en eſt une preuve manifeſte. Un coup-d'œil rapide ſur les matières qui enſevelirent Herculanum, ſervira à nous démontrer que le Véſuve produiſit dans cette terrible éruption, de grandes quantités de pierres ponces. Commençons cet examen par les matières ſituées à la plus grande profondeur, c'eſt-à-dire, par celles qui couvrirent d'abord les rues.

1°. L'aire ou le ſol du Théâtre & des rues eſt recouvert d'une pouſſière fine qui a la couleur des cendres ordinaires, mais qui n'eſt compoſée que de véritables pierres ponces broyées & réduites en pouſſière d'une extrême ténuité, mélangée de quelques élémens calcaires. Cette matière qui reſſemble, à l'œil, à de la cendre ordinaire, n'a rien néanmoins de commun avec la cendre provenue de la combuſtion des végétaux ; & quoique l'illuſtre Buffon ait écrit qu'il exiſtoit beaucoup de véritables cendres dans les Volcans, & *que ce ſont ces cendres qui ont ſervi de fondant pour former le verre de tous les Volcans ; que ces cendres ſont lancées hors du gouffre des Volcans & proviennent des ſubſtances combuſtibles qui ſervent d'aliment à leur feu* (1) ; l'examen attentif d'une multitude d'eſpèces de ces prétendues cendres, me force de m'écarter de cette opinion ; car le baſalte expoſé au feu de nos ſimples fourneaux, s'y convertit bientôt en verre ſans aucune addition, les différentes matières qui entrent dans la compoſition des laves, telles que la terre *quartzeuſe*, la terre *calcaire* & la terre *argileuſe*, ſe ſervent réciproquement de fondant eux-mêmes ſans qu'il ſoit néceſſaire d'un intermède ſalin. Quant aux végétaux qui peuvent, par l'effet de quelque circonſtance locale, être brûlés & convertis en cendre, ils ſont en ſi petite quantité, qu'il me

---

(1) Hiſtoire naturelle des Minéraux, Tom. II, pag. 100, édit. *in*-4.

ſemble qu'ils ne doivent être comptés pour rien : je ne crois pas non-plus *que les pyrites, les bitumes & les charbons de terre, tous les réſidus des végétaux & des animaux étant les ſeules matières qui puiſſent entretenir le feu, il eſt de toute néceſſité qu'elles ſe réduiſent en cendres dans le foyer même du Volcan & qu'elles ſuivent le torrent de ſes projections* (1).

Ce ſont-là, je penſe, de petits moyens pour d'auſſi grandes cauſes; d'ailleurs, les réſidus des pyrites loin de produire une véritable cendre, ne fourniroit qu'une terre minérale; les bitumes ne donneroient pas plus de cendres végétales ou animales; il en ſeroit de même des charbons, ſi on les regardoit comme des bitumes, ou ſi l'on aimoit mieux les conſidérer comme de vaſtes amas de végétaux changés en charbon foſſile. L'on ſait que leur combuſtion fournit une terre demi-vitrifiée plus rapprochée d'une *pouzzolane* factice (2) que d'une vérita-

---

(1) Hiſtoire naturelle des Minéraux, Tom. II, pag. 101, édit. *in*-4.

(2) L'on ſe ſert à Niſmes & dans quelques autres villes de Languedoc & de Dauphiné, de ce réſidu de charbons de terre brûlé; cette eſpèce de cendre, particulièrement

ble cendre alkaline ; mais je doute bien plus encore que les charbons de terre servent d'alimens aux Volcans, car non-seulement j'ai fait connoître dans le *Velai* de grands courans de lave qui reposent presqu'à nud sur des mines de charbon fossile, & qui néanmoins n'en ont pas éprouvé la plus légère altération, mais il existe des mines de charbon où le feu est établi & règne depuis de longs espaces de tems, sans qu'il en soit résulté des effets analogues à ceux des Volcans.

Enfin, si c'étoient des dépôts de charbons fossiles qui alimentent les feux de l'Etna qui brûle depuis tant de siècles, & qui a projetté une quantité si immense de matières fondues, comment concevoir que ces magasins, quelques considérables qu'on les suppose, aient pu ne pas être épuisés par une aussi longue déperdition de principe inflammable ? Il est à présumer sans doute qu'une plus puissante cause met en activité, dans le sein de la terre, le fluide

---

celle qui provient des fours à chaux forme un excellent ciment, lorsqu'on la mêle avec de la chaux.

ignée qui peut être développé de bien d'autres manières. Cette cause nous est cachée, à la vérité, & le sera peut-être encore longtems; mais nos connoissances sur le feu & sur ses différentes modifications, ainsi que sur les combinaisons qui peuvent le produire & l'entretenir, sont encore si peu avancées, quoiqu'il paroisse cependant qu'on commence à se mettre sur la voie, que nos conjectures sur le feu des Volcans seroient encore beaucoup trop prématurées.

Au reste, j'ai moins eu en vue de combattre ici l'opinion de M. de Buffon, dont je respecte & j'admire les hautes connoissances, que de faire voir que les déjections pulvérulentes des Volcans, sont d'une nature absolument différente des cendres ordinaires. Je ne crois pas, au reste, qu'on fût fondé à m'objecter que l'Etna ainsi que le Vésuve offrent sur les bords de leur bouche, quelques substances salines, parce que je ferai voir dans le Chapitre où il sera question de ces différens sels que leur origine paroît tenir à une autre cause.

Je ne nommerai donc pas, *cendres volcaniques*, mais *laves pulvérulentes, de telle ou de telle espèce*, les pierres ponces & autres laves pulvérulentes, excepté que par le mot de cendres volcaniques, on ne veuille entendre une lave triturée réduite en poussière très-fine.

1 . Les pierres ponces pulvérulentes qui tombèrent sur le sol des rues d'*Herculanum*, s'étant refroidies en s'élevant dans l'air, ne portèrent d'abord point avec elles les désastres du feu ; la preuve en paroît démontrée par plusieurs fragmens de bois, intacts & bien conservés, qui ont été ensevelis sous cette poussière volcanique sans être brûlés ni changés en charbon. L'on trouve de ces morceaux de bois bien sains où l'on reconnoît l'espèce, entr'autres divers éclats de bois de pin. Cette première couche de poussière de ponce tombée en manière de pluie, étant humectée par les eaux qui s'y infiltrent, a acquis une certaine consistance de peu de durée, à la vérité, puisqu'à mesure qu'on expose cette matière à l'air & qu'elle se desseche, elle tombe en poussière.

2°. Il paroît que cette pluie de ponces pulvérulentes, fut suivie d'une éruption boueuse, c'est-à-dire, d'un mélange de diverses espèces de laves détrempées dans l'eau bouillante. Il est même à présumer, d'après la position des matières, que le Volcan agissant par secousse & par convulsion,

& d'une manière irrégulière, tantôt les laves boueuſes couloient à grands flots ſur cette malheureuſe ville, tandis peut-être que dans le même-tems il pleuvoit par intervalle des ponces en petits fragmens ou réduites en pouſſière, des laves poreuſes, des ſcories & diverſes eſpèces d'autres matières volcaniques. Ce ſecond dépôt d'un gris jaunâtre, eſt beaucoup plus adhérent que le premier; il renferme des points de ſchorl noir, du mica & quelques élémens calcaires; l'on trouve dans ſa direction & au même niveau les variétés ſuivantes: de la lave griſe terreuſe, composée d'un mélange de ponces plus ou moins réduites en terre, & qui ont pris une aſſez forte conſiſtance parce que l'éruption étoit boueuſe; un poudingue composé de fragmens arrondis de pierres ponces griſes, enveloppées dans un ſable de ponces broyées. Il paroît que les matières ont formé des courans mêlés d'eau, auſſi ont-ils de la conſiſtance & une certaine dureté; le poudingue varie par la couleur; quelquefois les ponces terreuſes qui le composent ſont jaunâtres, & plus ou moins friables.

Ce ſecond dépôt, qui a une grande épaiſſeur, eſt recouvert par un courant composé d'une matière dure, raboteuse, d'un grain sec, ressemblant à certaines espèces de grès; mais cette lave n'est qu'un granit altéré qui passoit à l'état de pierre ponce & qui a coulé ; on y distingue encore de petits crystaux & des lames de feld-spath. C'est ici qu'on trouve du bois calciné & changé en véritable charbon, ce qui prouve que la matière de cette couche étoit embrâsée.

L'on retrouve après cela des amas de ponces pulvérulentes qui recouvrent le tout & qu on regardoit comme des cendres.

Les pierres ponces ont donc joué un grand rôle dans l'éruption fameuse d'*Herculanum*.

Le golfe de *Baye*, près de *Pouzzole*, offre des masses immenses de matières volcaniques où les pierres ponces détruites entrent pour beaucoup ; l'on peut faire dans cette partie des études intéressantes sur les variétés & les accidens de ces ponces, car l'on y en distingue de blanches en filets soyeux, de grises, de noirâtres, & quelques-unes qui contiennent des corps étrangers.

L'on trouve à *Valle de Laqua*, près d'*Ottojano*, des couches épaisses entièrement composées d'une multitude de petits fragmens irréguliers de pierres ponces blanches légères, dont les pores sont rapprochés; c'est ce qu'on nomme ſur les lieux *rapillo*, ou *lapillo de ponces*. Ces petites pierres ponces ainſi accumulées ont leurs angles bien conſervés, ce qui prouve qu'elle n'ont pas été arrondies par le frottement, ainſi qu'on en trouve quelquefois d'autres dont les angles ont été uſés.

La colline où eſt le tombeau de la famille des *Naſon*, dans les environs de Rome, renferme des pierres ponces noires fibreuſes légères; l'on en voit de la même eſpece à *Civita Caſtellana* parmi d'autres produits volcaniques.

M. de *Troïl*, Evêque de *Linkoeping*, qui voyagea en Iſlande, en 1772, avec M. le Chevalier *Banks* actuellement Préſident de la Société Royale, & avec M. *Solander*, nous apprend que le mont *Hécla* a jetté autrefois beaucoup de pierres ponces de diverſes couleurs; *il eſt très-probable*, dit-il, *que la pierre ponce blanche* l'eſt *devenue par l'effet de l'eau bouillante.* Voyez page 337, de la traduction Françoiſe de cet ouvrage, publiée par M. Lindblom, *in*-8. fig. Paris, Didot 1781.

Je pourrois citer encore bien d'autres endroits où l'on trouve de véritables pierres ponces, mais en voilà je penſe aſſez pour faire voir que cette eſpèce de produit volcanique n'eſt pas d'une auſſi grande rarete qu'on l'avoit cru juſqu'à préſent.

Il faut convenir, il eſt vrai, que la plupart des Volcans éteints, particulierement ceux de la France, ne m'en ont point offert, ou du moins en ſi petite quantité, qu on peut à peine citer deux endroits où l'on en trouve quelques-unes; mais l'on peut répondre à cela, que les pierres ponces étant extrêmement légères, auront été entraînées par les eaux à l'époque où ces Volcans anciens brûloient dans la mer, ou, ſi l'on ne veut pas qu'ils aient été tous ſous marins, dans d'autres époques où des révolutions diluviennes ont inondés ces contrées; car, comment les pierres ponces auroient-elles pu réſiſter à l'effort des courans, puiſqu'on trouve ſur les montages calcaires ou granitiques qui correſpondent aux pays volcaniſés, des amas immenſes de cailloux roulés, parmi leſquels on trouve des blocs énormes de baſaltes, & d'autres laves uſées par le frottement, qui ont été tranſportées très-loin par les eaux?

Il n'eſt donc pas étonnant que les pierres ponces ſoient ſi rares dans les Volcans ſitués dans des contrées qui ont éprouvé plus d'une révolution. Il faut d'ailleurs probablement des circonſtances particulières pour produire les pierres ponces, puiſqu il y a des Volcans brûlans depuis bien des ſiècles qui n'en fourniſſent point, tel que l'*Etna;* le Véſuve lui-même qui en a vomi autrefois beaucoup, n en donne preſque plus actuellement.

M. le Chevalier Deodat de Dolomieu, qui a fait des recherches ſuivies à *Lipari* ſur les pierres ponces, a recueilli des faits ſi eſſentiels qu'ils doivent trouver une place ici

» J'étudiai, dit ce Naturaliſte, les pierres » ponces ſur les lieux mêmes avec la plus » grande attention; je m'attachai principa- » lement à celles qui ſont peſantes & qui » me paroiſſant moins altérées par le feu, » peuvent conſerver quelques caractères de » leur baſe primitive. Je reconnus dans plu- » ſieurs le grain, les écailles luiſantes & » l'apparence fiſſile de *ſchiſtes micacés blan-* » *châtres*, qui ſe trouvent interpoſés en im- » menſe quantité au milieu des bancs de » granit des montagnes du *val Demona.* Je vis » dans quelques autres des reſtes de granit » dans leſquels je reconnoiſſois encore les » trois parties conſtituantes, quartz, feld- » ſpath & mica, & je remarquai que ces » trois ſubſtances qui ſe ſervent mutuelle-

» ment de fondant, acquièrent, par l'action
» du feu, une eſpèce de vitrification qui
» tient le milieu entre l'émail & la porce-
» laine & qui peut être comparée à une
» fritte un peu bourſoufflée ; je leur vis ac-
» querir par degré le tiſſu lache & fibreux,
» la conſiſtance de la ponce, & je ne pus
» plus douter que la roche feuilletée grani-
» teuſe & micacée, & le granit lui-même,
» ne fuſſent les matières premieres à l'alté-
» ration deſquelles on doit attribuer la for-
» mation des pierres ponces.

» Les matières que je ſuppoſe avoir ſervi
» de baſe aux pierres ponces ne ſont pas
» particulieres aux montagnes *du Val Demo-*
» *na*, elles ſe trouvent en abondance dans
» l'eſpèce de montagnes que l'on nomme
» *primitives*.

» On peut me faire une objection que je
» dois prévenir. Les matières propres a for-
» mer les pierres ponces étant ſi commu-
» nes dans la nature, pourquoi les Iſles de
» Lipari renferment elles les ſeuls Volcans
» qui fourniſſent en immenſe quantité cette
» pierre ſingulière ? On peut me dire encore
» qu'il y a une contradiction lorſque j'avan-
» ce que les pierres ponces n'exiſtent preſ-
» que que dans un ſeul Volcan, & que ce-

» pendant la majeure partie des anciennes
» montagnes, contient les ſubſtances qui
» peuvent acquérir cet etat particulier de
» frite poreuſe & bourſoufflée qui les conſ-
» titue ? Je répondrai qu'il eſt bien rare que
» le foyer d'un Volcan ſoit placé au milieu
» des granits, qu'il eſt preſque toujours ſitué
» dans les roches ſchiſteuſes argileuſes qui
» renferment les porphyres, les petroſilex,
» les ardoiſes, les ſchorls, &c. : matières
» qui travaillées par le feu, & beaucoup
» moins dénaturées qu'on ne le ſuppoſe, ſer-
» vent de baſe aux laves ferrugineuſes noi-
» res & rouges que l on rencontre dans tous
» les Volcans.

» Il ſemble que ces roches argileuſes con-
» tiennent en abondance & peut-être exclu-
» ſivement, les matières combuſtibles qui
» entretiennent l'inflammation des feux ſou-
» terrains ; l'acide vitriolique & le principe
» inflammable qu'elles renferment en abon-
» dance, ſont peut-être les moyens que la
» nature met en action pour produire ces
» feux, dont l'exiſtence n'eſt pas le pheno-
» mène le plus aiſé a expliquer. Je crois que
» ce n'eſt que par une circonſtance parti-
» culière que les Volcans de Lipari ont
» trouvé dans leurs foyers quelques bancs

» ou couches considérables de granit pla-
» cés au milieu des roches qui fournissoient
» à leur inflammation, de la manière que
» plusieurs bancs de granit des Pyrénées sont
» renfermés dans les schistes & les pétrosi-
» lex.

» Il est certain que le foyer des Volcans
» de Lipari doit s'être trouvé dans le lieu
» même du contact des matières différentes,
» entre les schistes & les granits, puisque
» leurs productions sont si dissemblables
» que les unes contiennent du fer & que
» les autres en sont exemptes. Pour qu'il
» y ait production de pierres ponces, il faut
» que le granit se trouve d'une nature très-
» fusible & que le feu du Volcan soit plus
» vif & plus actif qu'il ne l'est communé-
» ment. La lave qui est sortie du sein de
» l'Ethna, en 1669, & qui a traversé Cata-
» gne, a pour base un granit qui n'a point
» été dénaturé, dont aucune des parties
» constituantes n'a été altérée. Cette lave
» placée de nouveau dans un feu de fusion
» se vitrifie & se met dans l'état d'une frite
» opaque un peu poreuse qui ressemble aux
» pierres ponces, preuve certaine qu'un
» feu plus actif dans le Volcan auroit chan-
» gé cette immense coulée de lave en pier-

» res semblables à celle de Lipari. Le caractère nitreux des laves noires de Lipari, la quantité de pierres obsidiennes qui s'y rencontrent, montrent évidemment que son inflammation est plus active que celle du Volcan de la Sicile «. *Voyage aux Isles de Lipari, par M. le Chevalier de Dolomieu*, pages 66, 67 & suiv.

Examinons à présent les mêmes pierres ponces qui ont fait l'objet des recherches de M. le Chevalier de Dolomieu, c'est-à-dire, celles de *Lipari;* je vais les décrire d'après les échantillons que cet habile Naturaliste a eu la bonté de me donner, & dans l'ordre où on les trouve sur les lieux.

Variété I.

Pierre ponce compacte granitoïde composée de feld-spath, de quartz d'un blanc grisâtre & de mica noir hexagone.

Cette pierre qui est le premier passage du granit à l'état de pierre ponce, mérite la plus grande attention de la part des Naturalistes.

Elle est composée, ainsi que je l'ai déjà dit, de feld-spath & de quartz d'un blanc grisâtre & de petites lames de mica noir dont plusieurs affectent la forme hexagone; ce mica a résisté à l'action du feu & n'en a reçu aucune atteinte, tandis que le feld-spath & le quartz ont éprouvé un commencement d'altération, qui les rapproche des pierres ponces compactes. Les molécules de quartz paroissent s'être unies & confondues avec celles de feld-spath, non pour former un véritable verre homogène, mais pour composer une pâte écailleuse, un peu soufflée, quoique compacte & assez adhérente; il paroît que les lames de feld-spath ont eu le pouvoir de s'introduire dans le quartz, & que ce dernier à son tour, s'exfoliant & se divisant en lames très-minces s'est confondu avec le feld-spath; que ce mélange extraordinaire ne s'est pas opéré dans un dissolvant tranquille, mais au moyen d'une force coactive violente qui rompant l'adhésion a obligé, pour ainsi dire, les molécules de quartz de se diviser & de glisser sur celles de feld-spath, d'où il a résulté une espèce de demi-vitrification particulière., qui permettoit à ces masses pénétrées de feu, de cheminer à l'instar des laves fluides.

Je m'explique peut-être mal, mais il est si difficile de rendre clairement & de bien décrire decrire des faits aussi compliqués & où il semble que la nature ait voulu s'ecarter des loix ordinaires connues, que je réclame à ce sujet la plus grande indulgence de la part des Lecteurs.

Je dirai encore que la pâte de ce granit qui passe à l'état de ponce, est vitreuse & comme glacée, & que son grain ressemble plus à celui de certains grès en partie calcaires, tel que le grès de Fontainebleau, qu'à celui du granit, quoiqu'on reconnoisse incontestablement que cette pierre n'a rien de calcaire, & qu'elle a été un véritable granit, ainsi modifié par les feux souterrains.

L'on trouve dans quelques échantillons de cette pierre, des parties sur lesquelles le feu ayant agi plus vivement, a produit un léger vernis brillant, occasionné par le mélange intime du quartz & du feld-spath parfaitement fondus.

Ce granit si singulièrement altéré se trouve incorporé dans les courans les plus profonds de pierre ponce compacte de *Lipari*, dont il fait lui-même partie.

Cette variété est la septième du catalogue des laves de cette Isle, publié par M. le Chevalier de Dolomieu (1). J'ai préféré de la placer ici à la tête des pierres ponces, d'abord parce qu'elle occupe le fond des courans, en second lieu parce que le granit y étant encore reconnoissable, l'on peut suivre avec plus d ordre & plus de facilité son passage à l'état de pierre ponce.

Je n'ai pas admis ce passage sans un sérieux examen ; les essais que j'avois faits sur diverses espèces de granits que j'ai fondus ; ceux que j'ai tenté en dernier lieu, sur des granits rapprochés de ceux de *Lipari*, loin de me faire adopter ce sentiment, sembloient au contraire m en éloigner davantage : cependant comme il est impossible de se refuser à l'évidence ; à force d'examiner avec attention une suite d'échantillons de cette espèce, de les étudier sous divers aspects, de suivre leurs différens degrés d'alteration, j ai été pleinement convaincu qu il est des circonstances particulières, où les feux des Volcans font passer réellement les granits à l'etat de pierres

(1) Voyage aux Isles de Lipari, ou notice sur les Isles Æoliennes, par M. le Chevalier de Dolomieu, page 83. Paris, Cuchet, rue & Hôtel Serpente, *in*-8.

ponces. La deſcription très-exacte des morceaux ſuivans, va ſervir à démontrer de plus en plus cette vérité.

Variété 2.

Pierre ponce granitoïde compacte, compoſée de feld-ſpath & de quartz d'un gris blanchâtre, ſans mica.

Cette pierre paroît avoir ſubi un degré de feu de plus que la précédente, car ſa pâte eſt plus glacée & plus vitreuſe; elle eſt rapprochée juſqu'à un certain point du biſcuit de la porcelaine, mais ſon grain eſt moins ſerré & moins adhérent; je trouve quelle offre les caractères d'une fuſion particulière qui tient le milieu entre la frite & le verre; l'on y reconnoît de plus une tendance, un commencement de diſpoſition fibreuſe, qu'un œil accoutumé à l'obſervation ne laiſſe pas échapper.

C'eſt la variété première du Catalogue de M. le Chevalier Deodat de Dolomieu.

On la trouve, dit cet Obſervateur, *en immenſe quantité dans preſque toute l'Iſle de Lipari. Elle y forme des montagnes entières, & elle y eſt enſevelie ſous les ponces plus légères, & ſous les cendres blanches & farineuſes. Elle ſe laiſſe tailler facilement, & ſa ſolidité permet qu'on l'emploie dans les angles des bâtimens, & dans la maçonnerie des murs* (1).

Variété 3.

Pierre ponce granitoïde compacte, composée de quartz, de fel-ſpath blanc & d'une multitude de petites aiguilles de ſchorl noir.

Cette belle variété eſt remarquable par le degré d'altération qu'a éprouvé le quartz & le feld-ſpath. Si l'on examine la pâte de ce granit, abſtraction faite du ſchorl qui y eſt tres-abondant, l'on reconnoîtra que cette matière ſe rapproche beaucoup plus encore que la précédente de l'état de pierre ponce; car l'on y voit quelques vides, où la matiere ayant eu la liberté de ſe développer, a forme des eſpèces de houpes ſoyeuſes, telles que celles qu'on remarque dans les vides des pierres ponces parfaites. En examinant ces petits filets avec une bonne loupe, l'on y reconnoît tous les caractères d'une fuſion qui a ete telle, que lorſque la matière n'a pas été gênée elle s'eſt diviſée

(1) Voyage aux Iſles de Lipari, page 81.

en filets capillaires irréguliers, dont plusieurs ſont cylindriques & d'autres comprimes.

Quant au *ſchorl* contenu dans ce granit, il n'eſt pas entré en fuſion. Ce qui eſt auſſi extraordinaire que difficile à concevoir, le ſeul effet qu'ait produit le feu ſur cette matière, c'eſt de l'avoir rendu fortement attirable à l'aimant.

Du courant inferieur des pierres ponces de l'Iſle de Lipari.

L'on trouve cette même variété dans l'Iſle Panaria, où elle forme des courans conſiderables.

Variété 4.

Roche granitique, compoſée de grains de quartz blanc, de mica noir dont quelques lames ſont hexagones, dans une pâte grenue un peu terreuſe de couleur brun violâtre.

Cette pierre, d'une apparence fiſſile, a été altérée par le feu, & a éprouvé une calcination qui n'a pas été aſſez forte pour la faire paſſer à l'état de fuſion, ou plutôt de pierre ponce compacte, mais qui n'auroit pas tardé à la rendre telle, ſi le feu eût eu ſeulement un degré d'activité de plus; ſon grain ſec & âpre au toucher eſt plutôt calciné que vitrifié, mais l'on reconnoît que cette calcination etoit voisine de la fusion.

Le naturaliste qui veut prendre la peine de s'instruire à fond sur ces matières, ne doit pas laisser échapper toutes ces nuances, qui s'appercoivent facilement pour peu qu'on ait l'habitude de l'observation. C est en étudiant ainsi ces différens passages, que l'on voit les faits se lier & venir a l'appui les uns des autres.

Cette variété qui différe de celle du n°. 1. non-seulement par la couleur, mais par le grain & par la matière quartzeuse qui s'y trouve établie en petits dépôts fissiles, parallèles, existe dans le fond des courans de pierres ponces de l'Isle de Lipari, elle forme la variété 8 de M. le Chevalier de Dolomieu.

Variété 5.

Même roche fissile, sans mica, mais d'autant plus intéressante que le feu l'a presque entièrement changée en pierre ponce compacte, à grain fin.

La contexture de cette pierre est soyeuse dans quelques parties qui sont luisantes & douces au toucher, tandis qu'elle est fibreuse & striée dans d'autres; sa couleur, d'un gris jaunâtre, est coupée par des veines longitudinales d'un brun foncé.

Cette variété tient plus de la pierre ponce que du granit, ce qui la rend digne de la plus grande attention.

Elle est indiquée sous le n°. 6, dans le Catalogue de M. le Chevalier de Dolomieu; & quoiqu'elle occupe le fond des courans de Lipari, elle est placée au-dessus des variétés précédentes.

Variété 6.

Pierre ponce grise, compacte, à grain fin, sec & raboteux, beaucoup plus legère que la variété précédente, composée de quartz & de feld spath blanc, avec quelques veines, ou linéamens parallèles d'un gris foncé.

Une des faces de ce morceau, examinée dans sa cassure, offre le grain sec des pierres ponces compactes; mais les mêmes parties vues à la loupe présentent une multitude de très-petites lames blanches, vitreuses & brillantes de feld-spath, interposées entre le quartz blanc, divisé lui-même en parties très-fines, unies avec celles du feld-spath; quant aux linéamens colorés en gris, il est à présumer qu'ils sont le produit d'une légère portion

T 4

de fer qui ſe ſera trouvée dans le feld ſpath.

La face oppoſée de cet échantillon ayant été plus fortement attaquée par le feu, a été recouverte d'une eſpèce de vernis ſtrié & filamenteux, qui rapproche très-ſenſiblement cette partie de l'état de véritable pierre ponce ſtriée.

Cette variété, la neuvième de M. le Chevalier de Dolomieu, ſe trouve incorporée dans les pierres ponces peſantes de Lipari; elle eſt auſſi dans l'Iſle de Panaria.

Telles ſont les variétés les mieux caractériſées, & les plus propres à démontrer le paſſage du granit à l'état de pierre ponce; j'aurois pu étendre encore ces variétés en faiſant mention de quelques autres échantillons intermédiaires, un peu plus, ou un peu moins altérés par le feu, ou qui ont différens tons de couleur; mais je ſerois rentré dans les variétés que je viens de faire connoître.

Il ne me reſte plus qu'à parler des pierres ponces légères, de celles qui ſe ſoutiennent ſur l'eau & qui ſont en uſage dans les Arts; mais je dois auparavant placer ici une obſervation de M. le Chevalier de Dolomieu ſur le granit paſſant à l'état de pierre ponce.

» L'on reconnoit, dit notre Obſervateur,
» que la fuſion a toujours commencé par
» le feld-ſpath, & que le premier effet du
» feu ſur le quartz a été de le gercer & de
» le rendre preſque pulvérulent.

» Je puis placer ici une remarque ſur la
» différente fuſibilité de pluſieurs ſubſtances
» que l'on croit les mêmes ; le mica noir
» n'eſt preſque jamais altéré, lorſqu'il ſe ren-
» contre dans les matières ſoumiſes à l'ac-
» tion des Volcans ; le mica blanc, au con-
» traire, entre très-facilement en fuſion &
» diſparoît dans la pâte des pierres ponces
» ſolides, qui ont pour baſe le granit mi-
» cacé & les pierres fiſſiles micacées. Le
» feld-ſpath des granits, qui conſtitue en
» quelque ſorte leur baſe, eſt une des ma-
» tières les plus fuſibles de la nature, &
» c'eſt elle qui détermine la fuſion du
» quartz ; le feld-ſpath des porphyres pa-
» roît au contraire très-réfractaire ; le pétro-
» ſilex & la roche de corne qui le renfer-
» ment paſſent ſouvent à l'état de verre par-
» fait ſans qu'il ait été dénaturé. Si donc la
» manière de ſe comporter au feu eſt un
» caractère diſtinctif des pierres, c'eſt impro-
» prement que nous réuniſſons ſous le mê-
» me nom des ſubſtances qui donnent des

produits si différens. *Voyage aux Isles de Lipari*, *page* 119.

Variété 7.

Pierre ponce blanche légère poreuse, striée, avec une apparence soyeuse.

C'est la pierre ponce parfaite, celle qui surnage l'eau ; son grain sec, fin & raboteux sert à dégrossir, & même à polir plusieurs ouvrages.

L'on voit en examinant cette pierre à la loupe, qu'elle n'est qu'une espèce de frite blanche, poreuse, légère & vitreuse, dont la contexture générale est fibreuse & ressemble à celle de quelques amiantes blanches ; mais tous les filets de la pierre ponce sont très-fragiles & n'ont aucune conformation régulière, car il y en a de cylindriques, de comprimés, de tortueux, de gros à la base, & très-capillaires à l'extrémité. C'est en rompant plusieurs de ces pierres, qu'on y rencontre assez souvent des vides occasionnés par des soufflures ; c'est-là que la matière est ordinairement divisée en filets déliés & si filamenteux, qu'ils ressemblent véritablement à de la soie, & l'illusion est d'autant plus forte qu'ils en ont le brillant & le lustre.

Cette pierre est très-abondante à l'Isle de Lipari, où plusieurs bâtimens viennent chaque anné en faire leur approvisionnement pour la transporter dans différentes parties de l'Europe. L'on en rencontre beaucoup aussi à l'Isle de Vulcano;

Au Vésuve, où elle n'est pas commune depuis quelques-tems, mais elle est abondante à Valle del aqua, près d'Ottojano, où elle est nommée lapillo de ponce.

Dans le Golphe de Baye, près de Pouzzole, où on la trouve en très-petits fragmens.

A Herculanum.

A Pompeia.

Au Mont Hécla, &c.

Variété 8.

Pierre ponce cellulaire, fibreuse, légère, noire.

Cette variété n'est pas commune.

Elle se trouve sur la colline du Tombeau de la famille des Nasons, dans les environs de Rome, parmi d'autres matières volcaniques.

Elle existe également à Civita Castellana, dans des détrimens de lave. Mais celle-ci est à grain plus serré que la précédente.

Variété 9.

Pierre ponce poreuse, légère & fbreuse,

d'un gris foncé, remarquable par de petits cryſtaux noirâtres brillans, qui reſſemblent à du ſchorl noir; mais en les examinant avec attention à l'aide d'une forte loupe, l'on reconnoît que ce ſont ſimplement de petits cryſtaux de feld-ſpath brillans en parallélipipedes, qui ſe trouvant poſés de champ, ou plutôt qui ne préſentant que leur tranche, qui eſt très-fine & vitreuſe, imitent le ſchorl noir.

Cet acident n'eſt pas à rejetter, car ſi le quartz & le feld-ſpath des granits peuvent paſſer à l'état de pierre ponce, comment concevoir que dans cette même pierre ponce il y ait de petits cryſtaux de feld-ſpath qui aient ſi bien réſiſté au feu? Il faut abſolument qu'il y ait de grandes différences dans les feld-ſpaths, dont les uns ſont plus ou moins réfractaires.

Cette pierre ponce avec des eſpèces de cryſtaux capillaires de feld-ſpath brillant d'un gris foncé, ſe trouve dans une brèche du Golphe de Baye. Cette brèche n'eſt preſque compoſée que de ponces pulvérulentes & terreuſes, qui enveloppent des fragmens de pierre ponce fibreuſe blanche, & de pierre ponce griſe

Les ponces noires de la colline du Tombeau des

Nasons, renferment aussi quelquefois des lames de feld spath.

Variété 10.

Pierre ponce grise, légère & fibreuse, avec du mica noirâtre brillant.

L'on a vu que les variétés 1 & 4, étoient des granits micacés, qui passoient à l'état de pierre ponce; ici c'est un granit ou une roche schisteuse micacée entièrement convertie en véritable pierre ponce, sans que le mica ait éprouvé une altération sensible.

J'ai trouvé cette variété enveloppée dans un des courans des laves boueuses d'Herculanum.

Variété 11.

Pierre ponce légère, fibreuse avec des noyaux de pierre obsidienne, de pierre de gallinace ou émail noir des Volcans.

De l'Isle de Lipari; se trouve aussi à Stromboli & ailleurs.

Variété 12.

Pierre ponce très-légère, farineuse & friable; elle est si tendre & a si peu de consistance qu'elle n'est d'aucun usage dans les Arts; c'est la pierre ponce surcalcinee, la même qui produit la plupart des matières volcaniques pulvérulentes, à qui l'on a donné mal-à-propos le nom de *cendres*, parce qu'elles en ont la couleur & les apparences extérieures.

Cette variété de ponces tombant en detritus, se trouve en très-grande quantité parmi les ponces pulverulentes de l'Isle de Lipari, (vid. n°. 4, p. 82, du Catalogue de M. le Chevalier Deodat de Dolomieu) ainsi qu'à l'Isle de Vulcano, & dans différens autres lieux.

Variété 13.

Pierre ponce farineuse, ou pierre ponce pulvérulente, nommée improprement cendres des Volcans : il y en a de diverses couleurs, & d'une finesse différente.

» Cette cendre, dit M. le Chevalier de » Dolomieu, a l'apparence d'une terre cré- » tacée, & elle peut tromper l'Observateur » qui la voit pour la première fois; mais il » reconnoît ensuite qu'elle n'est point effer- » vescente avec les acides, & qu'elle n'est » que la pierre ponce elle-même réduite en » poudre, soit par l'effet du frottement » ou d'une espèce de trituration, soit par » celui de l'action violente du feu qui en

» bourſoufflant exceſſivement cette pierre
» en aura raréfié les parties au point de les
» diviſer, & en quelque ſorte de les volati-
» liſer «. *Voyage aux Iſles de Lipari, par M. le Chevalier de Dolomieu, n°. 5, page 82.*

On trouve de ces ponces pulvérulentes, à Lipari, à Vulcano, à Pompeia, à Herculanum, &c.

Telles ſont les variétés les plus remarquables des pierres ponces ; l'on peut en découvrir dans la ſuite pluſieurs autres qu'on aura la facilité de placer dans cette Section.

Voila ſans doute déjà des faits propres à répandre du jour ſur l'origine des pierres ponces ; mais en avons-nous aſſez pour pouvoir prononcer affirmativement ſur cette même origine ? Je crois que non : tout ce que nous ſavons, c'eſt que le *feld-ſpath* & le *quartz* de certains granits peuvent produire cette matière, à l'aide de circonſtances qui nous ſont encore inconnues.

Il ne ſera cependant pas hors d'œuvre de jetter un coup-d'œil ſur quelques-unes des réflexions de M. le Chevalier de Dolomieu, au ſujet de l'origine des pierres ponces.

» 1°. Pour qu'il y ait production de pier-
» res ponces, il faut que le granit ſe trouve

» d'une nature très-fusible, & que le feu du
» Volcan soit plus vif & plus actif qu il ne
» l'est communément. *Voyages aux Isles de*
» *Lipari, page* 70.

» 2°. J ai trouvé dans les montagnes Nep-
» tuniennes, les roches correspondantes à
» toutes celles que j'ai observées dans les
» déjections volcaniques. Les granits qui
» s'étendent jusqu'a Melazzo & qui sont
» en face de Lipari renferment, interposés
» entre leurs bancs, *une quantité immense de*
» *roches feuilletées micacées, noi:es & blanches,*
» *& des granits fissiles ou gneis, dont la base est*
» *un feld-spath très-fusible, matières auxquelles*
» *j'attribue la formation des pierres*, & dont j'ai
» trouvé des morceaux presque intacts dans
» les ponces memes. Il y a des bancs de
» feld-spath presque pur, & donr la demi-
» vitrification peut avoir produit les émaux
» opaques, dont j'ai parlé. *Id.* page 136.

» 3°. Je crois devoir répéter que la pro-
» duction de la pierre ponce dépend de plu-
» sieurs circonstances, dont les plus essen-
» tielles sont une grande fusibilité dans le
» granit; la faculté de passer à l'état de vi-
» trification qui caractérise la ponce, & une
» inflammation très-vive & très-active dans
» le Volcan. Un foyer pourroit se trouver

» au

» au milieu des granits ſans produire des
» ponces. Un Volcan qui n'en a jamais for-
» mé, peut en donner d'un inſtant à l'autre
» une grande quantité, ſi les circonſtances
» néceſſaires ſe trouvent réunies. *Id. note au*
» *bas de la page* 136. «

Le ſentiment de M. le Chevalier de Dolomieu, n'eſt certainement pas hors de vraiſemblance, mais il n'eſt pas exempt de difficultés, & l'on peut en oppoſer de très-fortes.

L'on a vu que la lave *granitoïde* de l'eſpèce 22, page 84, compoſée de *feld-ſpath* en molécules fines, & d'une multitude de points & de linéamens de *ſchorl noir*, a éprouvé un coup de feu qui l'a fait couler, & qui a fortement attaqué le feld-ſpath & le ſchorl, ſans les rapprocher néanmoins de l'état de pierre ponce: ſi l'on objectoit que l'action du feu n'a pas été aſſez violente, nous renverrions à l'examen du morceau même, qui eſt recouvert ſur une de ſes faces d'un vernis vitreux produit dans cette partie par la fuſion plus parfaite de la matiere.

Ceci ne prouveroit cependant autre choſe, ſi ce n'eſt que dans telle circonſtance, le feld-ſpath peut former une lave compacte, abſolument étrangère à la pierre ponce, tandis que dans d'autres, ainſi que nous l'avons vu dans les variétés décrites, il forme une véritable pierre ponce.

Lorſque nous attaquons avec le feu de nos laboratoires les granits les plus fuſibles, nous les faiſons couler en émail, mais jamais en une matière ſemblable à la pierre ponce.

Les Volcans eux-mêmes lorſqu'ils ont élevé dans leurs cratères quelques fragmens de granits qui ſe ſont trouvés expoſés à toute la vivacité du feu, les ont fondus, & nous ne voyons pas que ces morceaux iſolés aient aucune eſpèce de rapport avec les pierres ponces.

Nous devons donc croire qu'il faut des circonſtances particulières pour convertir en pierre ponce, le *feld-ſpath*, & le *quartz* des granits ; car il paroît que ces deux ſubſtances ſont ſuffiſantes pour former les pierres ponces, puiſqu'on retrouve dans quelques-unes de ces pierres le *mica*, & quelquefois le *ſchorl* intact.

Toutes les fois donc qu'un granit aura pour baſe un *quartz* & un *feld-ſpath* dans les proportions convenables, il pourra en réſulter une pierre ponce, ſi le feu des Volcans agit ſur ces matières comme il a agi ſur celles de *Lipari* & de *Vulcano*. Mais le granit n'aura pas ſeul la propriété de ſubir cette métamorphoſe, & toutes les pierres & les terres ou le *quartz* ſe trouvera uni au *feld-ſpath*, quoiqu'elles ne ſoient pas de vrais granits, donneront des reſultats ſemblables dans les mêmes circonſtances; le baſalte remanié par le feu, pourra peut-être former lui-même de la pierre ponce; & ne ſeroit-il pas poſſible que les ponces noirs lui duſſent leur couleur? qui ſait auſſi ſi les *grès*, lorſqu'ils ſont unis à de la terre calcaire, ainſi que les *ſchiſtes ardoiſés*, ne produiroient pas les mêmes effets?

Je crois donc que nous n'avons pas encore aſſez de faits pour pouvoir affirmer poſitivement que les pierres ponces doivent excluſivement leur origine à telle ou à telle ſubſtance pierreuſe.

Mais c'eſt toujours un très-grand pas de fait, d'avoir reconnu que le *quartz* & le *feld-ſpath* des granits peuvent paſſer à l'état de véritable pierre ponce.

CHAPITRE XVI.

VERRE OU LAITIER DE VOLCAN, PIERRE *OBSIDIENNE*, PIERRE DE *GALLINACE*.

LES laitiers qui se forment dans les Volcans sont des verres ou des espèces d'émaux produits par la violence du feu. L'art peut les imiter, car en tenant les laves à un feu capable de les fondre, on en obtient bientôt un verre noir, brillant, & tranchant dans sa cassure; mais lorsqu on le rompt en eclats minces, & qu'on presente ces eclats à la lumière d une bougie, ou d'une lampe, l'on reconnoît que les bords en sont demi-transparens. Les anciens Péruviens tailloient & polissoient ce verre noir, pour en faire des espèces de miroirs qu'on trouve dans leurs guaques ou tombeaux. L'on vient depuis peu de tirer parti en France, du basalte en le convertissant en verre, l'on a formé avec ce verre dans les environs de Montpellier une Manufacture de bouteilles qui ont de très grands avantages sur les autres.

Les verres des Volcans offrent des variétés, non-seulement dans les couleurs, mais encore dans les formes.

Le verre noir si abondant au Mont Hecla avoit été nommé improprement *agathe d'Islande*, le poli éclatant qu il est susceptible de recevoir, lui avoit fait donner cette dénomination par des gens peu instruits en histoire naturelle.

La même matière abondante dans les Volcans du Pérou, est nommée sur les lieux *pierre de gallinace*, à cause de sa belle couleur noire qui ressemble à celle d un oiseau que les Indiens nomment *gallinazo* ou *gallinace.* Cet oiseau est le *Vultur gallinæ Africanæ facie*, de Sloane.

Il y a tout lieu de croire que la pierre *obsidienne* de Pline étoit de la nature de l'email des Volcans.

L on trouve du verre volcanique noir dans les Isles de *Lipari*, dans celle de *Vulcano*, ainsi qu'au *Vesuve*; mais il est en petite quantité dans ce dernier Volcan. Il abonde en *Islande*; il en existe dans le

Vicentin, à *Astruni*, dans les Volcans éteints du *Vivarais* où il est assez rare, &c. &c.

Le verre volcanique blanc est le plus rare. J'en ai trouvé quelques morceaux transparens dans les Volcans éteints du *Couérou* en Vivarais. M. Stoutz, Officier dans le Régiment de Nassau, m'en a donné deux échantillons de la même espèce adhérens à une lave poreuse, rougeâtre, un peu argilleuse, trouvés à un quart de lieue de la Ville de *Francfort* parmi les matieres volcaniques du côté de *Saxenhausen*. Le tems ayant agi sur le verre blanc de ces anciennes laves, l'a *irisé*, ce qui le rend châtoyant, & le fait ressembler a l'*opale*.

» Dans un petit nombre d'endroits, (*dit* » *M. de Troil, Lettres sur l'Islande*) on trouve » de l'*agathe d'Islande* (c'est-à-dire du verre » de Volcan) blanche, transparente, & pres-» qu'en forme de crystal. La bleue est aussi » tres-rare, mais on la trouve en grands » morceaux; on en trouve aussi de la verte, » mais plus grossière, plus poreuse, & res-» semblant à du verre épais de bouteille «. *Lettres sur l'Islande, trad. Franç. p.* 337.

Rien n'est aussi curieux que le verre volcanique qui fut rejetté autrefois par la bouche à feu qui existoit à l'Isle de l'Ascenſion, ce verre étoit en très-petites globules : celui que le Volcan de l'*Isle de Bourbon* lança dans l'éruption du 14 Mai 1766, étoit entièrement changé en filets capillaires brillans, jaunâtres, ſemblables à du verre artificiel filé, terminés quelquefois par de petits globules du même verre. Ces longs filamens de matière vitrifiée tomboient mêlés avec une pouſſière volcanique, la terre en fut couverte du côté de *l'Etang ſalé* qui eſt à ſix lieues du Volcan. Le vent qui régnoit alors, & qui tranſportoit au loin tous ces filamens de verre, étoit ſi conſidérable, qu'il en briſa & diſperſa la plus grande partie.

Les matières qui ſervent à former les verres de Volcans, n'étant pas toujours de la même nature, & éprouvant diverſes modifications avant de paſſer à l'etat de véritable verre, l'on doit s'attacher à ſuivre ces différens paſſages où le grain, la couleur, la dureté & la tranſparence varient.

Variété 1.

Email gris, opaque, à grain fin, ayant dans ſa caſſure le poli gras de certains ſilex pierre à fuſil, d'une eſpèce groſſière. L'on diſtingue dans cet échantillon quelques petits cryſtaux capillaires de feld-ſpath blanc & brillant en parallélipipèdes ; voici encore le feld-ſpath intact dans une matière non-ſeulement fondue, mais vitrifiée

L'on y voit auſſi quelques parties poreuſes où la matière ayant bouillonné a formé des cellules. L'on y diſtingue auſſi quelques taches rougeâtres qui paroiſſent être dues à une eſpèce de *colcotar*, formé par le fer. J'y ai reconnu également un grain de *ſchorl* noir bien caractériſé ; mais cette dernière matière eſt rare dans cette eſpèce d'émail.

Cette variété doit être regardée plutôt comme un *émail* ou comme un *laitier*, que comme un véritable verre ; un coup de feu plus fort ou plus ſoutenu auroit pu la convertir, peut-être, en verre parfait ; la nature ayant en tout une marche graduelle, l Obſervateur ne doit jamais perdre de vue les nuances & les paſſages qu elle laiſſe entrevoir à ceux qui veulent ſe donner la peine de la ſuivre & de l'etudier avec ſoin; jai donc cru qu'il étoit convenable de ne décrire les verres volcaniques les plus complets, les véritables verres, que lorſque j'aurois fait connoître les différentes ebauches que le feu faconne de plusieurs manières, avant de produire des vitrifications achevées.

Quant à la matière qui forme la base de l'émail de cette première variété, il est à présumer quelle étoit très-fusible, & que les molécules étoient d'une grande finesse, car elle a produit une frite homogène, bien fondue, & douce au toucher.

De l'Isle de Lipari.

Elle se trouve également à *Vulcano.*

Variété. 2.

Email d'un gris foncé tirant au noir, luisant, opaque, donnant des étincelles avec l'acier, d'un grain un peu plus sec que la variété précédente, mais ayant sa cassure semblable à celle de certains silex grossiers, renfermant plusieurs petits fragmens irréguliers d'une matière vitreuse blanche, & quelques grains de schol noir.

Le *quartz* qui se trouve dans cet émail, examiné à la loupe, est tres-blanc, fendillé dans tous les sens, & comme divisé en très-petites lames irrégulieres, quoiqu'il paroisse compact & solide vu à l'œil nud. Quant au *schorl*, l'on voit distinctement qu'il est entré en fusion, sans se mêler néanmoins avec la base de cet émail qui devoit être d'une matière homogène facile à fondre, mais qu'il eſt impoſſible de reconnoître dans ce moment, parce que la fuſion en a detruit les caractères.

Les emaux de cette eſpèce n'ont pas tous en général la même couleur, il y en a de jaunâtres, d'autres qui tirent au violet; l'on en trouve auſſi qui reſſemblent pour la couleur aux pierres à fuſil communes étant ſeulement un peu plus ternes, & portant d'ailleurs les caractères de la fuſion; les émaux qui ne différent que par la couleur peuvent être rangés ſous cette variété.

Celui-ci ſe trouve en abondance à Lipari. Vid. le Voyage du Chevalier de Dolomieu, pages 88 & 89, n°. 26 & 27.

A l'Iſle de Vulcano, id. pag. 34 *n°.* 1.

Au Mont Hecla.

Au Véſuve.

Variété 3.

Email qui a le ton de couleur de la corne noire, & dont la pâte compacte & homogène eſt d'un luiſant onctueux beaucoup moins vif & moins éclatant que celui du verre, avec quelques grains de ſchorl noir fondu très-clair-ſemés & qu'on a de la peine à diſtinguer à la vue ſimple.

Cette variété différe de la précédente, par la couleur beaucoup plus ſombre & plus rapprochée de celle de la véritable pierre de *gallinace*, mais elle en eſt éloignée encore quant à la pâte, qui n'eſt ni auſſi fondue ni auſſi vitreuſe que le véritable verre noir de Volcan ; elle en différe d'ailleurs par un caractère aſſez remarquable qui eſt propre aux deux variétés précédentes, c'eſt qu'en frottant deux morceaux de ces émaux l'un contre l'autre, il s'en exhale une odeur aſſez forte de *corne*, ou plutôt d'une eſpèce de foie de ſoufre, qui fait ſur l'odorat la même impreſſion que celle de certains ſilex pierre à fuſil qu'on frotte fortement les uns contre les autres.

Cet échantillon étoit adhérent à une pierre ponce blanchâtre.

Cette variété ſe trouve dans l'Iſle de Lipari.

Dans l'Iſle de Vulcano, parmi les pierres ponces.

Variété 4.

Verre volcanique noir, opaque, luiſant, mêlé d'une multitude de petits cryſtaux blancs vitreux, dont pluſieurs ſont configurés en parallélograme rectangle.

Cette belle variété mérite la plus grande

attention, car quoiqu'elle ſoit beaucoup plus rapprochée du verre que de l'email, ſa couleur noire & ſa pâte luiſante & comme onctueuſe, a plutot l'apparence du bitume de Judée que du verre noir ordinaire. Son grain, quoique bien fondu, eſt ſi opaque, qu'en le diviſant en parcelles très-minces qu'on expoſe à la lumiere d'une bougie, l'on ne diſtingue pas la plus légère tranſparence. Ce verre donne cependant beaucoup d'étincelles avec le briquet; mais comme il eſt lardé d'une multitude de petits cryſtaux blancs peu ſolides, qui interceptent la liaiſon de ſes molécules, il ſe diviſe en éclats graveleux lorſqu'on le frappe avec l'acier ou avec tout autre corps dur.

Quant aux petits cryſtaux blancs, l'on voit en les examinant avec une bonne loupe qu'ils ſont brillans, tranſparens, & d'une eau preſqu'auſſi belle que celle du cryſtal de roche; mais ils ſont gercés & fendillés dans tous les ſens, & pluſieurs des lames produites par les gerçures affectent la forme rhomboïdale, ce qui me fait préſumer, vu ſur-tout que cette matière ne fait aucune effervefcence avec les acides, qu'elle eſt un véritable feld-ſpath très-pur, qui n'a éprouvé d'autre altération par le feu que celle qu'on remarque dans ſa contexture qui eſt ſimplement fendillée : il eſt difficile, ſans doute, de concevoir que la baſe de cette lave ayant éprouvé une fuſion capable de la changer en verre, le feld-ſpath n'ait pas eu le même ſort; mais j'ai déja fait mention de pluſieurs exemples analogues à celui-ci, ce qui tend a prouver de plus en plus que nos connoiſſances ſur les différentes manières d'agir des feux des Volcans, ſont encore bien peu avancees.

Cette eſpèce de verre étant frotté contre un morceau de la même eſpèce, répand une odeur de pierre à fuſil ſemblable à celle qui s'exhale des émaux décrits dans les variétés 1, 2 & 3.

Se trouve à l'Iſle de Lipari, Voyage du Chevalier Dolomieu, page 88, nº. 29.

A l'Isle de Pentellaria, même Voyage, p. 149.

Il eſt abondant à l'Isle de Vulcano ; & voici comment M. le Chevalier de Dolomieu en parle, page 36, nº. 6, du Voyage de Lipari. » *Lave vitreuſe, compoſée de grains » noirs & blancs qui repréſentent un granit, la partie noire eſt une vitrification du Volcan ; la partie blanche eſt une matière qui n'a éprouvé d'autre altération que la gerçure. Je crois donc que la » matière première étoit un porphyre, dont la pâte*

» *argillo-ferrugineuſe s'eſt fondue & a formé le verre* » *noir, & dont le feld-ſpath a reſiſté à l'action* » *du feu.* «

Variété 5.

Verre volcanique noir, compact, homogène, donnant des étincelles avec l'acier, & dont les bords lorſqu'ils ſont très-minces, préſentés au grand jour ou à la lumière, ſont un peu tranſparens, quoique ce verre ſoit en général opaque & du noir le plus foncé.

C'eſt ici la véritable pierre de *gallinace* des Péruviens, la pierre *obſidienne* des Anciens, la fauſſe *agathe d'Iſlande;* elle eſt ſuſceptible d'être taillée & de recevoir le plus beau poli, mais elle eſt fragile; l'on peut en faire les plus excellentes pierres de touche, en les dégroſſiſſant ſans leur donner le dernier poli, les parties métalliques s'y attachent très-bien alors; & comme le fond de cette pierre ou plutôt de ce verre eſt du plus beau noir, les métaux y paroiſſent au mieux; elles ont d'ailleurs l'avantage de réſiſter parfaitement aux acides.

J'ai vu dans le Cabinet de M. Beſſon, à Paris, un morceau de verre noir très-ſingulier par ſa configuration, ce Naturaliſte avoit rapporté lui-même ce bel échantillon du Vésuve, il avoit été trouvé dans une masse considérable de lave qui avoit été élancée de la bouche de ce Volcan dans la derniere éruption. Ce verre noir absolument semblable à celui d'Islande & du Pérou, ayant passé à l'époque de sa fusion par quelque fissure étroite dentelée, avoit pris la forme d'une espèce de volute, striée à l'extérieur, offrant de petites canelures saillantes parallèles, régulières, produites au moyen de la filière par où la matière fondue avoit passée avec effort; ce morceau singulier par sa forme, a deux pouces six lignes de largeur, sur un pouce neuf lignes de diamètre.

Les verres noirs si abondans *à Lipari* & à l'Isle de *Vulcano*, quoique de la même espèce que ceux d'Islande, me paroissent avoir un poli un peu plus gras & moins vitreux; j'ai également observé qu en rompant le verre noir *d'Islande*, ou celui du *Pérou*, ils partent en écailles ondoyantes un peu striées, comme la plupart des masses de véritables verres; au lieu que le verre noir de Lipari & de Vulcano, se rompt par éclats irréguliers & lisses, comme les silex pierre à fusil & comme les agathes grossières. Les verres noirs d'Islande, du Pérou, du Vésuve, de Lipari & de Vulcano, ainsi que celui qu'on trouve quelquefois à l'Etna, étant frottés aſſez fortement les uns contre les autres, répandent une odeur de corne brûlée, moins forte à la vérité que les émaux de la variété 1, 2 & 3. mais très-ſenſible encore; tandis que le verre noir fait par le moyen de l'art, avec du baſalte, n a pas cette odeur.

M. Bergman a analyſé le verre noir d'Iſlande. Voici ce qu'il écrivoit de Stockholm, le 12 Juin 1776, a M. de Troïl qui lui avoit envoyé les produits volcaniques d'Iſlande. » La prétendue agathe d'Iſlande eſt noir-» foncé; les bords, qui ſont les parties les plus » minces, en ſont un peu tranſparens. Elle » coupe le verre (1) & donne des étincelles » ſous le briquet. On ne peut que très-diffi-» cilement la fondre toute ſeule, car elle » blanchit & tombe en petits morceaux. A » peine le ſel microcoſmique la décompoſe-» t-il dans le feu: la diſſolution, quoique » difficile, eſt plus aiſée dans le *borax;* avec » le ſel de ſoude, elle ne ſe décompoſe » guère

(1) J'ai obſervé quelle le coupoit très-difficilement excepté que les verres ne fuſſent fort tendres, ce qui arrive lorſqu'on les fait avec le plomb, & que ce métal y domine; le verre en eſt très-beau à la vérité, mais il eſt ſujet à être écaillé parce qu'alors il eſt moins dur.

» guère, quoiqu il y ait dans le premier inſ-
» tant une petite efferveſcence ; & la maſſe
» entière ſe réduit en poudre. Delà on peut
» conclure que l'agathe d'Iſlande a été pro-
» duite par un feu exceſſif, &c. «.

Lettres ſur l'Iſlande, par M. de Troïl, traduites du Suedois, par M. Lindblom 1781, page 423 & ſuiv.

Le véritable verre de Volcan de cette variété ſe trouve :

Au Mont Hecla & dans pluſieurs parties de l'Iſlande.

Dans pluſieurs des Volcans du Pérou.

A l'Etna, mais en petite quantité.

Au Véſuve, où il n'eſt pas abondant.

A l'Iſle de Lipari, où l'on en trouve de grandes quantités. Voyage du Chevalier de Dolomieu, page 88, n°. 25 & 28.

A l'Iſle de Vulcano. Même Voyage, p. 35, n°. 3, p. 36, n°. 6.

Dans l'Iſle de l'Aſcenſion.

Dans les Society Iſland.

Dans la Nouvelle Zélande.

En Vivarais, dans les environs de la Montagne de Chenavari, près de Rochemaure où je n'ai jamais pu trouver que le morceau ſuivant dont j'ai formé une variété, à cauſe des pores qu'on y remarque.

Variété 6.

Verre volcanique noir, opaque, compact, homogène donnant des étincelles avec l'acier, absolument semblable à celui d'Islande. Remarquable par une multitude de pores de forme ronde dont une des faces est entièrement couverte & qui pénètrent fort avant dans ce morceau d'un pouce 7 lignes de longueur, sur 1 pouce 5 lignes de largeur. C'est le seul échantillon que j'aie pu trouver jusqu'à présent dans les Volcans éteints de la France.

Celui-ci a été tiré des laves poreuses rouges qui forment l'escarpement d'une partie de la montagne de Chenavari, derrière la mine de Pouzzolane qu'on y exploite.

Variété 7.

Verre volcanique noir, opaque, faisant feu avec le briquet, dont la pâte est traversée par de petites veines de pierre ponce grise.

On trouve à *Lipari* & à *Vulcano*, la plupart des verres noirs au milieu des pierres ponces, ou des sables provenus du *détritus* de ces mêmes ponces; on en trouve aussi qui se sont attaches dans leur état de fuſion à d'autres eſpèces de laves, mais il n'eſt pas commun de rencontrer ce verre avec des veines de pierre ponce, & quoique la choſe ne ſoit probablement qu'accidentelle, j'ai cru qu'il étoit convenable d'en faire une variété, parce que ſouvent les corps étrangers qu'on trouve renfermés dans une matière, peuvent donner des points d'appui qui mènent à l'inſtruction; en ſecond lieu, parce que lorſqu'il s'agit de mettre en ordre une collection auſſi nombreuſe & auſſi variée que celle des produits volcaniques, les diviſions qui fixent les idées ne ſont jamais nuiſibles.

Cette variété vient de l'Iſle de Vulcano, elle eſt citée, page 35, n°. 3, du Voyage aux Iſles de Lipari.

Variété 8.

Verre volcanique capillaire noir, ou d'un noir verdâtre, diviſé en une multitude de filets flexibles, mais fragiles, terminés ſouvent par de très-petits globules de la même matière.

Le verre volcanique diviſé en filamens réguliers ſemblables au verre filé par la main de l'art, eſt une opération de la nature aussi singulière que difficile à concevoir.

Le Volcan de l'*Isle de Bourbon*, produisit dans une eruption une si grande quantité de ce verre, que la terre en fut couverte, les filets en étoient très-longs. Celui de l'*Isle de l'Ascension* en rejetta aussi autrefois, mais il étoit presque tout configuré en petits globules.

Ce phenomène n'a point encore été observé au *Vésuve*, à *l'Etna*, ni au *Mont Hécla*, soit que ces Volcans n'aient jamais produit une pareille matiere, ou qu'ils en aient rejetté un si petite quantité, que ce verre léger & fragile a été peut-être détruit presqu'en même-tems qu'il a été élancé dans l'air.

M. le Chevalier de Dolomieu a reconnu depuis peu à l'Isle de *Vulcano* du verre capillaire, du plus beau noir & d'un extrême finesse dans les cavités d'une lave basaltique décolorée en partie par les vapeurs, & pleine de schorl noir, non altéré; je dis de schorl noir parce qu'en effet on croit y reconnoître cette matière qui n'étant pas absolument caractérisée pourroit bien n'être due qu'à de petits points noirs vitreux de la nature de la pierre obsidienne, l'échantillon qu'il a eu la bonté de me donner renferme dans une cavité mise à découvert, un paquet de ce verre soyeux très-bien conservé, & d'une si grande finesse & en même-tems d'un si beau noir, qu'en l'examinant au grand jour avec une forte loupe, l'on croit voir des houpes de cheveux du noir le plus foncé, qui se croisent en divers sens, & qui sont d'une extrême finesse & d'un calibre égal.

Ce Naturaliste fait mention de ce verre capillaire à la page 36, n°. 7, de son Voyage aux Isles de Lipari, & le décrit de la manière suivante : *Lave grise traversée par des veines blanches presque parallèles, & contenant quelques points noirs vitreux. Cette lave solide, mais caverneuse, renferme dans ses cavites des filets capillaires de verre noir en flocons, d'une extrême délicatesse, & que le souffle dissipe. J'en ai trouvé beaucoup de morceaux semblables, & cependant je n'ai pu conserver que bien peu de ces filamens de verre, qui sont infiniment plus légers & plus fins que ceux du Volcan de l'Isle de Bourbon.*

M. le Chevalier de Dolomieu, en me remettant l'échantillon qu'il avoit eu la bonté de me destiner, m'apprit que ce verre de l'Isle de *Vulcano*, étoit le produit de l'éruption de 1774, où le Volcan élanca de gros blocs de lave compacte, renfermant dans leurs cavités des flocons de verre capillaire noir & qu'il y avoit des faiſceaux de ce verre de la groſſeur du poing, mais qu'ils étoient ſi fragiles qu'il étoit impoſſible de les tranſporter.

J'ai vu dans le Cabinet de M. Beſſon une lave baſaltique, compacte, gris de fer, un peu moins dure que le baſalte ordinaire, lardée de grenats blancs, vitreux & de quelques grains de ſchorl noir; cette lave offre ſur une de ſes faces un enfoncement produit par une fiſſure due au retrait de la lave, cette cavité qui occupe toute la partie ſupérieure de cet échantillon de pluſieurs pouces de diamètre, eſt tapiſſée d'une multitude de petits filets capillaires d'environ 3 à 4 lignes de longueur, ſe croiſant dans tous les ſens, & compoſés d'une matière vitreuſe, blanche tranſparente, qui réſiſte aux acides, & qui pourroit bien être un véritable verre blanc; M. Beſſon a trouvé ce verre capillaire dans les carrières volcaniques *de Saint-Sébaſtien* de Rome, dans la lave baſaltique dont on fait les pavés de cette Ville.

Le verre volcanique capillaire n'a donc été encore trouvé juſqu'à préſent,

1°. *Qu'à l'Iſle de Bourbon.*

2°. *Qu'à l'Isle de l'Ascension.*

3°. *Qu'à l'Isle Vulcano.*

4°. *Que dans un échantillon de lave basaltique des carrières de Saint-Sébastien de Rome.*

Variété 9.

Verre volcanique blanc, transparent, donnant des étincelles avec le briquet & ressemblant au verre ordinaire le plus beau.

Il faut que la réunion des circonstances propres à produire le verre volcanique blanc ne se rencontre pas souvent, puisqu'il est si difficile de trouver cette matiere dans les Volcans que nous connoissons le mieux, je n'ai jamais pu rencontrer dans la multitude de recherches que j'ai faites dans les pays volcanisés, qu'un seul morceau de verre de cette espèce, que je recueillis dans le cratère de *Montbrul*, en Vivarais. M. de la *Metherie* en trouva un second parmi les laves du Vivarais, & enfin M. *Hell*, Grand Bailli du Landzer, visitant les Volcans du *Quouérou*, en trouva un troisième parmi les laves poreuses du même cratère de *Montbrul.* Ce Naturaliste instruit, eut la bonté de me donner cet échantillon ; j ai vu celui de M. de la Metherie, dans le Cabinet de M.

de Romé de Lisle. Ces trois morceaux offrent absolument la même qualite de verre ; brillant & transparent, dont la surface est formée en très petits mamelons semblables à ceux qu'on remarque sur quelques calcédoines.

Ce verre qui a environ 2 lignes d'épaisseur sur 1 pouce de largeur, est adhérent à une lave basaltique un peu poreuse, d'un brun violâtre renfermant des grains de schorl noir.

J'ai lu dans la Traduction Françoise du Livre de M. de *Troïl* sur l'Islande, pag. 337, Lettre vingt-unieme, adressée à M. *Bergman*, que notre Voyageur faisant part au célèbre Chymiste Suédois, des divers produits volcaniques qu'il avoit observé au *Mont Hecla*, fait mention du verre volcanique blanc de la manière suivante : » *dans un petit nombre d'en-* » *droits, on en trouve de l'agathe d'Islande* (que M. de Troïl reconnoît très-bien n'être que du verre) *de la blanche transparente & presqu'en forme de crystal.*

M. *Stoutz*, Officier dans le Régiment de Nassau, eut la complaisance de me donner au mois de Janvier dernier 1783, deux très-beaux morceaux de verre volcanique blanc, adhérent à une lave poreuse rougeâtre un peu altérée, commencant à paſſer à l'état argileux; ce verre a la même couleur, la même dureté & la même forme que celui du Vivarais, c'eſt-à-dire, qu'il a ſa ſurface mamelonnée: le premier de ces échantillons a plus d'un pouce 4 lignes de longueur, ſur un pouce de largeur. Le ſecond, beaucoup plus conſidérable, porte un caractère qui me met dans le cas d'en faire une variété; ils viennent l'un & l'autre des environs de Francfort, & M. Stoutz les tenoit de M. Muller qui les a découverts du côté de *Saxenhauſen*, à un quart de lieue de la Ville.

Le verre volcanique blanc n'a donc encore été reconnu juſqu'à préſent,

Qu'au Mont Hecla en Iſlande, par M. de Troil.

Qu'aux environs de Francfort, par M. Muller.

Qu'en Vivarais, par M. Hell, par M. de la Metherie & par moi.

M. de Liſle en a quelques globules dans une lave poreuſe d'Auvergne.

Variété 10.

Verre volcanique blanc donnant des étincelles avec l'acier, & dont toute la ſuperficie mamelonnée eſt brillante & argentée comme la plus belle nacre. Ce beau verre eſt adhérent à une lave poreuſe rougeâtre un peu argileuſe.

Cet échantillon remarquable, dont la grandeur eſt d'un pouce neuf lignes de longueur, ſur un pouce de largeur, eſt d'un verre brillant, qui a éprouvé une bonne fuſion, puiſqu'il s'eſt introduit dans les plus petites fiſſures de la lave.

Il ſeroit ſans doute très-difficile de rendre raiſon de l'accident qui le diſtingue, & qui lui a donné cette couleur & ce ton nacré ſi brillant : ſeroit-ce une eſpèce d'altération occaſionnée par l'acide ſulphureux ou par quelqu'autre émanation volcanique? J'ai de la peine à me le perſuader; parce qu'il me ſemble alors que ce verre au lieu d'avoir conſervé un auſſi beau poli, ſeroit terne & corrodé, tandis qu'il eſt très-doux au toucher, & que ſa couleur a le brillant, la même teinte & le poli des plus belles nacres, l'on pourroit preſque dire des véritables perles.

Je ſais auſſi que comme on trouve quelquefois dans la terre ou dans des tombeaux antiques, des vaſes cinéraires, & des ampoules de verre que l'action du tems, ou plutôt que les vapeurs intérieures de la terre ont irriſés, & rendus châtoyants, il pourroit ſe faire que la même cauſe eût agi ſur le verre volcanique; mais j'ai vu dans ce dernier cas, que le verre antique châtoyant eſt véritablement altéré, & que ſes molécules ont pris une forme feuilletée & lamelleuſe qui réfléchiſſant la lumière ſous divers angles produit ces eſpèces d'iris. J'ai conſtamment obſervé alors que ce vernis argenté eſt peu ſolide & qu'on a la facilité de le détacher avec un inſtrument tranchant tel qu'un canif, au lieu que la couche argentée du verre volcanique eſt bien plus adhérente & d'un plus beau poli; cependant comme ce dernier verre eſt plus dur que le verre de l'art, & qu'il eſt probable qu'aucune ſubſtance ſaline ne lui a ſervi de fondant; je ne ſerois pas éloigné de croire que la même cauſe l'a attaqué & lui a donné ce beau vernis nacré; mais que la matière étant beaucoup plus ſolide, a éprouvé un moindre degré d'altération.

Mais s'il eſt difficile de prononcer ſur l'agent qui a occaſionné un tel changement ſur la ſurface de ce verre, il l'eſt bien plus encore de reconnoître quelles ſont les matières qui ſont entrées dans ſa compoſition. M. *Stoutz* en me donnant les échantillons que je viens de décrire, y joignit quelques morceaux du même verre, formé en table & diviſé en petites couches; un des côtés d'un de ces morceaux, eſt également couleur de perle, & comme il eſt lamelleux, il reſſemble parfaitement à une écaille de nacre, la partie, oppoſée, eſt plus diaphane, & imite certains *pechſtein* tranſparens de Hongrie; il eſt plus fragile que le verre adhérent aux laves. Mais il eſt impoſſible de rien prononcer ſur cette matière qui a été dénaturée par le feu.

Le verre volcanique nacré de cette variété vient des environs de Francfort.

CHAPITRE XVII.

BRECHES ET POUDINGUES VOLCANIQUES.

BRECHES VOLCANIQUES FORMÉES PAR LE FEU, SANS LE CONCOURS DE L'EAU.

JE nomme poudingues volcaniques d'anciens produits de Volcans remaniés par le feu, & amalgamés avec de nouvelles laves qui s'en ſont emparé, pour ne former enſemble qu'un tout, qu'un même corps. Les laves de la Montagne de *Danis du côté de Polignac*, celles du Rocher *Corneille* & du Rocher *Saint-Michel*, au *Pui en Velai*, ſont de ce genre.

Les matières qui forment les poudingues volcaniques, ſont quelquefois liées par une lave compacte de la nature du baſalte, & alors ce poudingue eſt d'une grande dureté; mais il eſt des circonſtances où la pâte des poudingues eſt moins dure, ſoit qu'elle ſoit ſortie telle de la bouche des Volcans, ſoit qu'elle ait été altérée poftérieuremenr à fa formation. Elle varie alors dans fa couleur, dans fa dureté, &c. l'on comprend, en un mot, qu'il doit exifter bien des variétés en ce genre.

Lorfque les fragmens, les éclats des laves anciennes font de forme irrégulière, & à angles tranchans, je leur donne le nom de *brèches volcaniques*, lorfqu'ils font ufés & arrondis par le frottement, ou par d'autres caufes, je les appelle *poudingues des Volcans*; cette diftinction m'a paru néceffaire.

Variété I.

Brèche volcanique formée par une multitude de fragmens irréguliers de lave noire à petits pores. Plufieurs de ces fragmens font fondus au point qu'ils font rapprochés d'un émail de Volcan, tandis que d'autres font beaucoup moins vitrifiés; tous font enveloppés dans une efpèce d'écume volcanique jaunâtre qui les cimente.

Cette brèche très-dure a quelques portions de la pâte qui lui fert de gluten converties en matière argilleufe blanche & friable.

De la Montagne de Danis, auprès du Pui, où il exifte un Rocher entier de cette lave. L'on y a ouvert des carrières qui paroiffent très-anciennes ; car cette brèche qui peut être taillée eſt excellente pour les conſtructions, la Cathédrale, monument très-ancien, en eſt bâtie.

Variété 2.

Même brèche, où les fragmens de laves ſont plus gros, & où l'on reconnoît que quelques-uns ont peu ſouffert par le feu, tandis que d'autres ſont changés en émail noir. La lave qui les a réuni eſt d'un gris jaunâtre, & plus compacte que celle du numéro précédent.

Cet échantillon eſt encore remarquable par un nœud de quartz blanc demi-tranſparent de deux pouces de longueur, ſur un pouce 3 lignes de largeur, qui a parfaitement réſiſté au feu. L'on diſtingue dans les interſtices de ce quartz des globules de lave noire vitrifiée.

De la Montagne de Danis dans les environs du Pui en Velai.

Variété 3.

Brèche volcanique formée par une lave d'un gris noirâtre qui s'eſt emparé en coulant d'une multitude de fragmens baſaltiques ſémi poreux.

Ce morceau eſt d'autant plus intéreſſant,

qu'il renferme plusieurs noyaux de spath calcaire blanc, d'un brillant argentin, cryslisé en rayons divergens, dont les aiguilles longues, fines & soyeuses partent de plusieurs centres.

La configuration, la couleur blanche laiteuse, & un peu argentine de ce spath renfermé dans la lave, font d'abord présumer que c'est une zéolite, & des yeux exercés s'y tromperoient si l'on s'en rapportoit au seul témoignage de la vue; mais en touchant cette pierre avec de l'acide nitreux, l'on voit que ce n'est absolument qu'un spath calcaire en rayons divergens.

Les deux grandes faces de cette brèche, sont presque entièrement couvertes de ce spath; l'on y en distingue plusieurs grouppes d'un pouce de diamètre, palmés comme la plus belle zéolite; mais il faut faire attention que ce n'est point ici une crystallisation superficielle formée après coup; car, non-seulement la matière spathique pénètre dans l'intérieur de la brèche, mais on y voit dans certaines parties de simples fragmens de globules, de véritables portions de sphères, spathiques, crystallisées en rayons; dans d'autres parties, des segmens cunéiformes de même matière formant des faisceaux anguleux,

anguleux, tandis qu'on trouve quelques morceaux abſolument réguliers.

L'inſpection de ce bel échantillon ne laiſſe aucun doute ſur la manière dont les divers nœuds de ſpath ont été introduits dans cette lave ; leur poſition annonce qu'ils n'ont pas été formés après-coup dans les cavités qui auroient pu ſe rencontrer dans cette brèche, mais qu'ils exiſtoient antérieurement à cette éruption, & qu'ils ont été enveloppés par la lave à l'époque où le poudingue a été produit. J'ai détaché moi-même ce beau morceau de la partie la plus élevée *du Pic de Saint-Michel au Pui.*

M. Sage fait mention, dans ſes Elémens de Minéralogie, page 148. Tome premier, d'un ſpath à-peu-près ſemblable, trouvé par M. Pazumot, *à Marcouin, près de Volvic, dans le centre d'un baſalte graveleux en décompoſition.*

Longueur, 4 pouces 6 lignes.
Largeur, 2 pouces 6 lignes
Epaiſſeur, 9 lignes.

Variété 5.

Brèche volcanique à fond couleur fauve tachete de noir.

Divers fragmens de laves qui ont éprouvé un feu capable de les vitrifier & de les changer en un eſpèce d'émail poreux, ont été enveloppés par une lave ſécondaire, d'un gris fauve, à grains compacts qui entrent en décompoſition, tandis que les éclats de lave vitrifiée ſont intacts.

Du Rocher Corneille, au Pui en Velai.

Variété 6.

Brèche volcanique formée par une multitude de fragmens irréguliers de véritable pierre ponce blanche ſtriée, de pierre ponce griſe, & de pierre ponce d'un gris ſi foncé qu'elle paroît noire, & d'une pâte friable de pouſſière de ponce qui a enveloppé & réuni ces matières.

La pierre ponce pulvérulente qui ſert de baſe à cette brèche peut s'y être attachée, ſoit en coulant à la manière des ſables ardens que vomiſſent quelquefois l'Ethna, le Mont Hécla & d'autres Volcans, & en ramaſſant ſur ſa route ou dans les cavités de la Montagne, d'anciens dépôts de pierre ponce réduite fragmens; ou bien cette pouſſière de ponce peut être tombée, en manière de pluie, pêle-mêle avec des éclats de ponce, & avoir pris de la conſiſtance au moyen des pluies qui en auront rapproché

& cimenté les molécules, ou enfin, il a pu arriver qu'il y ait eu des eaux portées au dernier degré d'incandeſcence dans le courant; mais comme rien ne peut mettre ſur la voie de débrouiller cette énigme, & que cette brèche n'offre aucun caractère d'éruption boueuſe, j'ai cru qu'il étoit plus convenable de la placer parmi les brèches volcaniques formées par le feu, ſans le concours de l'eau.

Cette variété ſe trouve en abondance vers le Golphe de Baye, près de Pouzzole.

BRECHES, POUDINGUES ET AUTRES MATIÈRES VOLCANIQUES PROVENUES D'ÉRUPTIONS BOUEUSES.

Les Volcans ont vomi quelquefois des ruiſſeaux de matières boueuſes. L'eau, dans cette circonſtance, portée à un degré violent d'ébullition, imprégnée, pour l'ordinaire, de diverſes ſubſtances ſalines, & combinée avec différens gas, devoit néceſſairement produire des diſſolutions aſſez promptes, des ſédimens, des dépôts, des cryſtalliſations précipitées, & formées le plus ſouvent d'une manière confuſe; d'autres fois les laves altérées & décompoſées par les acides minéraux qui ſe combinoient avec des matières calcaires calcinées par les feux ſouterrains, formoient des eſpèces de cimens qui enveloppoient & retenoient fortement une multitude d'éclats baſaltiques, des quartzs, des ſilex, des grès, en un mot, les diverſes pierres qui ſe trouvoient ſur la route des courans boueux; delà les brèches, les poudingues, dans la formation deſquels le fluide aqueux eſt entré en concours avec le feu.

Variété 1.

Poudingue volcanique boueux compoſé, 1°. *de gros fragmens de pierre calcaire de couleur fauve, dont pluſieurs ont leurs angles émouſſés, & ont été arrondis par le frottement*: 2°. *D'une multitude d'éclats de baſalte noir intact*: 3°. *De jaſpe rouge groſſier*: 4°. *De ſilex pierre à fuſil*: 5°. *De quelques grains de ſchorl, le tout cimenté par une lave boueuſe d'un gris jaunâtre mêlée de quelques élémens calcaires.*

Cet échantillon eſt poli d'un côté; la pierre calcaire qui abonde dans ce poudingue n'a pas été altérée. L'on voit indubitablement que l'eau a agi avec le feu, & que toutes ces différentes matières réunies ont éprouvé de grands frottemens dans les cavités souterraines où le feu & l'eau les élaboroient.

Des environs de Rochemaure, en Vivarais.

Variété 2.

Poudingue volcanique formé par une multitude de noyaux arrondis, de véritable pierre ponce, d'un gris blanchâtre, liés par un ciment dû à une lave d'un gris fauve, sèche & friable & un peu terreuse, qui contient des grains & des crystaux de schorl noir.

Je suis, je l'avoue, très-embarrassé de classer exactement cette variété; mais comme tous les fragmens de pierre ponce sont arrondis, ce qui ne peut être que l'effet des frottemens, & que le schorl bien conservé n'est point altéré par le feu, je présume que le feu seul n'a pas agi sur ces matières, & que le fluide aqueux y est entré pour quelque chose, ce qui a donné à toutes ces ponces la facilité de perdre leurs angles, & d'être arrondies par le frottement. C'est ce qui m'a déterminé à placer cette variété parmi les éruptions boueuses, & j'y ai été déterminé avec d'autant moins de peine que j'ai trouvé des linéamens de ſpath calcaire déposés dans quelques interſtices de ce poudingue.

Des environs de Baye, près de Pouzzole.

Variété 3.

Brèche volcanique boueuſe formée, 1°. par une multitude de très-petits éclats de baſalte noir, dont quelques-uns ſont durs & ſains, tandis que d'autres ſont altérés & ſe réduiſent en pouſſière; ceux-ci ſont d'un gris bleuâtre, pluſieurs ſont changés en chaux ferrugineuſe d'un brun jaunâtre: 2°. Par du ſchorl noir brillant: 3°. Par de très-petits fragmens de jaſpe rouge: 4°. Par des veines de ſpath calcaire blanc demi-tranſparent: 5°. Par des noyaux d'une pierre blanche argileuſe tirant un peu ſur le roſe tendre, tachetés d'une multitude de petits points d'un noir très foncé qui pénètrent dans l'intérieur de la pierre; le tout lié par une lave argileuſe, variée par la couleur en raiſon de ſa décompotion plus ou moins avancée, & qui eſt tantôt brune, griſe, jaunâtre, ou d'un brun rouge.

Les points noirs qui traverſent les fragmens de pierre argileuſe blanche enveloppés dans cette brèche boueuſe, ſont d'un noir foncé, la matière en eſt terreuſe, & l'on ne peut pas déterminer ſi c'eſt un ſchorl décomposé ou une autre matière.

Cette brèche forme une colline entière, une espèce de monticoli de plus de 300 pieds d'élévation, située au pied du Volcan de Rochemaure, dans la partie qui correspond au Château.

Variété 4.

Spath calcaire blanc demi-transparent, lardé de divers fragmens de basalte noir.

Ce morceau scié & poli, est du plus bel effet, tant pour son volume, pour la beauté du spath, que par le basalte, dont la couleur noire tranche sur un fond blanc. Cet échantillon est démonstratif pour prouver que les eaux ont souvent remanié certaines laves.

Cette belle brèche a été trouvée derrière le Château de Rochemaure, dans les filons de spath calcaire qui traversent les Mines de Pouzzolane grise.

Longueur, 5 pouces.
Largeur, 3 pouces 6 lignes.
Epaisseur, 1 pouce 4 lignes.

Variété 5.

Brèche volcanique boueuse, composée de basalte noir, de basalte terreux converti en pouzzolane rougeâtre, de fragmens de pierre calcaire, de grains de ſchorl noir, avec une couche d'un pouce d'épaiſſeur de ſpath calcaire cryſtalliſé en priſmes trièdres à pyramide de même forme, ſaillans & divergens autour de pluſieurs centres.

Il y a de ces cryſtalliſations en ſpath lenticulaire, en crête de coq, &c.

Des Mines de Pouzzolane de Rochemaure.

Variété 6.

Lave boueuſe d'un gris un peu rougeâtre, d'un grain fin, ſerré, compact, imitant celui des ſilex, ſe rompant comme ces dernières pierres en grands éclats irréguliers; mais d'une pâte plus terne,

D'une dureté égale à celle des pierres calcaires compactes, ſe laiſſant attaquer avec la pointe d'un canif, & ne donnant aucune étincelle avec l'acier,

Ne faiſant abſolument aucune efferveſcence avec les acides, exhalant une forte odeur argileuſe lorſqu'on ſouffle deſſus,

Renfermant quelques petits filets, quelques points, quelques linéamens noirs irrégulièrement interpoſés dans la pâte.

Ces petites taches noires, ſont plus abondantes & réunies par paquets, dans quelques échantillons; elles ſont longitudinales, & reſſemblent à des fragmens de végétaux, à des parcelles ligneuſes qui paſſent à l'état bitumineux.

Ces corps étrangers ſont très-difficiles à détermi-ner ; mais en les examinant avec de fortes loupes, dans un bel échantillon que je poſſéde & que j'ai dépoſé au Cabinet du Roi, j'y ai vû un de ces fragmens de matière noire qui a appartenu incon-teſtablement au règne végétal : l'on y reconnoit les fibres parallèles, & l'organiſation d'une eſpèce de bois, ou d'une plante ligneuſe ; la matière eſt convertie en une eſpece de charbon, les autres mor-ceaux ſont moins caractériſés; mais celui-ci ne laiſſe aucun doute, & l'on doit juger par analogie, que les autres ont appartenu au même genre (1)*; l'on diſ-tingue un de ces fragmens de 5 lignes de diametre, de la même matière charboneuſe plein de points brillans, produits par une pyrite d'un jaune pâle.*

La partie de l'échantillon où ſont tous ces débris de végétaux, diffère, quant à la pâte, du reſte de la matière où ces mêmes débris ſont moins abondans. Celle où ils ſont en petits filets iſolés eſt compacte, unie, & douce au toucher, tandis que celle

(1) M. le Chevalier de Dolomieu a cru y reconnoître *des fragmens de feuille d'algue.* Mais j'ai trouvé une épaiſ-ſeur & une conſiſtance' trop grande à ces corps étrangers pour les juger tels. La loupe y met d'ailleurs à découvert une contexture ligneuſe que n'ont pas les feuilles de l'algue.

où ils ſont par paquets, eſt blanchâtre & poreuſe; en examinant cette dernière avec la loupe, l'on eſt ſurpris de la trouver très-rapprochée par le grain & par la poroſité, de la pierre ponce.

Cette lave ſingulière qui ſe trouve dans l'eſcarpement de la montagne ou ſont les étuves de Lipari, & d'où il ſort une ſource conſidérable d'eau preſque bouillante, eſt diſpoſée en couches parfaitement horiſontales, alternativement interrompues par des couches également horiſontales & parallèles de laves griſes, pulvérulentes, friables & foiblement aglutinées.

Ce qu'il y a de bien étonnant, c'eſt qu'on compte dans cet eſcarpement plus de cinquante couches alternatives de lave en pouſſière & de lave pierreuſe; que les premières ont 2 ou 3 pieds d'epaiſſeur, & les dernières 4 à 5 pouces, & que celles-ci ont été diviſées, par le retrait, en eſpèces de cubes dont les côtés ſont colorés par une ſubſtance ferrugineuſe qui s'y trouve interpoſée.

Enfin je ne dois pas oublier de dire que les parties ſupérieures & inférieures des couches de lave pierreuſe, ſont un peu poreuſes dans les parties qui ſont en contact avec la lave pulvérulente, que ces pores ſont très-caractériſés, qu'ils ſont le produit de la fuſion, que la matière en eſt beaucoup plus dure, plus vitreuſe, & que ces parties cellulaires font mouvoir le barreau aimanté, tandis que le reſte de la matière n a aucune action ſur l'aimant.

Un tel produit volcanique eſt ſi étonnant, que j'ai cru que les Naturaliſtes qui n'ont pas vu les échantillons de cette lave ne me ſauroient pas mauvais gré d'avoir étendu cette deſcription, afin de les mettre à portée de s'en former une idée; tandis que ceux qui voudront ſe donner la peine de les examiner, reconnoîtront l'exactitude de cette deſcription, & après avoir ſaiſi les caractères que j'indique, ils en diſtingueront peut-être d'autres qui pourront nous donner des éclairciſſemens plus ſatisfaiſantes ſur la formation ſingulière de cette colline volcanique.

D'un autre côté les Voyageurs Naturaliſtes que le goût de l'inſtruction appellera à *Lipari*, ſeront bien-aiſes de porter leur attention ſur un monument de cette eſpèce, & l'obſervation locale leur donnera des facilités pour porter leur jugement ſur un objet que je regarde comme trop au-deſſus de mes forces.

Je penſe à la vérité, avec M. le Chevalier de Dolomieu, que les couches de lave compacte de l'eſcarpement de cette colline volcanique, ſont les produits d une éruption boueuſe; mais je me trouve ſur-le-champ arrêté, en examinant les parties ſupérieures de chacune de ces couches qui ſont poreuſes, & ont été inconteſtablement vitrifiées dans tout leur parallèliſme juſqu'à la profondeur de 2 ou 3 lignes.

Or, il faudroit néceſſairement ſuppoſer que chaque couche boueuſe mêlée d'eau, après s'être développée d'une manière égale dans toute la longueur du banc, s'eſt deſſéchée, & qu'apres avoir acquis la plus forte conſiſtance, une couche de lave pulvérulente, ſans eau & portée au plus fort degré d'incandeſcence, eſt venue non-ſeulement recouvrir cette lave compacte, mais a été aſſez ardente pour occaſionner ſur ſa ſurface une fuſion qui l'a rendue poreuſe ſur ſa ſuperficie.

Je ſais que M. le Chevalier de Dolomieu penſe que l'éruption boueuſe s'eſt étendue uniformément *ſur les couches de cendre que le*

Volcan vomiſſoit, & qu'elle s'eſt incorporée *la cendre qu'elle recouvroit ;* mais, ou la *cendre*, c'eſt-à-dire la lave pulvérulente, étoit dépoſée en manière de pluie, où elle arrivoit par courant ; ſi elle étoit élancée dans l'air, & qu'elle tombât de manière à former des couches, elle devoit avoir perdu conſidérablement de ſa chaleur, & elle étoit incapable de fondre la ſurface de la lave compacte ; ſi au contraire le Volcan vomiſſoit la lave pulvérulente, & qu'elle arrivât toute en feu ſur la lave boueuſe, celle-ci étant encore humide, la première n'avoit pas le pouvoir d'en fondre la ſurface ; mais ſi l'on veut ſuppoſer qu'il s'eſt écoulé un long intervalle de tems entre une coulée & une autre, & qu'on en faſſe autant d'éruptions différentes, il ſe préſentera toujours de nouvelles difficultés ; car alors, il faudra néceſſairement ſuppoſer que chaque éruption a toujours eu lieu dans les mêmes rapports, & avec des circonſtances pareilles, & il paroîtroit hors de vraiſemblance que cinquante ou ſoixante éruptions différentes, qui ſuppoſeroient au moins, dans l'hypothèſe actuelle, un laps de tems de 40 à 50 ans, euſſent toujours travaillé les mêmes matières en les projettant conſtamment d'une manière uniforme.

L'on pourroit dire, peut être, que la couche de lave boueuſe s'etendant d'une manière uniforme ſur la lave pulvérulente, s'en approprioit une partie dans les points de contact, & que cette lave étant composée de *détritus* de lave poreuſe, cette dernière ſe trouvoit amalgamée avec la première qui au moment du retrait en retenoit une légère couche, & c'eſt-là le ſentiment de M. de Dolomieu.

Cette manière d'enviſager la choſe donneroit, à la vérité, une explication plauſible de cette théorie, mais les faits s'oppoſent abſolument à une telle ſuppoſition; car en examinant avec attention cette croûte poreuſe adhérente à la lave boueuſe compacte, l'on voit d'une manière indubitable, qu'elle n'y a point été dépoſée par *juxta-poſition*, mais que c'eſt la lave boueuſe elle-même qui a reçu dans cette partie un coup de feu capable de la faire bouillonner, & de la rendre poreuſe, car non-ſeulement la matière eſt la même, mais l'on peut ſuivre les progrès du feu.

J'ai attaqué dans mes fourneaux, cette

lave compacte dans les parties qui n'ont pas souffert par le feu, & elle n'a pas tardé d'éprouver une demi-vitrification qui l'a criblée de pores & de soufflures.

Je pense donc qu'il faut renoncer à donner une explication de ce fait volcanique, jusqu'à ce que de nouvelles observations nous mettent dans le cas de mieux reconnoître la manière dont la nature s'est comportée dans cette circonstance (1).

---

(1) Le Lecteur verra sans doute avec plaisir ce que M. le Chevalier de Dolomieu dit de cette lave, & du lieu où on la trouve.

» A trois cents pieds à-peu-près au-dessus des étuves » (de l'Isle de Lipari) il sort du corps de la haute montagne » une source considérable d'eau presque bouillante qui fait » mouvoir trois moulins qu'on a placés à quelque distance » de sa chûte. La chaleur de cette eau est encore très-forte » lorsqu'elle a été battue par les roues qu'elle met en mou- » vement, & elle jette une fumée épaisse. Elle va à la mer » par un ravin profond, & elle sert, lorsqu'elle est refroidie, » à la boisson de tous les habitans de l'Isle, qui n'en ont » point d'autre. Elle contient un peu de sel ammoniac & » du sel alumineux. Son goût est fade & elle me parut pe- » sante & désagréable; elle n'a point l'odeur du soufre. Je » crois que les eaux de cette source abondante fournissent les » vapeurs humides des étuves, & que le réservoir où elles » sont contenues & échauffées, communique par des ca- » naux avec l'intérieur du monticule dont j'ai parlé.

Variété. 7.

Poudingue composé de divers fragmens roulés & arrondis de basalte noir, dur, intact, de granit

---

» L'escarpement de la montagne d'où sort l'eau bouillante, » présente une singularité remarquable qui excita mon éton- » nement. Cette montagne est composée de couches exacte- » ment horisontales & parallèles entr'elles, qui sont formées » alternativement de cendres grises foiblement aglutinées, & » de pierres grises rougeâtre qui ressemblent au jaspe & au- » tres pierres silicées. Elles ont un grain fin & serré, une » cassure vitreuse, une couleur grise avec des veines rouges, » & elles me parurent, tant par leur disposition que par leur » nature, parfaitement semblables aux couches d'agathe & de » jaspe de la montague de Torcisi en Sicile. Je fus long-tems » avant de pouvoir me persuader qu'elles fussent un produit » volcanique. Je ne concevois pas comment une lave avoit » pu couler d'une manière si uniforme avec une épaisseur » par-tout si égale. Je ne voyois rien dans cette pierre qui portât » les caractères du feu Elle est si différente de toutes les matières » que les Volcans m'avoient données jusqu'alors, que je ne pou- » vois croire qu'elle leur appartint. Cependant elle se trouve au » milieu de cendres bien certainement volcaniques. Je vis à » leur surface quelques boursouflures, & quelques petits » pores arrondis. Je remarquai que les cendres s'étoient in- » corporées sur ces mêmes surfaces. Je reconnus dans leur » intérieur quelques fragmens de végétaux, & enfin après en » avoir cassé une grande quantité, je trouvai dans le centre » d'une d'elles une feuille d'algue qui n'avoit point été alté » rée; ces circonstances qui paroissent contradictoires m'é-

rose,

rose, formé de feld-spath, de quartz & de schorl noir, d'un autre granit roulé gris-blanc avec les mêmes matières de cailloux roulés de quartz blancs laiteux, opaque; le tout réuni & cimenté par un sable de granit fortement adhérent.

Quoique ce poudingue, unique peut-être en son genre, ne soit pas le produit d'une éruption volcanique boueuse, il tient de si près aux Volcans, & il présente un fait si

---

» clairèrent sur la formation de cette pierre singulière. Je » vis une éruption boueuse & argileuse qui doit s'être éten- » due successivement sur les couches de cendres que le Vol- » can vomissoit en même-tems. Je ne pouvois plus avoir de » doute sur le genre de fluidité que cette matière avoit eue. » Si le feu l'avoit opéré, il auroit détruit toutes les parties » végétales que j'y ai retrouvées, & lui auroit donné un ca- » ractère différent; il faut nécessairement que cette pierre » ait été presque liquide pour s'être étendue aussi uniformé- » ment, & pour avoir empâté & s'être incorporé la cendre » qu'elle recouvroit; le desséchement y a produit des gerçu- » res qui ont divisé ses bancs en cubes, dont les côtés lisses » & unis sont colorés par un gas ferrugineux qui a coulé » entre deux. Je comptai dans l'escarpement de cette mon- » tagne plus de cinquante couches alternatives de cendres & » de pierres; celles de cendres ont 2 ou 3 pieds d'épaisseur, » celles de pierres 4 ou 5 pouces «. (*Voyage aux Isles de Lipari, par M. le Chevalier de Dolomieu, in-8. p. 56 & suiv.*)

curieux que je n'ai pas cru devoir le paſſer ſous ſilence.

Une ſource conſidérable d'eau fortement imprégnee de gas acide-méphitique coulant au pied du Volcan éteint de *Saint-Léger*, près de *Neirac*, paroiſſe de *Mairas*, aglutine les cailloux ſur leſquels elle paſſe.

Ce Volcan éteint de *Saint-Léger*, digne de la curioſité & de l'attention des Naturaliſtes, développe un ſi grande quantité de gas méphitique, qu'il faut qu'il en exiſte un magaſin immenſe dans cette partie de la montagne.

Car l'on y trouve, 1°. trois ſoupiraux, qui ne ſont que des eſpèces d'excavations faites en manière de puits de quatre pieds de diamètre, ſur quatre pieds & demi de profondeur, dont deux ſont revêtues en moëlons bruts; ces puits méphitiques voiſins les uns des autres, & ſitués dans un terrein en amphithéâtre, contiendroient, s'il n'étoient pas expoſés à l'action des vents & de la pluie, des émanations beaucoup plus fortes & plus abondantes que celles de la *Grotte du chien*, près de *Pouzzole*.

2°. A peu de diſtance de là & ſur une belle pélouſe ſituée au pied d'un bois de châtaigniers, l'on trouve un réſervoir de 9 pieds de largeur ſur ſix de profondeur, de forme quarrée, revêtu en groſſes pierres de granit grisâtre ruſtiquement façonnées; ce baſſin eſt plein d'une eau limpide & vive ſans ceſſe couverte de groſſes bulles qui bouillonnent & ſe ſuccèdent avec rapidité, l'air qui s'en exhale avec profuſion eſt des plus méphitiques, & l'eau eſt ſi imprégnée de ce gas qu'en la portant à la bouche elle picotte la membrane pituitaire comme le vin de Champagne le plus mouſſeux.

Les oiſeaux qui viennent boire à ce réſervoir y ſont ſouvent ſuffoqués par la vapeur; & comme on y en trouve pluſieurs de noyés, les payſans du lieu ne doutent pas quelle ne ſoit vénéneuſe; jai eu beau leur dire qu'elle étoit au contraire très-ſalutaire, j'ai eu beau en boire pluſieurs fois en leur préſence, je n'ai jamais pu les engager à en goûter.

3°. A quinze pas du baſſin & à la tête de la prairie l'on voit ſortir de terre diverſes ſources dont une entr'autres a au moins ſix pouces de diamètre, cette eau très-vive bouillonne comme la première en laiſſant échapper de toute part des bulles d'air méphitique.

Comme la partie de la montagne d'où

cette eau ſort eſt compoſée de déblais de baſaltes & d'autres matières volcaniques, recouverts par une légère couche de terre végétale très-fertile, le fluide aqueux fortement imprégné d'air fixe diſſout une partie du fer contenu dans ces laves & laiſſe un ſédiment ocreux abondant dans le voiſinage de la ſource.

Cette eau qui coule avec rapidité & qui eſt d'une belle tranſparence ne contient que du gas méphitique, & quoique les habitans du lieu la redoutent ſingulièrement pour eux-mêmes, ils ont reconnu qu'elle étoit des plus favorables à la végétation; ils s'en ſervent donc avec ſuccès pour arroſer leurs prairies; mais comme pour la détourner & la faire couler d'un endroit à l'autre, l'on eſt obligé d'ouvrir de petits canaux qui pour peu qu'on les creuſe mettent à découvert les déblais & la blocaille volcanique, cette eau n'a pas coulé un certain eſpace de tems ſur cette pierraille mobile, qu'elle la cimente & en forme une brèche de la plus grande dureté, non en dépoſant des incruſtations & des ſédimens calcaires, mais en attaquant la matière de la lave même & des autres pierres granitiques qui s'y trouvent mélangées, dont elle forme enſuite un ciment ſi adhérent qu'on a les plus grandes peines à rompre à grands coups de marteau cette brèche, c'eſt ce que j'ai obſervé en plus de vingt endroits de cette prairie où cette eau avoit coulé, tandis qu'à quelques pouces de diſtance de ces petits aqueducs naturels la blocaille n'a aucune adhéſion Pluſieurs Naturaliſtes célèbres ont vérifié ce beau point de fait.

Enfin cette eau continuant à couler ſur la pente de la montagne opère le même travail ſur toute ſa route, & comme elle va ſe perdre dans l'*Ardèche* qui n'en eſt pas éloignée, trouvant ſur le bord de cette rivière des amas de gravier, parmi leſquels il y a des *baſaltes*, des *granits* & des *quarts* roulés dans un ſable produit par le *détritus* de ces matières, l'eau méphytique de notre ſource aglutine tous ces corps & en forme un *poudingue* de la plus grande ſolidité, qui non-ſeulement fait une digue inébranlable contre l'Ardèche, mais qui s'avance dans l'eau de manière à gêner ſon cours dans cette partie.

L'on ne ſeroit pas fondé à objecter que c'eſt peut-être ici un poudingue diluvien d'ancienne date; d'abord, parce que l'obſervateur peut voir, pour ainſi dire, la nature agir ſous ſes yeux dans la formation de ce poudingue ; en ſecond lieu, parce que le gravier de l'*Ardèche* ainſi aglutiné, ne l'eſt que dans la partie où la fontaine imprégnée de gas méphitique vient mêler ſes eaux avec celles de la rivière, car le ſable & le gravier ſont mobiles ailleurs; c'eſt-à-dire, immédiatement avant, & immédiatement après cette bande de cailloux réunis, qui n'a qu'une douzaine de pas de largeur.

CHAPITRE XVIII.

DES DIFFÉRENTES ESPÈCES DE POUZZOLANES.

LA pouzzolane eſt un ciment naturel formé par les ſcories & par les laves pulvérulentes des Volcans. Cette terre, le ciment par excellence des Romains, pour les aqueducs, pour les conſerves d'eau, & généralement pour tous les ouvrages expoſés à une humidité habituelle, eſt trop intéreſſante dans l'art de bâtir pour que je ne m'empreſſe pas d'en faire connoître les variétés.

Cette terre, unie dans les proportions requiſes (1) avec une chaux de bonne qualité,

(1) *Vide* Recherches ſur les Volcans éteints du Vivarais, & du Velai, Article *Pouzzolane*. Paris, Nyon, Libraire, rue du Jardinet, & particuliérement *Mémoire ſur la manière de reconnoître les différentes eſpèces de Pouzzolane & de les employer dans les conſtructions ſous l'eau & hors de l'eau*, in-8. 1780, chez le même Libraire.

prend corps dans l'eau, & y forme un mortier ſi adhérent & ſi intimement lié, qu'il peut braver impunément l'action des flots, ſans éprouver la moindre altération. Le môle de *Pouzzole* connu ſous le nom de *Pont de Caligula*, & une multitude d'autres Fabriques antiques qu'on voit encore ſur les bords de la mer du côté de Naples, en ſont une preuve démonſtrative. Vitruve avoit donc raiſon d'écrire que cette terre *opère naturellement des choſes admirables*, & que les conſtructions qui en ſont formées, *ne peuvent être détruites ni par les vagues, ni par l'action de l'eau. Eſt etiam genus pulveris quod efficit naturaliter res admirandas.... Neque eas fluctus, neque vis aquæ poteſt diſſolvere.* Vit. lib. 2, cap. 6.

Comme la pouzzolane doit être regardée comme le produit des laves plus ou moins altérées, plus ou moins réduites en ſcories vitrifiées, ſpongieuſes ou pulvérulentes, ſoit par les différens degrés de calcination, ſoit pas le pouvoir & la combinaiſon des fumées acides ſulphureuſes, & des différens gas qui jouent un ſi grand rôle dans les foyers des Volcans en activité, il s'en ſuit qu'il doit exiſter pluſieurs variétés dans les pouzzolanes. Je vais faire connoître les plus essentielles (1).

Variété 1.

Pouzzolane graveleuse compacte, pouzzolane basaltique : la lave compacte, *le basalte* réduits en petits éclats, en fragmens graveleux, soit par la nature, soit par l'art, en les pulvérisant à l'aide de moulins semblables à ceux dont les Hollandois font usage pour piler une lave plus tendre connue sous le nom de *tras*, ou *ciment d'Andernachk*, (2) peuvent fournir une pouzzolane excellente, & propre à être employée dans l'eau & hors de l'eau.

» (1) M. Faujas de Saint-Fond, a découvert (dit M. de » Buffon) dans les Volcans éteints du Vivarais les mêmes » pouzzolanes grises, jaunes, brunes & roussâtres qui se » trouvent au Vésuve & dans les autres terreins volcanisés » de l'Italie. Les expériences faites dans les bassins du Jardin » des Tuileries, & vérifiées publiquement, ont confirmé » l'identité de nature de ces pouzzolanes de France & d'Ita- » lie, & on peut présumer qu'il en est de même des pouzzo- » lanes de tous les autres Volcans. *Hist. Nat. des Minéraux, tom.* 2, *p.* 87, *in*-4.

(2) Voyez le Journal de Physique de M. l'Abbé Rozier, où est la figure d'un de ces Moulins, tel qu'il est établi à Dordrecht ; Mars 1779, page 199, Planches 1 & 2.

L'on trouve quelquefois des amas de *basalte graveleux* dans le voisinage de certains *cratères*, & l'on peut en faire usage avec succès.

Cette variété existe au-dessus du Pavé de Chenavari en Vivarais.

Variété 2.

Pouzzolane poreuse formée par des laves spongieuses, friables, réduites en poussière ou en petits grains irréguliers.

C'est la pouzzolane ordinaire, si abondante dans les envirous de *Bayes*, de *Pouzzole*, de *Naples*, de *Rome* & dans plusieurs parties du *Vivarais*, &c.

Le principe ferrugineux de ces laves cellulaires, ayant éprouvé différentes modifications, a produit des variétés dans les couleurs de cette terre volcanique : il en existe de la rouge, de la noire, de la rougeâtre, de la grise, de la brune, de la violâtre, &c.

Les laves poreuses n'ont pas toutes souffert le même degré d'incandescence, c'est pourquoi l'on en voit dont les pores sont plus ou moins resserrés, les molécules plus ou moins adhérentes, & dont la pâte eſt plus ou moins friable : quelques-unes tendent à la décompoſition, & ſont un peu farineuſes; mais les unes & les autres étant mélangées avec la chaux, ont la propriété d'acquérir une grande dureté dans l'eau.

La pouzzolane poreuſe ſe trouve ordinairement en grands maſſifs diſpoſés quelquefois en manière de courant, dans le voiſinage des cratères, ou de certaines bouches à feu moins conſidérables. L'on en voit qui eſt naturellement réduite en pouſſière; mais il s'en préſente le plus ſouvent en grandes maſſes ſcorifiées qui ont une certaine adhérence & que l'on eſt obligé de rompre avec des marteaux.

La Mine de *Chenavari* en Vivarais, renferme cette variété qui exiſte au-deſſous de la pouzzolane argileuſe rouge.

On la trouve dans les environs de Naples à Boſcoréale, à la Somma, aux Monticoli, à l'Ethna, dans la plupart des Volcans éteints de l'Italie, dans ceux du Vivarais, du Velai, de l'Auvergne. Il faut chercher la pouzzolane dans les parties où ſont les laves poreuſes, c'eſt-à-dire, dans le voiſinage des cratères.

Variété 3.

Pouzzolane argileuſe, rougeâtre, ou d'un rouge

vif, ou d'un gris jaunâtre, affectant même ſouvent d'autres couleurs, d'une pâte ſerrée & compacte; mais tendre & terreuſe, renfermant ſouvent des grains, ou de petits cryſtaux de ſchorl noir intact, quelquefois des nœuds de chriſolyte volcanique friable.

Cette pouzzolane, quoique happant la langue & reſſemblant à une eſpèce de bol ou d'argile, eſt admirable pour la conſtruction ou le revêtement des baſſins, & généralement pour tous les ouvrages continuellement expoſés à l'eau. Elle eſt indubitablement le produit d'une lave compacte, d'un baſalte décompoſé par l'action de l'acide ſulphureux, ou par d'autres agens qui nous ſont inconnus.

L'on trouve preſque toujours cette pouzzolane, aſſiſe par bancs entre des coulées de baſalte, dans le voiſinage des anciens cratères démantelés, ou entre des lits de laves poreuſes; ce qui n'eſt pas étonnant, puiſqu'on doit conſidérer cette matière, non comme une argile fortement chauffée, ce qui ſeroit une erreur inadmiſſible, mais comme une véritable lave altérée. Il ſera facile de s'en convaincre par l'obſervation locale. L'on reconnoîtra, 1°. que cette matière eſt conſtamment placée parmi des produits volcaniques: 2°. Que ſa contexture eſt rapprochée de celle du baſalte, ſi l'on examine ſur-tout les morceaux d'un certain volume, & les moins altérés: 3°. En la tirant de la Mine par éclats, l'on voit qu'elle affecte dans ſa caſſure des irrégularités ſemblables à celles du baſalte qu'on rompt à coups de marteaux.

4°. Lorſque les bancs de lave compacte qui environnent cette pouzzolane ſont abondans en ſchorl, dès-lors cette terre en renferme elle-même, & le ſchorl s'y trouve dans la même poſition. Si au contraire les laves adhérentes contiennent de la chryſolite, la pouzzolane en contient auſſi, & cette chryſolite a ordinairement ſubi la même altération que la lave argileuſe, c'eſt-à-dire, qu'elle eſt devenue friable, quoique très dure de ſa nature, circonſtance auſſi intéreſſante que démonſtrative.

5°. La pouzzolane argileuſe offre ſouvent des paquets de laves poreuſes inclus dans les gros morceaux qu'on détache de la Mine, & les laves poreuſes adhérentes à la matière de la pouzzolane ſont convertis en ſubſtance terreuſe à l'inſtar de la pouzzolane.

6°. Enfin on trouve quelquefois de gros fragmens de belle pouzzolane, moitié baſalte noir & dur, & moitié lave rouge argileuſe.

La pouzzolane de cette variété, n'eſt donc, ſi l'on peut s'exprimer ainſi, qu'une eſpèce de chaux baſaltique; qu'une lave compacte en partie déphlogiſtiquée, car en cet état elle fait mouvoir le bareau aimanté (1), ce qui annonce qu'elle conſerve encore des élémens métalliques.

Si j'ai donné à cette pouzzolane le nom de *pouzzolane argileuſe*, c'eſt parce qu'elle happe la langue, qu'en la pétriſſanr dans l'eau, elle eſt pâteuſe & ténace ſous la main; mais elle différe eſſentiellement des argiles ordinaires; premièrement, par le grain, & par la forme des molécules; deuxièmement, par des propriétés chymiques qu'il ſeroit trop long de rapporter ici, & enfin par une expérience de comparaiſon qu'il eſt facile à chacun de vérifier. Prenez, en effet, une véritable argile quelconque, amalgamez-la

---

(1) Il ne faut pas ſe ſervir d'un aimant ordinaire pour faire cette expérience, ni d'une aiguille de bouſſole, mais d'un petit bareau d'acier aimanté, qui porte ſur un pivot pointu. Rien n'eſt ſi commode & ſi utile que cet inſtrument placé dans un étui ordinaire. Le Sieur Moyer, Horloger, place du Palais-Royal, tient de ces barreaux très-bien faits à un prix modique, ainſi que le ſieur Vincard, quai de l'Horloge.

avec de la chaux vive pour en faire un mortier à la manière accoutumée, l'union de ces deux ſubſtances ne ſe fera qu'avec peine, la matière s'aglutinera contre les inſtrumens, & formera un ciment boueux qui ne prendra jamais de la conſiſtance dans l'eau, & qui tombera en *détritus* à l'air. Répétez la même expérience avec une chaux ſemblable & avec la pouzzolane dont il eſt queſtion ici, & vous verrez que quoiqu'elle ſoit argileuſe en apparence, elle ne ſera pas plutôt en contact avec la chaux que ſa ténacité diſparoîtra, & qu'elle opérera ſous le rabot le même effet que ſi l'on employoit du ſable bien friable, le ciment qui en proviendra ne s'attachera point à la truelle, durcira fortement dans l'eau, & formera des enduits impénétrables à tous les fluides (1).

» (1) Je crois (dit M. de Buffon), qu'on pourroit mettre encore au nombre des pouzzolanes, cette matière d'un » rouge ferrugineux qui ſe trouve ſouvent entre les couches » des baſaltes, quoiqu'elle ſe préſente comme une terre bo» laire qui happe à la langue, & qui eſt graſſe au toucher; » en la regardant attentivement, on y voit beaucoup de » pailletes de ſchorl noir & ſouvent même des portions de » lave qui n'ont pas encore été dénaturées, & qui con-

Je me ſuis beaucoup étendu ſur cette variété, parce que je la regarde comme inſtructive en hiſtoire naturelle, & comme importante à connoître pour l'hiſtoire naturelle, & pour l'art de bâtir, & qu'elle n'avoit encore été bien décrite par aucun Auteur.

On trouve de la pouzzolane argileuſe dans les environs des bouches de pluſieurs Volcans brûlans : dans quelques parties de l'Italie. A l'*Etna.* Au Mont *Hécla* en Auvergne, en Velai. Dans la partie volcanique de la Provence. On en exploite une très-riche Mine que j'ai découverte moi-même en Vivarais, c'eſt la première Mine ouverte en France.

L'échantillon de ce numéro a été tiré de cette Montagne.

» ſervent tous les caractères de la lave; mais ce qui prouve » ſa conformité naturelle avec la pouzzolane, c'eſt qu'en » prenant dans cette matière rouge, celle qui eſt la plus » liante, la plus pâteuſe, on en fait un ciment avec de la » chaux vive, & que dans ce ciment le liant de la terre » s'évanouit, & qu'il prend conſiſtance dans l'eau, comme » la plus excellente pouzzolane «. *Des Minéraux, tom.* 2, *in*-4. *p.* 99.

Variété

Variété 4. (1).

Pouzzolane provenue d'éruptions volcaniques boueuses. La plupart des Volcans éteints ayant brûlé autrefois au milieu des mers dans des Isles, ou sur des continens voisins des eaux, s'ouvroient, dans de violentes éruptions, des routes de communication avec les gouffres souterrains qui renfermoient de grands magasins d'eau. Dans cette circonstance le fluide aqueux se trouvant dans un violent état d'ébullition, dissolvoit les substances salines, les soufres, les bitumes; entraînoit, balayoit les scories, les laves pulvérulentes, les frites & généralement tous les corps qui se rencontroient sur sa route. Tous ces différens matériaux pétris, remaniés, amalgamés alternativement par l'eau & par le feu, engorgeoient bientôt les cratères, qui s'en débarrassant ensuite avec de violentes secousses, les vomissoient en longs ruisseaux qui combloient souvent des vallées, ou for-

---

(1) C'est la cinquième variété du second Mémoire sur la Pouzzolane, édition 1780.

moient des monticules dont l'origine ſeroit à jamais inconnue , ſi nous n'étions pas encore témoins quelquefois des mêmes phénomènes dans les Volcans en activité.

Ces immenſes courans boueux ſont aſſez ordinairement unis & cimentés par un gluten ſpathique, produit par les corps calcaires mêlés avec les laves (1) dans ces gouffres embrâſés où l'action des gas les diſſout, pour en former enſuite les incruſtations, les filets , les rameaux de ſpath calcaire, qu'on trouve ſi fréquemment dans les grands amas de ces produits volcaniques boueux où l'on voit auſſi des globules de zéolite, des grains de pierre calcaire, &c.

Toutes les fois donc que les Volcans éteints offriront des maſſes de cette nature, on pourra les faire attaquer, & les réduire en une eſpèce de ſable avec des marteaux

---

(1) L'on voit ſouvent dans les fiſſures de ces anciens courans boueux de charmantes cryſtalliſations, où le ſpath calcaire eſt configuré en rayons divergens partant d'un centre, ou groupé en cryſtaux à pyramide triédre, de l'eſpèce du *muria teſtarum* de Linné. J'ai fait mention de ce travail de l'eau ſur les matières calcaires unies aux produits volcaniques.

ou des maſſues, ce qui produira alors une des plus excellentes pouzzolanes. Cette matière étant criblée, & prête à être miſe en œuvre, pourroit être priſe par des yeux non exercés pour une eſpèce de terre végétale; mais en recourant à la loupe, only diſtinguera :

1°. Des grains irréguliers de baſalte dur & intact.

2°. Divers petits fragmens de baſalte tantôt bien conſervés, tantôt un peu argileux & comme rouillés.

3°. De très-petits nœuds de laves poreuſes de différentes couleurs, plus ou moins calcinées, plus ou moins altérées.

4°. De la pouzzolane argileuſe rougeâtre, griſe ou fauve.

5°. Du ſchorl noir en grains ou en petits cryſtaux.

6°. Des molécules ſpathiques calcaires.

7°. Quelques noyaux de ſilex, de pierre à chaux, ou de granit à demi calciné.

Telle eſt, par exemple, la belle Mine de pouzzolane que j'ai fait ouvrir au-deſſus de Rochemaure en Vivarais; variété d'autant plus précieuſe qu'elle eſt composée de différens produits volcaniques réunis, & que les molécules calcaires qui s'y trouvent, loin d'en affoiblir la qualité, la rendent au contraire plus propre à former un ciment des plus ſolides, qui fait une forte priſe dans l'eau, & qui réſiſte très-bien à toutes les intempéries de l'air, lorſqu'on l'emploie dans la conſtruction des terraſſes.

On la trouve auſſi en Velai, dans quelques parties de l'Italie, &c.

Variété 5.

Pouzzolane dont l'origine eſt due à de véritables pierres ponces réduites en pouſſière, ou en fragmens.

Les *détritus* de pierre ponce ſont très-propres à former un excellent ciment, particuliérement lorſque cette matière volcanique eſt réduite en fragmens plutôt qu'en pouſſière fine, mais cette variété eſt rare dans les Volcans éteints de la France, elle eſt plus commune dans ceux de l'Italie & de la Sicile.

Elle exiſte dans lès environs de Baye.

Dans une partie de la *Vallée de l'Aqua-d'Otojano, au Veſuve. Ainſi que dans les environs de Naples.*

Elle eſt abondante dans l'*Iſle de Lipari*, & dans celle *de Vulcano*, *&c.*

L'on pourroit peut-être multiplier encore les variétés de pouzzolane, ſoit relativement au grain, à la couleur & à la qualité des laves qui entrent dans leur compoſition; mais celles que je viens de décrire, renferment les variétés les plus remarquables & les plus eſſentielles.

CHAPITRE XIX.

DES LAVES DÉCOMPOSÉES.

L'ALTERATION & la décompoſition des laves eſt un fait démontré dans ce moment, particuliérement aux yeux de ceux qui ont été à portée d'obſerver la nature ſur les lieux : diverſes cauſes peuvent concourir à cette altération, nous ne les connoiſſons certainement pas toutes, mais nous ſavons que les acides ſont les principaux agents de ce travail, & que l'acide ſulphureux ſurtout, joue le plus grand rôle dans cette eſpèce de chymie de la nature.

Je vois clairement, a très-bien dit le célèbre Bergman, *que l'acide du ſoufre qui a pénétré la lave noire, lui a ôté par gradation, en partie, toutes les matières phlogiſtiques, en la blanchiſſant, & en partie l'a réduite à l'état d'alun, ou du moins à la qualité qui ſe manifeſte dans la terre argileuſe, &c. Page 422. De la Lettre de ce Chymiſte inſérée dans l'ouvrage ſur l'Iſlande, de M. de Troïl.*

» L'exiſtence d'une quantité d'acides ſul-
» phureux dans les ſouterrains de la Solfa-

» terra , écrivoit de Naples M. Feber à M.
» le Chevalier de Born, le 17 Février 1772,
» eſt ſuffiſamment conſtatée par le ſoufre
» jaune , qui ſe ſublime en petites fleurs
» cryſtalliſées, par l'alun, le vitriol & la ſélé-
» nite, qui s'attachent au plancher & aux
» collines, qui ſervent de mûr à la Solfater-
» ra; il n'eſt pas moins certain, qu'il exiſte
» dans les entrailles de la Solfaterra de l'acide
» marin & de l'alkali volatil, puiſqu'il s'y ſu-
» blime auſſi du ſel ammoniac dont ils ſont
» les parties intégrantes.

» Les rochers ou parois, qui décrivent un
» cercle autour de la Solfaterra, ſont pour la
» plupart diviſés en couches, & ont tous
» la blancheur de la pierre à chaux, ſi bien
» qu'on s'y trompe au premier coup-d'œil ;
» mais par l'examen on voit qu'ils ſont argi-
» leux. Je ne doute point que ces collines
» ne fuſſent au commencement formées que
» de laves, & de cendres de l'ancien Volcan;
» & celles qui ſont diſpoſées par couches,
» ne doivent apparemment leur origine qu'à
» différentes eſpèces de cendres. Ce mé-
» lange a été pénétré par l'acide ſulphureux
» qui l'a converti en argile.

» Les cendres & les laves de l'ancien Vol-
» can de la Solfaterra étoient ſans doute,

» ainſi que le ſont d'autres laves & cendres
» volcaniques, de nature vitreuſe, & ont
» été converties en argile; il y a des mor-
» ceaux dont une partie eſt encore lave,
» & l'autre changée en argile; cette argile
» eſt molle comme une terre, ou dure &
» pierreuſe; elle reſſemble à une pierre à
» chaux blanche, on y voit encore quelque-
» fois du ſchorl blanc en forme de grenats
» ſi commun dans les laves d'Italie; mais il
» eſt auſſi converti en argile. Ces matières
» autrefois volcaniques, maintenant argileu-
» ſes, molles comme de la terre, ou en-
» durcies & pierreuſes, ſont pour la plupart
» blanches; mais on en trouve auſſi de rou-
» ges, de griſes cendrées, de bleuâtres, &
» de noires en quelques endroits, ſur-tout
» aux *Piſciarelle.* Cette métamorphoſe des
» matières volcaniques vitreuſes en argile,
» par l'intermède de l'acide ſulphureux
» qui les a pénétrées, & en quelque ſorte
» diſſoutes peu-à-peu & en un grand nom-
» bre d'années, eſt ſans doute un phéno-
» mène remarquable & très-inſtructif pour
» l'hiſtoire naturelle«. Lettres ſur la Minéralogie de l'Italie, page 256 & ſuiv.

Les obſervations de *M. Ferber* ſont très-
bien faites, & ſes connoiſſances en Minéra-

logie & en Chymie devoient néceſſairement lui faire recueillir un fait qui avoit échappé à tous ceux qui l'avoient précédé. Il eſt vrai que M. le Chevalier *Hamilton*, à qui l'hiſtoire naturelle a de ſi grandes obligations, avoit un an auparavant envoyé à la Société Royale de Londres, la ſuite des échantillons des laves altérées de la Solfaterra, il regardoit ces matières comme des produits volcaniques, pénétrés & amolis par lès vapeurs acides ; mais le Docteur *Maty*, à qui M. le Chevalier *Hamilton* avoit adreſſé tous ces différens morceaux avec un ſimple catalogue raiſonné, crut rendre la choſe plus intéreſſante, en compoſant lui-même une lettre à ce ſujet d'après ce catalogue; ces matières étoient ſi neuves pour lui, qu'il rendit mal les idées de M. *Hamilton*, qui n'a point voulu faire uſage de cette lettre dans ſon ſuperbe ouvrage des *Campi Phlegræi* (1).

---

(1) J'ai été très-particulièrement inſtruit de tous ces faits, non-ſeulement par pluſieurs Savans Anglois, de la Société Royale, qui avoient vu le Catalogue envoyé de Naples par M. Hamilton, mais par M. Hamilton lui-même. Je lui avois fait paſſer ſur la fin de 1778, une collection de

Quoiqu'il en ſoit, l'hiſtoire naturelle a une très grande obligation à M. le Cheva-

---

laves altérées & argileuſes des Volcans de France, & il m'écrivit le 14 Janvier 1779 en ces termes :

» J'ai examiné avec toute l'attention poſſible les échantil-
» lons curieux que vous avez eu la bonté de m'envoyer,
» avec une bonne loupe en main & des yeux accoutumés à
» ces eſpèces de matières & j'ai eu une ſatisfaction parfaite ;
» vous m'avez éclairé ſur mille points qui me tourmentoient
» & me tenoient en doute.... La découverte de l'amoliſſe-
» ment des laves par les vapeurs acides ſulphureuſes près
» de la Solfaterra, m'eſt aſſurément due, car M. Ferber n'a
» vu ce phénomène qu'un année après que je l'eus commu-
» niqué à la Société Royale : il eſt vrai qu'il vit la choſe
» avec les yeux d'un Savant Minéralogiſte, caractère auquel
» je n'ai pas la moindre prétention ; auſſi je conviens que
» lorſque j'envoyai les échantillons des laves converties en
» argile, j'employai mal-à-propos le terme de *calcinées*. La
» lettre qu'on voit ſur ce ſujet dans les Tranſactions Philo-
» ſophiques de notre Société a été arrangée en forme de
» lettre par le feu Docteur Maty, Secrétaire de la Société,
» car je n'envoyai ſimplement que les échantillons de la
» Solfaterra, avec un Catalogue raiſonné ; il a cru bien
» faire de donner au public la ſubſtance du Catalogue dans
» une autre forme, & il a ſi mal rendu mes idées que je
» n'ai pas voulu donner cette lettre dans la grande édition,
» *Campi Phlegræi*, car elle n'eſt point effectivement de
» moi ; je vois pourtant par ce que vous avez la bonté de
» me dire, que M. Ferber n'annonce pas qu'il a été le pre-
» mier à faire une découverte qui pourra avec les nom-

lier Hamilton d'avoir envoyé la collection des laves de la Solfaterra altérées par l'acide sulphureux, à la Société Royale, & elle en a également beaucoup à M. Ferber d'avoir développé ce beau fait, dans ses savantes Lettres sur la Minéralogie de l'Italie.

L'on trouve des laves altérées & argileuses de diverses couleurs, non-seulement à la *Solfaterra*, mais à la *Tolfa*, à l'Isle de *Lipari*, à celle de *Vulcano*, à celle de *Panarie*, à celle d'*Ustica* & de *Pentellaria*. Le *Vésuve*, l'*Etna*, l'*Hécla* en fournisseut d'abondantes provisions. Les Volcans éteints d'*Italie*, ceux de *France*, d'*Allemagne*, d'*Irlande*, *&c.* ont également beaucoup de laves argilleuses.

L'altération des laves ne provient pas toujours de la même cause, ni ne s'opère pas de la même manière ; quelquefois l'acide

---

» breuses observations du même genre que vous avez faites » dans le Vélai & dans le Vivarais, jetter beaucoup de lumières sur la théorie de la terre, qu'on ne connoît que très» superficiellement. Le Chanoine Recupero, qui vient de » mourir à Catane, avoit découvert plusieurs couches d'ar» gile entre deux couches de matière volcanique sur le Mont » Etna, ce qui le surprenoit fort, jusqu'à ce que je lui eusse » fait part de mes observations sur la conversion des laves » en argile à la Solfaterra, près de Naples «.

ſulphureux les décolore entièrement, ſans altérer leur dureté, d'autres fois, il les amollit & les rend terreuſes ; ſouvent il forme avec les produits des Volcans des combinaiſons que l'art peut imiter, car tantot cet acide s'uniſſant avec les petites parties de matière calcaire contenue dans les laves, forme de la ſélénite gypſeuſe, tantôt il donne naiſſance à de l'alun au moyen de la terre argileuſe, il produit auſſi du vitriol de Mars, avec la terre ferrugineuſe, du ſoufre avec le principe inflammable du fer, &c. mais il eſt auſſi des circonſtances, où les laves les plus dures, ou les baſaltes les mieux fondus, perdent ſimplement leur dureté ſans ſe ſéparer de leur principe, à l'exception du phlogiſtique du fer qui ſemble s'être échappé ; les laves & les baſaltes ſe laiſſent couper alors comme une argile molle. Leur couleur eſt variée & ſe préſente ſous toutes les nuances que le fer eſt ſuſceptible de prendre ; il y a de ces laves altérées qui ſont preſqu'auſſi rouges que le *minium*, il y en a d'un rouge pâle, l'on en trouve d'un rouge violâtre, de jaunes, de brunes, de griſes, de verdâtres, &c.

Enfin les eſpèces d'acides, leur action plus ou moins longue, plus ou moins forte, leur combinaiſon, le pouvoir des différens gas, le travail des eaux, peuvent produire une multitude de changemens, d'altération, de décompoſitions, qui doivent varier en raiſon des divers agens qui les produiſent.

J'ai fait voir dans le courant de ce Livre que c'étoit-là une des grandes reſſources que la nature s'étoit ménagée pour rendre aux élémens une quantité immenſe de matière morte & perdue à jamais, ſi rien n'avoit détruit la chaîne qui la tenoit liée.

Mais ſuivons-là cette inépuiſable nature dans ſes opérations, portons toute notre attention ſur les faits, c'eſt la ſeule manière qui puiſſe nous conduire à la vérité.

Je diviſe les produits volcaniques altérés

En laves compactes ou poreuſes qui ont perdu ſimplement leur dureté, en conſervant leurs parties conſtituantes, à l'exception du phlogiſtique du fer qui a diſparu.

Et en laves amollies & décolorées par les acides, qui ont formé en ſe combinant avec les diverſes matières qui conſtituent les mêmes laves, differens produits ſalins ou minéraux, dont l'origine nous ſeroit inconnue, ſi nous n'avions pas la facilité de ſuivre la nature dans une auſſi belle opération.

Cette diviſion tirée de la choſe même, m'a paru néceſſaire pour mettre plus d'ordre & plus de clarté dans un ſujet difficile, ingrat en lui-même, & où il eſt néceſſaire qu'on puiſſe s'arrêter à volonté & ſe repoſer, pour ainſi dire, ſans que le fil des idées ſoit interrompu.

§. I.

LAVES COMPACTES OU POREUSES QUI ONT PERDU LEUR DURETÉ EN CONSERVANT LEURS PARTIES CONSTITUANTES, A L'EXCEPTION DU PHLOGISTIQUE DU FER QUI A DISPARU.

Variété 1.

Baſalte en table, des plus durs & des plus noirs, dont une des faces eſt entièrement altérée & convertie, juſqu'à la profondeur de quatre lignes, en une ſubſtance terreuſe d'un gris fauve, tendre, ſe laiſſant couper avec le coûteau auſſi facilement que l'argile; tandis que le reſte de la matière eſt du plus beau noir, de la plus grande dureté & donne des étincelles avec l'acier.

Les molécules basaltiques, quoique singulièrement altérées dans la partie supérieure de cet échantillon, n'ont point souffert de dérangement, leur position est la même, la couleur s'est seulement effacee & la dureté a été détruite, ce contraste est d'autant plus frappant que cette métamorphose a eu lieu sur une des espèces de basalte les plus âpres & les plus dures. J'ai fait polir un des côtés de ce morceau pour le mettre en opposition avec la partie argileuse.

En réunissant plusieurs échantillons de ce genre, où la décomposition est plus avancée, l'on peut suivre les progrès de cette décomposition de manière à trouver des morceaux où il ne reste plus que quelques lignes de basalte, & c'est ce que j'ai fait pour le Cabinet du Roi, en ajoutant à la suite d'échantillons de cette même variété les lettres A. B. C. &c. en raison des progrès plus au moins avancés de la décomposition.

Il y a des basaltes argileux d'un gris plus ou moins foncé, d'autres d'une teinte jaunâtre & comme rouillée. Ce n'est pas à l'œil nud qu'il faut étudier leurs grains & leur contexture; mais avec une très-forte loupe, & au grand jour.

L'on ſera peut-être étonné alors de voir que cette matière qui paroît argileuſe à la vue ſimple & au toucher, & qui ſe laiſſe couper avec la même facilité que l'argile, eſt d'une pâte qui reſſemble plutôt à celle d'un grès fin & doux, qu'a la pâte d'une argile; ou mieux encore, l'on reconnoîtra que ſes molécules sèches & friables, ſont aſſez analogues à celles des véritables pierres ponces compactes, non ſtriées, & à grains fins, ſi ce n'eſt quelles ſont plus rapprochées & quelles laiſſent moins de vides entr'elles. En un mot, la pâte du baſalte argileux, eſt pleine d'une multitude de très-petits points noirs qui s'y trouvent diſſéminés & dont il eſt impoſſible de déterminer la matière, tant ils ſont petits; ces points placés ſur un fond gris-blanc réveillent ſur le champ l'idée du *granitello* à fond gris tacheté de petits grains de ſchorl noir, & la parité n'en eſt pas auſſi éloignée qu'on pourroit le croire, puiſqu'il eſt à préſumer que la pâte griſe du baſalte argileux, eſt un mélange de terre quartzeuſe, & de terre de feld-ſpath, & que les points noirs ſont, ou des grains argileux unis au fer, ou une pouſſière de ſchorl noir, que l'acide qui a altéré le baſalte n'a pas pu attaquer.

Cependant

Cependant comme ces différentes matières n'ont aucune adhésion, ni aucune forme crystalline, je suis bien éloigné de les regarder comme un passage direct du basalte à l'état de granit, l'on me reprocheroit certainement alors de rappeller sans cesse & sans fondement, une opinion à laquelle je parois tenir.

Je dis donc seulement, que les basaltes & la plupart des laves, contenant les élémens chymiques propres à concourir à la formation des granits, ces laves & ce basalte lorsqu'ils entrent en décomposition d'une manière spontanée ou par l'action de divers agens qui les attaquent, mettent alors à découvert plusieurs de leurs parties constituantes, de manière à pouvoir en reconnoître quelques-unes que les effets de la fusion ne permettoient pas de distinguer.

Ainsi donc ces différentes substances se trouvant en liberté, & étant suspendues dans un fluide doué du pouvoir de les dissoudre, éprouveroient certainement diverses combinaisons, & il est probable qu'on les verroit reparoître alors, sous des modifications & sous des formes d'une autre espèce. Tous ces passages sur lesquels nous ne sommes pas encore assez accoutumés à porter notre attention, ont certainement lieu dans les travaux de la nature, car toute la matière qui exifte paroiffant fous une multitude de formes ne peut jamais que fe modifier, puifqu'il ne s'en crée plus de nouvelle.

Cette longue digreffion ne doit pas être regardée comme inutile dans un fujet auffi difficile & qui exige toute l'attention de l'Obfervateur, car il étoit néceffaire de dire fous quelle forme & dans quel état fe préfente le bafalte, décompofé, non-feulement vu à l'œil fimple, qui peut nous égarer, mais examiné avec des loupes qui groffiffant confidérablement les objets, nous les font voir tels qu'ils exiftent. Je fuivrai cette marche dans les autres laves décompofées que j'ai à décrire.

Le bafalte argileux de cette variété fe trouve:

Dans les environs de Montelimar, quartier de Pierre brune.

Sur le plateau volcanique qui exifte entre le Mont Mezenc & le Gerbier de Jonc, vers la fource de la Loire.

Dans le pavé prifmatique de Cheidevant, non loin de la Montagne de Chenavari, en Vivarais.

Sur la Montagne qui fait face au Château de Polignac, en Vélai, &c.

Variété 2.

Basalte en table de plusieurs pouces d'épaisseur, dur, noir, compacte & des plus pesant dans l'intérieur, & lardé de toute part d'une multitude de grains & de crystaux de schorl noir brillant. Les faces supérieures & inférieures de ce basalte sont changées, à plusieurs lignes de profondeur, en une espèce de terre ocreuse un peu rougeâtre sur la superficie, mais grise dans l'intérieur. Le schorl qui entre pour plus d'un tiers dans la composition de ce basalte, ayant résisté à l'acide qui a détruit le gluten de cette lave, paroît de toute part à découvert & saillant sur les faces de ce curieux échantillon.

Le fond de ce basalte vu à la loupe dans la partie où il est altéré, offre une multitude de très-petits points noirs, sur un fond gris-foncé plus terreux que celui de la variété 1. Ces points noirs paroissent absolument étrangers au schorl qui domine dans cette lave; celui-ci est pur, vitreux & d'un noir brillant, tandis que les petits points sont d'un noir terne. L'on voit aussi plusieurs parties de la superficie de ce basalte, ou les molécules ferrugineuses ont été changées en matière ocreuse jaunâtre.

Cette variété se trouve:

Sur le Chemin du Bui-d'Aps, à Saint-Jean-le-Noir, en Vivarais.

Dans les environs de la Ville d'Aubenas, en Vivarais, ſur le penchant de la colline qui fait face à l'Ardèche & où l'on voit de beaux Vignobles.

Variété 3.

Baſalte compacte d'un gris foncé, dont le degré d'altération très-avancé à l'extérieur, l'eſt moins dans l'épaiſſeur qui eſt de pluſieurs pouces, & qui a cependant éprouvé un changement conſidérable, puiſque la pointe d'un canif y mord par-tout. Un beau cryſtal de ſchorl noir à priſme octogone & à pyramide diedre part du centre de cet échantillon, & le fond de ce baſalte eſt plein d'une multitude de petites taches jaunâtres.

Celui qui n'auroit pas les yeux exercés à obſerver les laves en décompoſition, & à qui l'on preſenteroit ce morceau iſolé, ſeroit ſans doute embarraſſé pour déterminer à quel genre de pierre cette matière à appartenu.

Tandis que le Naturaliſte qui auroit fait la plus légère étude des produits volcaniques, trouveroit à la ſeule inſpection de cet échantillon de quoi ſe reconnoître ; il ſeroit bientot ſur la voie en voyant les fragmens de ſchorl qui ſont implantés dans cette lave &

qui ont résisté à l'agent qui en a altéré le fond; en second lieu, en présentant ce schorl, & particulièrement le gros crystal qu'on y distingue, au barreau aimanté, la forte action qu il auroit sur lui, & que n'ont pas ordinairement les schorls qui n'ont pas été exposés au feu, lui annonceroit que le morceau qu'il examine est une lave décomposée.

Enfin en portant la loupe sur les taches jaunâtres, il connoîtra qu'elles sont le produit d'une *chrysolite* altérée, telle que celle du n°. 45, page 146.

Cette variété se trouve dans les environs de Montelimar, à deux cens pas de la porte du Fust, dans l'escarpement qui borde le chemin qui conduit à Ville-neuve, où l'on voit plusieurs belles variétés de laves en décomposition.

Variété 4.

Basalte graveleux d'un gris bleuâtre, bien caractérisé, entièrement changé en matière terreuse, happant la langue, douce au toucher, se laissant couper comme l'argile, & répandant comme elle une odeur terreuse lorsqu'on y souffle dessus; contenant plusieurs grains de schorl noir intact; remar-

quable encore en ce qu'une de ses faces est changée en argile blanche (1).

J'ai fait mention, page 16, espèce 7, du *basalte graveleux*, qui a des caractères qui lui sont propres; cette même espèce reparoît ici dans un état d'altération d'autant plus propre à interesser, que les mêmes caractères sont conservés & n'ont rien souffert par la décomposition, c'est-à-dire, qu'on y distingue au centre les ébauches de prismes, une partie de cet échantillon est d'une lave argileuse blanche, douce au toucher.

Des environs de Montelimar, quartier de Maupas, dans les environs du ravin du Lyon.

Variété 5.

Prisme quadrangulaire, dont le basalte, ayant absolument perdu toute sa dureté, est d'un blanc jaunâtre, happe la langue, comme une véritable argile, & se laisse couper avec la même facilité,

(1) Je n'entends pas ici par le mot *argile*, la terre *argileuse pure* de la chymie, mais simplement, une altération de la matière des laves, telle que ces laves prennent les caractères extérieurs & apparens des terres qu'on nomme vulgairement, *terres argileuses, terres à foulons, terres glaises, &c.* ainsi ce n'est que de la décomposition apparente que j'entends parler & non des principes chymiques.

répand une forte odeur terreuse en soufflant dessus, & renferme quelques points de schorl qui n'ont pas été altérés.

Il n'étoit pas indifférent de trouver des prismes bien caractérisés entièrement changés en argile, & ceux-ci sont d'autant plus remarquables qu'ils sont d'une espèce rare. Je n'en ai jamais pu trouver que deux, quoique d'un petit volume, très-bien caractérisés; l'un a été déposé au Cabinet du Roi, l'autre a été envoyé à Londres. Il y a de très-grands prismes à la chaussée de *Cheidevant*, à environ un mille de la Montagne de *Chenavari*, en Vivarais, donc la croûte est argileuse jusqu a la profondeur de deux à trois lignes, mais le reste de la matière est de la plus grande dureté; au lieu que ceux que je viens de faire connoître sont absolument argileux.

Ces deux morceaux très-rares ont été trouvés dans les environs de Montelimar, quartier de Maupas, à trente pas du ravin du Lyon.

Variété 6.

Basalte de couleur fauve, doux au toucher, happant la langue, savoneux comme l'argile la plus moëlleuse, se laissant couper avec la plus grande facilité, & recouvert tant ſur ſa ſuperficie que dans ſes parties intérieures, d une multitude de petites taches griſes.

Le baſalte de cette variété a éprouvé une telle altération que j'en ai vu des maſſes conſiderables entièrement changées en argile dans toute leur épaiſſeur. Les petits points gris qu'on y remarque paroiſſent ſemblables à ceux que j'ai obſervés ſur les pans des priſmes du baſalte graveleux, eſpèce 7, page 16, & que j ai comparé aux marques qu'imprime ſur la pierre griſe le marteau à facettes des Tailleurs de pierre.

Le fer ayant été attaqué dans ce baſalte décompoſé, y a formé de petites veines ocreuſes jaunâtres, & quelquefois des ramifications noires, l'échantillon de ce n°. a ſur une de ſes faces un bouquet de dendrites de cette couleur.

Cette variété ſe trouve en grande maſſe, dans les environs de la Chartreuſe de Bonne-Foi.

Au pied du Mont Mézenc.

Variété 7.

Même eſpèce de baſalte entièrement argileux, qui ne diffère du précédent que par la couleur qui eſt griſe, & par un noyau de ſchorl noir, vitreux, non altéré, ainſi que par un petit fragment de feld-ſpath blanc intact ; l'on remarque auſſi ſur cette lave argileuſe de petites taches d'un gris pâle.

Se trouve au même lieu.

Ainſi que ſur l'eſcarpement des rampes de Montbrul, en Quouérou.

Variété 8.

Baſalte argileux, happant la langue, doux & ſavoneux, tirant ſur le violet.

Cette variété n'a point de petites taches, du moins dans tous les échantillons que j'ai été à portée d'examiner.

Elle exiſte à côté des variétés 6 & 7, à trente pas de la Chartreuſe de Bonne-ſoi.

Je ſai que les couleurs dans les laves décompoſées ne ſont que le produit du fer, altéré ou modifié de telle ou de telle manière, mais m'étant propoſé de décrire abſolument tous les produits volcaniques, & déſirant mettre les Naturaliſtes à portée d'éviter toute eſpèce de confuſion dans l'arrangement d'une ſuite d'objets auſſi nombreux, j'ai cru devoir m'attacher aux couleurs, & me ſervir de cet accident pour diviſer les variétés, particulièrement dans ce Chapitre, où s'agiſſant de la décompoſition des laves, le ton de leur couleur tient incontestablement aux différens moyens que la nature a employé pour en varier les teintes; & ce sont-la autant de petits faits, qui quoique d'un ordre inférieur, ne doivent pas moins occuper une place dans la marche de la nature.

Il existe aux étuves de Lipari, une lave compacte argileuse à-peu-près de la même couleur, qui peut être rangée sous cette variété, quoique son grain soit moins doux, & qu'elle exhale une odeur beaucoup plus terreuse lorsqu'on souffle dessus.

Variété 9.

Lave compacte argileuse, d'un verd tendre, savoneuse & répandant une forte odeur terreuse lorsqu'on souffle dessus.

Les parties constituantes de cette lave ont éprouvé une division & une altération si considérable, qu'il est impossible de déterminer exactement, si elles dérivent d'un véritable *basalte* ou d'une lave compacte d'espèce differente. Le rapprochement & l'uniformité des molécules, me font présumer cependant, que ce devoit être une lave compacte, homogène rapprochée du basalte.

Quant à sa couleur, je me suis assuré par plusieurrs essais quelle n'est due qu'à une modification du fer.

Cette matière ainsi dénaturée est incontestablement le produit d'une lave décomposée, la position des lieux où elle existe, les laves de toute espèce qui l'environnent & dont on peut suivre avec facilité les divers degrés d'altération, tout annonce que c'est un produit de Volcan.

Elle se trouve en abondance vers la base de la colline volcanique qui fait face au Château de Polignac, & donc j'ai donné la description. *Vid.* page 236 & suiv.

Variété 10.

Basalte argileux d'un rouge sanguin, avec des points de schorl noir qui sont quelquefois de la plus belle conservation, quoique la lave soit entièrement changée en matière argileuse, tendre & savoneuse L'on trouve plusieurs morceaux qui sont encore adhérens à une lave poreuse, qui avoit été enveloppée par la lave compacte basaltique; cette lave poreuse, tendre, friable & argileuse, est d'un gris violâtre, tandis que la pâte basaltique adhérente est du plus beau rouge.

Cette belle variété ressemble à la terre

rouge d'Efpagne nommée *almagra*, dont on fait ufage pour la Manufacture de tabac de Séville, & qu'on tire du Village d'*Almazaron*, à quatre lieues de Carthagène; comme il exifte des Volcans éteints non loin d'*Almazaron*, cette terre rouge pourroit bien n'être qu'une lave décompofée dont le fer eft changé en efpèce de colcotar; ce que je n'avance au refte que comme une fimple conjecture, n'ayant pas été à portée de vifiter encore cette partie de l'Efpagne.

J'ai joint fous cette variété deux échantillons, dont le premier, lettre A, eft un morceau de lave bafaltique argileux rouge, qui ne contenant point de lave poreufe, pourroit être pris par les perfonnes qui n'ont pas vu les lieux ou qui ne fe font pas affez appliqués à l'étude des produits volcaniques, pour un argile cuite ou fortement chauffée par les feux fouterrains.

En obfervant ce morceau à la loupe, l'on diftingue fur fon fond, rouge & doux au toucher, plufieurs petits points de fchorl noir dont quelques-uns font altérés, tandis que d'autres font intacts; ceux qui ont été attaqués font ternes & friables, ayant néanmoins confervé leur couleur noire; d'autres échantillons de la même lave renferment le ſchorl noir non-ſeulement bien conſervé, mais encore cryſtalliſé en priſmes octogones terminés par des pyramides dièdres.

Cette même lave argileuſe contient auſſi quelques points de chryſolite altérée, & convertie en une eſpèce de rouille terreuſe jaunâtre. Il eſt important d'obſerver à ce ſujet, que l'on trouve ſur les lieux de grandes coulées de baſalte noir intact, qui renferment le même ſchorl & la même chryſolite non altérée, & qui recouvrent immédiatement le baſalte argileux dont il eſt queſtion.

Ce premier morceau ſuffiroit ſans doute pour les perſonnes qui ont l'habitude d'obſerver les laves argileuſes. Mais le ſecond marqué B, de la même lave argileuſe rouge, ne laiſſe aucun doute ſur ſon origine volcanique; il eſt plein de gros nœuds de laves poreuſes d'un gris violâtre ſi adherens à la lave compacte, qu'il eſt probable que le baſalte, à l'époque de ſa fuſion, avoit reçu dans pluſieurs parties des coups de feu qui l'avoient fait paſſer à l'état de lave poreuſe; ou bien il peut s'être fait encore que le baſalte dans ſon état de fuſion, ſe fût emparé de divers fragmens de laves poreuſes. Cette dernière, a été également convertie en argile.

La lave argileuſe rouge ſe trouve en abondance

Sous les couches de baſalte de la Montagne de Chenavari.

Dans la partie ſupérieure du cratère de Montbrul, où elle eſt placée auſſi ſous des bancs de baſalte.

On la trouve auſſi en divers endroits du Vivarais, du Velai, de l'Auvergne.

Au Véſuve.

Au Mont Hecla.

A l'Etna, &c.

Variété 11.

Lave argileuſe de couleur fauve, compacte, avec des noyaux de lave poreuſe griſe également argileuſe, renfermant quelquefois des grains de ſchorl noir intact, & de la chryſolite graveleuſe changée auſſi en argile; mais qu'on peut facilement reconnoître au grain & à la couleur.

Cette variété intéreſſante ſe trouve au pied de la Montagne de Cheidevant, en face de Chenavari, en Vivarais.

Variété. 12.

Lave compacte argileuſe d'un brun jaunâtre, nuancé de jaune clair, douce & ſavoneuſe au tou-

cher, & exhalant une forte odeur terreuſe lorſqu'on ſouffle deſſus.

Cette lave a éprouvé une ſi ſingulière altération tant dans ſon principe colorant, que dans la diſpoſition de ſes molécules, que je ne ſaurois mieux l'aſſimiler, par le ton de ſa couleur, qu'à un morceau de rhubarbe de la Chine, comparaiſon triviale à la vérité, mais exacte.

L'échantillon qui fait l'objet de cette variété, avoit dans ſon état de fuſion enveloppé une noyau de ſilex pierre à fuſil, dont pluſieurs fragmens ſont encore adhérens à la lave décompoſée. Ces portions de ſilex examinées à la loupe, ont conſervé la demi-tranſparence, & la contexture des véritables ſilex ; mais l'on eſt ſingulièrement étonné, en les attaquant avec la pointe d'un canif, de voir qu'ils ſe laiſſent couper avec la même facilité que la cire la plus tendre, phénomène que nous avons déja obſervé dans la chryſolite, pierre bien plus dure encore. *Vid. p.* 148. *n°.* 47.

Cette lave argileuſe ſe trouve entre les laves poreuſes des premières rampes de Montbrul, en Vivarais.

Variété. 13.

Basalte argileux blanc, lave compacte blanche.

L'acide sulphureux a une telle action sur les laves qu il est des circonstances où la couleur du basalte, & des laves compactes les plus dures est entierement effacée, de manière qu'il seroit impossible de reconnoître que de telles matières ont été le produit des Volcans, si l'on n'avoit pas la facilité de suivre sur les lieux la marche que tient la nature dans cette espèce de travail. L'on voit en effet aux étuves de *Lipari*, à la *Solfaterra*, & dans les restes de Volcans où ces fumées caustiques sont encore en activité, la lave se décolorer par degré : l'on y trouve des multitudes de morceaux où le basalte est noir & dur d'un coté, tandis qu'il est converti en argile blanche tendre, de l'autre.

Cette variété se trouve au pied de la colline qui fait face au Château de Polignac, en Vélai.

Sur les premières rampes de Montbrul en Couérou.

A la Solfaterra.

A la Tolffa.

A Lipari, &c.

Variété 14.

Lave cellulaire rouge argileuſe.

A l'Ethna.

Au Véſuve.

Au Mont Hecla.

Et dans la plupart des Volcans éteints.

Variété 15.

Lave cellulaire argileuſe couleur de lie de vin.

Il y a des laves plus ou moins poreuſes, à pores irréguliers, ou à pores arrondis, changées en argile, & qui conſervent néanmoins tous leurs caractères extérieurs.

L'on en trouve à l'Ethna.

Dans le Volcan éteint du Valdinoto, en Sicile.

Dans pluſieurs contrées volcaniques de l Italie.

Dans les environs de Francfort, quartier de Saxenhauſen.

Au bord du ruiſſeau d'Expailly en Vélai.

Dans diverſes collines du Couérou.

Aux environs de Montelimar, quartier de Maupas.

Variété 16.

Lave cellulaire argileuſe, d'un brun-clair tirant un peu au violet, à pores fins & rapprochés, mais très-légère, & se laissant couper avec une facilité extrême.

Des bords du ruisseau d'Expailly, en Vélai, dans la partie où l'on cherche des hyacinthes.

Variété 17.

Lave cellulaire blanche argileuse.

L'on a vu le basalte & les autres laves compactes perdre leur dureté & leur couleur; les laves poreuses ont éprouvé les mêmes altérations, & si j'en fais des variétés séparees, c'est afin que le Naturaliste qui voudra former une Collection suivie de tous les produits volcaniques, ait la facilité de les arranger dans un ordre commode, afin d'éviter la confusion, dans un sujet épineux en lui même, & dans lequel il seroit impossible de faire des progrès, si l'on ne s'attachoit pas à une méthode.

La lave cellulaire blanche se trouve

A la Solfaterra.

A l'Isle de Lipari.

A l'Isle de Vulcano.

Sur la colline qui fait face à celle de Polignac, en Vélai, &c.

Variété 18.

Brèche volcanique argileuse, composée d'une

lave compacte grise, qui, à l'époque de sa fusion, avoit saisi & enveloppé divers fragmens de lave poreuse. La lave compacte entièrement changée en substance terreuse est de couleur grise & la lave poreuse dont la décomposition est moins avancée est d'un gris noirâtre.

Cette variété se rapporte à la Variété 3, page 335 du chap. 17.

Elle existe au pied de la colline qui fait face au Château de Polignac, ainsi que sur les buttes volcanisées des environs de la Chartreuse de Brives, près de la Ville du Pui en Velai.

LAVES AMOLLIES ET DÉCOLORÉES PAR LES ACIDES, QUI ONT FORMÉ, EN SE COMBINANT AVEC LES DIVERSES MATIÈRES QUI CONSTITUENT CES MÊMES LAVES, DIFFÉRENS PRODUITS SALINS OU MINÉRAUX.

Je viens de décrire dix-huit variétés de laves, changées en substance argileuse à des époques si anciennes, qu'il ne reste dans ce moment dans la plupart des Volcans éteints doù ces laves ont été tirées aucune des émanations caustiques & mordantes qui ont attendri & décoloré ces produits volcaniques; il ſeroit donc impoſſible de jamais déterminer à quelle eſpèce d acide ou de ſubſtances ſalines ces émanations ont appartenu, ſi nous n'avions pas encore ſous les yeux pluſieurs Volcans aſſoupis, mais non éteints, qui brûlant depuis des tems très-reculés d'une manière lente & uniforme, permettent d'en approcher de très-près & d'obſerver les qualités & les effets de ces émanations.

Les *Solfaterra*, les étuves bouillantes qu'on rencontre quelquefois dans les pays volcaniſés, ſont ſi propres à répandre un grand jour ſur pluſieurs belles opérations de la nature, qu'on a la facilité de la voir agir d'après des loix chymiques analogues à la plupart des procédés que l'art eſt en état de mettre en œuvre.

L'acide ſulphureux, eſt le grand agent qui décompoſe les laves: réduit en vapeur & rendu plus actif par l'action de la chaleur, il opére alors d'une manière plus rapide, & il forme avec les matières qui entrent dans la compoſition des laves diverſes combinaiſons très-intéreſſantes.

Uni à la terre argileuſe, il donne naiſſance au ſel alumineux; s'empare-t-il de la terre calcaire? le gypſe paroît ſous forme ſéléniteuſe.

Diſſout-il la chaux du fer? il prend le caractère de vitriol de Mars.

Abandonne-t-il cette terre? l'eau s'en empare & la façonne en *ématite*, en *géode*, ou en *fer limoneux*.

Se joint-il au principe inflammable? il ceſſe d'être cauſtique & on le recueille ſous forme de ſoufre.

Suivons la nature dans ces différentes métamorphoſes; elles preſentent à l'Obſervateur des points de fait, bien propres à fixer ſon attention & à ſatisfaire ſa curioſité.

Variété 19.

Lave compacte, dure, de la nature du baſalte, d'un rouge violâtre, avec de grandes taches blanches irrégulières; la caſſure nette de cette lave reſſemble à celle de la pierre calcaire la plus dure.

L'acide ſulphureux a agi ſur cette matière d'une manière particulière; car au lieu d'avoir détruit ſa couleur & d'avoir rendu la lave friable ou argilleuſe, il a particulièrement porté ſon action ſur les molécules ferrugineuſes. Ces dernières ont été converties en chaux d'un rouge violâtre, & ont été déphlogiſtiquées au point de ne pas faire la plus légère impreſſion ſur le barreau aimanté ; quelques portions de cette lave s'étant trouvées plus fortement ou plus long-tems exposées aux émanations sulphureuses, ont entièrement perdu leur couleur, mais l'acide affoibli probablement par les vapeurs humides n'a eu le pouvoir que d'agir sur le fer, sans se combiner avec les autres matières qui composent le fond de la lave. Il est à présumer aussi que ces vapeurs humides portées à un degré très-fort d'ebullition, ou imprégnées peut-être de quelque gas qui leur donnoit le pouvoir de dissoudre une partie des matières qui formoient la base de ces laves, ont rendu à ces pierres la dureté que l'acide sulphureux tendoit à leur enlever en déphlogistiquant le fer qui s'y trouvoit renfermé, & c'est pourquoi cette lave, au lieu d'être argileuse, a une pâte dure & vive dans sa cassure.

Cette modification singulière dans les laves des *Etuves de Lipari*, de la *Tolfa* & des divers *Solfaterra* qu'on trouve dans les pays volcanisés, méritoit d'autant plus de former une variété, qu'elle prouve que si dans telle ou telle circonstance l'acide sulphureux tend à altérer les laves, & à les convertir en argile, il en est d'autres où le fluide aqueux s'oppose à cette entiere décomposition, soit en affoiblissant l'acide qui n'agit plus alors que sur le principe ferrugineux, soit en reconstituant, pour ainsi dire, les diverses matieres qui entrent dans la composition des produits volcaniques, & en leur donnant une apparence extérieure qui semble s'éloigner du tout au tout de ces laves.

Cette variété existe aux *Etuves de Lipari.*

A l'Isle de Vulcano.

A la Tolfa.

A la Solfaterra.

Variété 20.

Même lave que la précédente, mais d'une pâte un peu moins dure, & dont la couleur d'un beau blanc est nuancée dans quelques parties, d'un rouge tendre & d'un rouge violâtre.

L'acide sulphureux ayant frappé plus longtems sur cette lave, les molecules ferrugineuses extrêmement atténuées, auront eté entraînées par les vapeurs humides ou par les eaux de pluies qui s'en seront emparées; le peu qu'il en est resté est dû à ce qui a échappé à l'acide, & ce dernier auroit incontestablement détruit en entier le principe colorant, si la lave eût été plus longtems exposée à l'action des fumées sulphureuses.

Cette variété est un peu moins dure que la précédente, & la chose devoit être ainsi; car la première étant plus riche en terre martiale, suppose une alteration bien moins sensible, au lieu que celle-ci étant presqu'entièrement blanche, démontre que l'acide a agi sur elle d'une manière plus soutenue.

Des Etuves de Lipari.
De la Tolfa.
De la Solfaterra.

Variété 21.

Même espèce que la précédente, dont l'échantillon a été choisi de manière qu'une partie est absolument changée en une pierre blanche d'un tissu lâche, aussi facile à couper que la craie de Champagne, tandis que l'autre beaucoup plus dure & du rouge le plus foncé conserve encore toute sa chaux ferrugineuse, changée simplement en une espèce de colcotar.

Les habitans de Lipari, où cette pierre est très-abondante, en font des statues grossières qu'ils travaillent au couteau & dont ils décorent leurs Eglises.

On trouve la même variété.

A la Tolfa.

A la Solfaterra.

Variété 22.

Même espèce de lave, décomposée de manière que la chaux ferrugineuse convertie en colcotar forme un d pôt entouré de toutes parts d'une enveloppe d'albâtre gypseux, blanc, demi-transparent, de plusieurs lignes d'épaisseur.

Ce morceau, du plus beau choix, présente une des plus intéressantes décompositions de la lave.

L'acide sulphureux ayant trouvé sur sa route les molécules calcaires qui entrent dans la formation du basalte, & de diverses autres laves compactes, s'est uni & combiné avec elles, & a donné naissance au gypse. Ce même acide uni au fer avoit produit des crystaux de vitriol de Mars qui exposés à la chaleur ont été changés en colcotar; on trouve donc dans cet échantillon la terre calcaire, & la chaux ferrugineuse de la lave; mais comme on n'y rencontre plus la terre argileuse, & qu'on pourroit demander ce qu'elle eſt devenue, nous répondrons qu'ayant été ſaiſie par le même acide ſulphureux, elle a formé un ſel alumineux que les eaux ont entraîné, ce que nous démontrerons d une manière évidente en décrivant la variété ſuivante.

L'on pourroit demander encore pourquoi l'enveloppe eſt ſi conſidérable dans cet échantillon, tandis que la terre calcaire n'entre environ que pour un douzième dans la compoſition des laves. Je réponds à cette objection, en diſant que l'eau ayant la faculté de diſſoudre la ſélénite, ce fluide a déposé ſur cet échantillon diverſes couches de cette matière qui provenoit de la décompoſition des maſſes de laves ſupérieures; ſolution d'autant plus raiſonnable que l'obſervation locale démontre cette vérité.

Ce bel échantillon vient des *Iſles de Lipari*

Variété 23.

Lave poreuſe d'un blanc jaunâtre, primitivement noire, renfermant dans pluſieurs de ſes cellules des grains de ſélénite gypſeuſe d'une blancheur éclatante, tandis que la terre argileuſe qui forme la lave étant combinée avec l'acide ſulphureux, ſe trouve en partie convertie en véritable alun natif.

Il nous manquoit un échantillon aussi démonstratif pour avoir en nature la combinaison de l'acide sulphureux avec la terre argileuse Celui-ci ne laisse rien a désirer, & il est d'autant plus intéressant, qu'il porte les caractères d'une double combinaison, celle de la terre calcaire formant le gypse, & celle de la terre argileuse produisant l'alun. Il est difficile de se procurer des morceaux de cette espèce, parce qu'il faut les recueillir avant que le fluide aqueux ait dissout l'alun. La terre argileuse n'est pas toute métamorphosée en alun dans ce morceau, ce qui tend à le rendre encore plus instructif.

Cette belle variété vient des *Etuves de Lipari*, & c'est par elle que je termine le Chapitre de la décomposition des laves.

CHAPITRE XX.

SUBSTANCES MINERALES ET SALINES.

SOUFRE.

L'ACIDE vitriolique concentré, uni au phlogiſtique, produit le ſoufre. Ce réſultat, qui n'eſt pas une des moindres merveilles de la nature, paroît ſous forme ſolide, sèche, colorée en jaune pâle ; on le trouve tantôt ſublimé en pouſſière fine, tantot diſpoſé en aiguilles rhomboïdales divergentes, & quelquefois configuré en cryſtaux octaèdres rhomboïdaux, formés par deux pyramides quadrangulaires obliquangles, obtuſes, jointes baſe à baſe. Cette ſubſtance mixte, s'unit auſſi dans quelques circonſtances à la matière arſénicale : elle prend alors une couleur rouge, vive & brillante, qui lui a fait donner le nom de *rubis de ſoufre*, ou de *rubine d'arſenic.*

Telles ſont les principales modifications que les feux ſouterrains font éprouver au ſoufre, & qu'on rencontre dans les environs des bouches volcaniques. Le *Vésuve*, l'*Etna*, l'*Hécla*, la *Solfaterra*, *Stromboli*, *&c.* produisent plusieurs de ces variétés.

La nature nous offre aussi le soufre crystallisé par la voie humide. Les beaux crystaux qu'on a trouvé il y a quelques années dans la Soufrière de *Conilla*, à quatre lieues de *Cadix*, & qui étoient renfermés dans des géodes de spath calcaire, ne laissent aucun doute à ce sujet ; il en existe d'ailleurs de pareils dans divers autres lieux, tantôt unis à la sélénite gypseuse, à l'argile, ou renfermés dans des cailloux.

Variété 1.

N°. 1. *Soufre pulvérulent, soufre sublimé, fleur de soufre des Volcans.*

On le trouve :

A l'Etna.

Au Vésuve.

A l'Hécla.

A l'Isle de Vulcano où il tapisse l'intérieur du nouveau cratère.

Aux Etuves de Lipari, à l'extrémité des canaux qui donnent passage aux vapeurs.

A l'Isle de Pentellaria, dans le centre des Montagnes, & dans le lieu nommé Serallia-Favata, qui porte encore des marques apparentes d'une inflammation exiſtante.

A la Solfaterra.

Variété 2.

N°. 2. *Soufre cryſtalliſé en filamens ſtriés, ou en petites lames entaſſées ſans ordre les unes ſur les autres.*

La ſublimation du ſoufre des Volcans ſe faiſant ordinairement d'une manière rapide, inégale & ſouvent tumultueuſe, il eſt difficile, hors quelques cas particuliers, que cette ſubſtance puiſſe prendre des formes auſſi régulières que ſi nul obſtacle n'interrompoit le rapprochement de ſes molécules.

Le ſoufre ſtrie & lamelleux, ne doit donc être conſidéré que comme une ébauche de cryſtalliſation; mais comme on le trouve tel, & qu'il doit en cet état occuper une place dans une collection volcanique, j ai cru devoir en former une variété Il eſt vrai que M. Targioni-Tozzeti, dit dans le Tom. 7, de la nouvelle édition de ſes Voyages, qu on trouve du ſoufre en *aiguilles à trois facettes* dans des trous près *des Lagonis* en Toſcane; mais comme je n'ai pas pu me procurer encore de ces cryſtaux & qu'il faudroit abſolument les voir pour en déterminer plus exactement la cryſtalliſation, je ne puis rien dire encore de poſitif ſur la cryſtalliſation des filets triedres de ſoufre.

Le ſoufre ſtrié & lamelleux ſe trouve:

A la Solfaterra.

A l'Iſle de Vulcano, d'où M. le Chevalier de Dolomieu en a apporté de beaux échantillons.

Aux Etuves de Lipari, &c.

Variété 3.

N°. 3. *Soufre cryſtalliſé en octaèdre rhomboïdal, formé par deux pyramides quadrangulaires, obliquangles, obtuſes, jointes baſe à baſe.*

On trouve de très-petits cryſtaux de cette eſpèce ſur les dépôts de ſoufre ſtrié de l'Iſle de Vulcano. Il faut les obſerver avec de bonnes loupes & les dégager de la fleur de ſoufre qui les recouvre.

L'on peut voir dans le Tom. I, de la Cryſtallographie de M. de Romé de Liſle, page 292, 7 variétés de cryſtaux de ſoufre dérivant de l'octaèdre; je n'en fais point mention ici, parce que leur cryſtalliſation très-bien déterminée paroît s'être opérée par la voie humide & que je les crois étrangers aux Volcans.

Variété 4.

N°. 4. *Soufre rouge des Volcans, rubine d'arſenic, réalgar natif.*

Sandaraca cryſtalliſata, in ſcoriâ ſolidâ, e Solfatarâ ad Neapolim Litoph. Born. 11, *page* 73.

Sulphur nativum rubrum pellucidum, ex inſulâ milo, Guadalupe in Americâ Wall. min. 1772. *Sp.* 272, *a.*

De Romé de Liſle, Tome 3, eſpèce 4, page 33.

Le ſoufre uni à l'arſenic forme une ſubſtance mixte qu'on a nommée *réalgar.* La combinaiſon de ces deux matières a lieu dans la nature, par la voie humide, & elle s'opère auſſi par ſublimation dans les bouches de quelques Volcans. Nous ne faiſons mention que du *réalgar* volcanique, parce que ce dernier eſt un produit des feux ſouterrains.

Les cryſtaux qui réſultent de l'union du ſoufre & de l'arſenic, ſont tranſparens & d'une belle couleur rouge, qui leur a fait donner par d'anciens Chymiſtes le nom de *rubis* ou *rubine d'arſenic*, leur figure eſt l'*octaèdre rhomboïdal, à pyramides quadrangulaires obtuſes*, ſéparés par un priſme intermédiaire plus ou moins

moins long. Lorſqu'on les trouve ſans troncature, les plans des pyramides ſont des triangles & ceux du priſme rhomboïdal, des parallélogrammes rectangles. *Cryſtallographie, pl. VII, fig. 11, & page 34, du Tome III.*

L'octaèdre de la rubine d'arſenic donne naiſſance à pluſieurs variétés qui dérivent de cette forme primitive. Comme M. de Romé de Liſle a très-bien obſervé ces différentes formes, je ne ſaurois mieux faire que d'employer ſes propres expreſſions.

N°. 5. » Quelquefois les pyramides des cryſtaux de rubine d'arſenic ſont tronquées au ſommet & dans leurs quatre angles ſolides, ce qui change en trapézoïde les triangles ſcalènes de ces pyramides. Les nouveaux plans réſultans de cette troncature ſont pour chaque pyramide, un rhombe perpendiculaire à l'axe du priſme & quatre trapézoïdes inclinés ſur ſes bords. Les rectangles de ce même priſme deviennent ainſi des octogones irréguliers. *Vid. pl. VII, fig. 12, de la Cryſtallographie, & la page 34, variété 1, du Tome III.*

Se trouve à la Solfaterra.

N°. 6. » Priſme hexaèdre un peu comprimé, terminé par deux ſommets tétraèdres oppoſés, dont les plans ſont trapézoïdaux. Deux des faces oppoſées ſont hexagones, & les quatre autres rectangulaires. *Cryſtall. planch. VII, fig.* 13.

Ce priſme hexaèdre réſulte de la troncature longitudinale des deux bords aigus du priſme rhomboïdal de la figure primitive. (*Pl. VII, fig.* 11.) Ce priſme eſt donc irrégulièrement hexaèdre, ayant deux de ſes angles moins obtus que les quatre autres. Le peu de groſſeur des cryſtaux de rubine d'arſenic dans les échantillons que j'ai vus, ne m'a point encore permis de prendre la meſure de ces différens angles. Quelques-uns même de ces cryſtaux m'ont paru terminés par des ſommets dièdres à plans pentagones (*Cryſtall. planche VII, fig.* 17.); mais cette modification de l'octaèdre rhomboïdal, ſemble provenir de ce que deux des trapézoïdes de chaque ſommets s'accroiſſent & s'élargiſſent aux dépens des deux autres qui reſtent ainſi linéaires ou fort étroits, comme on l'obſerve dans certaines variétés de la ſélénite«.

Cette variété ſe trouve à la Solfaterra.

N°. 7. » Priſme héxaèdre un peu comprimé, dont les deux bords obtus du prisme sont aussi tronqués, mais très-légèrement; ce qui ajoute à ce prisme deux hexagones linéaires opposés, & change en pentagones irréguliers, les quatre trapezoides des sommets«. *Cryſtall. pl. VII, fig.* 14.

Se trouve à la Solfaterra.

N°. 8. » Priſme dont les deux hexagones larges & opposés, qui dans la variété précédente, résultoient de la troncature longitudinale des diverses bords aigus du prisme rhomboidal, sont dans celle-ci remplacés chacun par un double trapéze en biseau, de manière que le prisme d'octaèdre qu'il étoit, devient décaèdre, tandis que les sommets restent toujours tétraèdres à plans pentagones irréguliers«. *Cryſtall. planche VII, fig.* 15.

Se trouve à la Solfaterra.

N . 9. » Prisme dont l'arête formée par la jonction des deux trapèzes en biseau de la variété précédente, est elle même surtronquée, de manière que chaque angle aigu du prisme rhomboidal primitif est alors remplacé par un hexagone entre deux trapèzes, tandis que chacun des angles obtus du même prisme, l'est par un hexagone linéaire entre deux rectangles. Les deux nouveaux plans produits par cette sur-troncature rendent le prisme dodécaèdre, & changent en hexagones fort irréguliers, les pentagones irréguliers des sommets. *Crystall. planche VII, fig.* 16 *& Tom. III, pag.* 36.

Cette variété du réalgar, ainsi que les précédentes se trouvent

A la Solfaterra, près de Naples.

A la Guadeloupe.

Dans le Volcan de la Province de Bungo, dans l'Isle de Ximo au Japon, &c.

VITRIOL MARTIAL.

L'acide vitriolique uni à la base du fer forme le *vitriol de Mars*, qu'on nomme aussi *vitriol vert, couperose verte.* Ce sel, lorsque la crystallisation a lieu d'une manière lente, produit des crystaux en parallèlipipèdes rhomboïdaux, dont les angles obtus sont, suivant Cappeller, de 100°, & les angles aigus de 80°, & suivant M. de Romé de Lisle de 98° & 82°. *Vid. pl. IV, fig.* 45, *de la Crystallographie.*

L'acide vitriolique que les feux souterrains developpent, s'unissant dans quelques circonſtances à la terre ferrugineuſe des laves, produit du vitriol de Mars, mais il faut, pour que cette combinaiſon ait lieu, que l'acide ſoit affoibli par les vapeurs aqueuſes, auſſi n'eſt-ce jamais que dans les ſources bouillantes & dans les étuves voiſines des Volcans, que le vitriol produit par le fer des laves peut ſe former; il faut même, ſi l'on veut le recueillir, être attentif à ſaiſir l'inſtant où il ſe montre, ſans quoi la ſurabondance d'eau tend à le diſſoudre & à l'emporter.

N°. 10. *Vitriol martial vert produit par la combinaiſon de l'acide vitriolique avec la terre ferrugineuſe des laves.*

M. le Chevalier de Dolomieu a eu la complaiſance de m'apporter de *Vulcano*, du vitriol vert qu'il avoit recueilli ſur les parois de la Grotte qu'on voit dans cette Iſle; il exiſte dans cette Grotte une mare d'eau ſulphureuſe & ſalée, ſans ceſſe en ébullition, & il s'y exhale des fumées acides ſulphureuſes qui pénètrent & blanchiſſent les laves, & forment avec elles diverſes combinaiſons intéreſſantes. Je ferai mention plus particulièrement de cette Grotte en parlant de l'alun qui s'y produit, & en rapportant le paſſage même du Livre de M. le Chevalier de Dolomieu, ou il eſt queſtion de cet antre volcanique.

M. le Chevalier de Dolomieu a auſſi trouve du *vitriol de Mars*, mêlé avec du ſoufre ſur la pointe la plus élevée de la montagne volcanique de l'Iſle de *Stromboli.*

ALUN NATIF.

L'acide vitriolique uni à la terre argileuſe des laves produit l'alun. Il eſt très-difficile de recueillir cette eſpece d'alun natif, parce que les pluies ou la ſurabondance d'eau le diſſolvent.

La cryſtalliſation primitivé de l'alun eſt l'*octaèdre régulier, formé par deux pyramides quadrangulaires jointes & oppoſées par leur baſe, d'où réſulte un ſolide terminé par huit triangles équilatéraux, ſix angles ſolides & douze bords.* De Romé de Liſle, Cryſtall. Tome I, page 314, & pl. III, fig. 1.

Comme je ne fais mention que de l'alun volcanique natif, je ne dirai rien des travaux qu on exécute à la *Tolfa* pour retirer ce ſel, quoiqu'on s'y ſerve d'une lave décolorée par l'acide ſulphureux ; je ſais que cette pierre a été diſpoſée à l'aluminiſation par la nature, mais il faut convenir auſſi que ce n'eſt qu'au moyen de l'art qu'on extrait cet alun.

N°. 11. *Sel alumineux, produit par la combinaiſon de l'acide vitriolique avec la terre argileuſe pure des laves; diſpoſé quelquefois en filets capillaires ſoyeux, & le plus ſouvent en poudre blanche fine qui n'affecte aucune cryſtalliſation déterminée & qui adhère encore à la lave altérée.*

L'on trouve l'une & l'autre variété.

A la Solfaterra.

Mais plus particulièrement *dans la Grotte de Vulcano, où cet alun ſe forme par l'union des vapeurs acides ſulphureuſes qui s'élèvent à travers l'eau, avec la baſe argileuſe des laves qui couvrent cette Grotte* (1).

» (1) En revenant à la plage où j'avois laiſſé ma barque » (dit M. le Chevalier de Dolomieu) je trouvai ſur ma droite » à peu de diſtance de la mer, une portion de l'ancien Cône » (du Volcan de *Stromboli*), mais iſolée & ſéparée de la » chaîne circulaire. Quoique ſur la même circonférence, » j'en vis ſortir beaucoup de fumée, & m en approchant, » je vis une Grotte ouverte à l'oueſt, dans laquelle j'entrai; » elle a vingt pas de profondeur, j'y trouvai une mare d'eau » qui a un mouvement violent d'ébullition, quoiqu'elle ne » ſoit pas au degré de l'eau bouillante; le thermomètre n'y

L'on trouve auſſi ſur la ſommité de la montagne volcanique de Stromboli, un peu d'alun natif mé-

---

» monta qu'à cinquante-cinq degrés ; c'eſt donc le dégage-
» ment de l'air qui traverſe cette eau, qui produit ſon bouil-
» lonnement & les eſpèces de jets qu'on y obſerve. Ce lac
» exhale une forte odeur de ſoufre, & beaucoup de fumée ;
» l'eau en eſt éminemment ſalée ; elle contient du ſel
» marin, du ſel alumineux & du ſoufre. Toutes les pa-
» rois de la Grotte ſont revêtues d'une croûte d'un beau ſel
» alumineux, ſoyeux, blanc & jaunâtre, qui a un ou deux
» pouces d'épaiſſeur, & qui eſt mêlé d'un peu de ſoufre &
» de vitriol verd. Je parvins à en détacher de grandes pla-
» ques, qui étoient adhérentes & collées à un rocher ou
» incruſtation blanche. Ce ſel ſe forme journellement par la
» combinaiſon de l'acide ſulphureux qui s'élève de la ſource
» bouillante, avec la terre argileuſe des laves qui la recou-
» vrent. Toutes les matieres qui forment ce fragment de
» montagne dans laquelle eſt la Grotte, ſont également pé-
» nétrées & blanchies par les fumées acides ſulphureuſes qui
» s'échappent par pluſieurs fentes & crevaſſes. Les rochers de
» laves altérées ont ſur leur ſurface une croûte de gypſe
» blanc, & de l ocre rouge ferrugineuſe. Tout autour de
» cette même montagne, il y a des trous qui exhalent de la
» fumée, qui donnent une forte chaleur & qui ſubliment du
» ſoufre. Dans la mer même on reçoit l'impreſſion du feu
» qui eſt ſous ce rocher ; le ſable qui eſt recouvert par
» l'eau, conſerve un grand degré de chaleur, & il eſt des
» endroits mêmes à quelques pas du rivage, où la mer eſt
» chaude au point de cauſer une ſenſation douloureuſe. Ce
» rocher n'eſt pas la ſeule portion de l'ancien Cône qui con-

langé avec du ſel ammoniac. Je ferai bientôt mention de ce dernier.

SEL MARIN.

N°. 12. *Sel marin en ſtalactite ou en grumeaux adhérens à de la lave altérée, ou à du ſable vomi par les Volcans.*

Comme la plupart des Volcans ont des communications avec les eaux de la mer, & que leurs foyers peuvent ſe trouver quelquefois dans le voiſinage de ſources ſalées, il n'eſt pas étonnant que l'on ait trouvé du ſel marin ſublimé par les feux ſouterrains; il eſt vrai qu'il n'y eſt pas abondant, ſoit que ce ſel ſe décompoſe au moyen du fer contenu dans les laves, ſoit que les Volcans n'aſpirent que dans quelques circonſtances particulières les eaux de la mer. La ſublimation du ſel marin, ſe faiſant d'une manière rapide & tumultueuſe dans les Volcans, on ne le trouve point ſous forme cubique qui eſt la cryſtalliſation propre de ce ſel, mais en pouſſière ou en grains informes.

» ſerve encore un reſte du feu qu'il renfermoit; on voit ſortir de la fumée de quelques autres parties; & la blancheur
» des laves dans ces endroits les indique toujours«.

Il arrive aussi quelquefois que le sel marin étant décomposé dans les fournaises volcaniques, l'acide qui s'en dégage attaque les laves à qui il donne une couleur d'un jaune rougeâtre, & se combinant ensuite avec le fer de ces mêmes laves, il forme un *sel marin déliquescent à base martiale.*

L'on trouve du sel marin aglutiné contre les laves pulvérulentes du cratère de Vulcano. Voyez ce qu'en dit M. le Chevalier de Dolomieu, page 40, n°. 15, de son Voyage aux Isles de Lipari.

SEL ALKALI FIXE BLANC.

N°. 13. *Sel alkali fixe blanc réuni en molécules irrégulières dans les cavités de quelques laves nouvelles.*

M. le Chevalier de Dolomieu a reconnu le premier dans les cavités des laves nouvelles de l'*Etna* du côté de *Bronte* & de *Catagne* l'alkali fixe. Voyez le n°. 49 du Catalogue des produits de l'*Etna.*

Comment l'alkali fixe du sel marin peut-il quitter l'acide pour se sublimer seul & ainsi isolé? Cette question n'est pas facile à résoudre.

SEL AMMONIAC.

Sel ammoniac volcanique natif, diſpoſé en aiguilles fines, appliquées parallèlement les unes contre les autres, ou en maſſes confuſes, ſpongieuſes & légères, qui offrent quelques élémens cubiques, évidés dans le centre; quelquefois configuré en barbe de plume, ou en eſpèce de dendrites.

Nous avons vu que l'acide marin exiſtoit dans les Volcans, le ſel ammoniac nous apprend que l'alkali volatil s'y trouve. Il eſt difficile, ſans doute, de reconnoître par quelle voie ce dernier eſt dépoſé dans les gouffres embrâſés de l'*Etna*, du *Véſuve* & de pluſieurs autres Volcans, ou de quelle manière il s'y forme; les conjectures que nous pourrions tirer à ce ſujet, en nous jettant dans des longueurs, ne nous éclaircroient que foiblement ſur les procédés que la nature met en œuvre pour opérer ce beau travail.

Le ſel ammoniac cryſtalliſe par la voie humide, en longues aiguilles blanches demi-tranſparentes, un peu flexibles, formées par un priſme quadrangulaire terminé à chaque extrémité par une pyramide courte, auſſi quadrangulaire, dont les faces correſpondent à celles du priſme. *Vid. Cryſtall.*

Tome I, page 382 ; mais lorſque ce ſel eſt ſublimé par le feu, il eſt diſpoſé en ſtries formées par la réunion d'une multitude d'aiguilles déliées jointes parallèlement les unes aux autres : il prend auſſi, dans ce dernier cas, la forme de dendrites, ou celle de barbes de plume, & ces dernières laiſſent appercevoir à la loupe, des eſpèces d'articulations compoſées d'octaèdres implantés les uns ſur les autres. J'ai vu auſſi quelquefois dans le milieu des pains de ſel ammoniac du commerce, des cryſtaux cubiques réguliers, dont quelques-uns étoient ſolides & d'autres creux.

M. le Chevalier de Dolomieu fait mention ſous le nº. 48 de ſon Catalogue de l'*Ethna*, d'un ſel ammoniac gris impur ſur la ſurface duquel on remarque *le ſquelette cubique des cryſtaux de ſel marin.* Cet habile naturaliſte a eu la bonté de me donner des échantillons aſſez conſidérables de ce ſel ammoniac, ſur lequel j'ai vu, en effet, des ébauches de cryſtaux cubiques ; mais les ayant mis ſur la langue, & leur ayant trouvé la ſaveur du ſel ammoniac & nullement celle du ſel marin, j'ai cru que la configuration cubique pouvoit avoir induit en erreur M. le Chevalier de Dolomieu, &

comme de tels morceaux méritoient d'être examinés avec attention, je les ai ſoumis à l'analyſe la plus exacte, & ne voulant pas m'en rapporter à moi ſeul, j'ai prié M. Pelletier, Chymiſte très-exact, d'en faire une analyſe à part, tandis que je procéderois de mon côté à une ſeconde analyſe. Abſolument d'accord ſur nos réſultats, nous avons obſervé.

1°. Que ce ſel mis ſur un charbon allumé, a formé des vapeurs blanches & s'eſt diſſipé en entier ſans décrépitation.

2° Qu il imprimoit ſur la langue la ſaveur fraîche du ſel ammoniac.

3°. Deux gros de ce ſel diſſous dans une once d'eau diſtillée, ayant été filtrés, ont laiſſé une partie légère de terre griſâtre, ſans ſaveur, qui n'eſt que le produit de la pouſſière.

4°. La liqueur étant évaporée a fourni une cryſtalliſation grouppée, où l on diſtinguoit des pyramides quadrangulaires appliquées les unes ſur les autres, & évidées comme celles qu'on obſerve quelquefois ſur le ſel ammoniac.

5°. La liqueur décantée a été de nouveau évaporée ; & miſe à cryſtalliſer elle a fourni des cryſtaux de ſel ammoniac formés en longues aiguilles blanches configurées en prismes quadrangulaires, terminés à chaque extrémité par une pyramide courte, aussi quadrangulaire.

6°. L'eau-mère mêlée d'eau distillée, attaquée par l'acide marin tenant en dissolution la terre pesante, la liqueur a légèrement louchi, ce qui annonceroit quelques atômes de sel ammoniac vitriolique.

7°. Cette même eau-mère étendue d'une portion d'eau distillée, à laquelle on a ajouté un peu d'alkali volatil, a été foiblement troublée par un léger nuage qui annonce la présence d'une terre en dissolution: cette dernière pourroit bien être la terre, qui, combinée avec l'acide vitriolique, formeroit un peu d'alun. Le résultat de l'analyse, est qu'il n'a pas été trouvé de sel marin parmi le sel ammoniac qui a été examiné.

N°. 14. *Sel ammoniac natif teint en vert par une portion de cuivre qui y est unie.*

Ce sel ammoniac provenu de la dernière éruption de l'Etna (celle de 1781) annonce que les feux du Volcan ont rencontré sur leur route quelques pyrites cuivreuses, ou quelque filon de mine de cuivre. *Vid.* le Catalogue des produits de l'Etna, n°. 51.

L'on trouve du ſel ammoniac natif
A l'Etna, du côté de Catagne & de Bronte.
Au Veſuve.
A la Solfaterra.
Aux Etuves de Lipari.
Au Mont Hécla.

BITUMES.

L'on trouve quelquefois du bitume, plus ou moins épais, plus ou moins coloré, dans des terreins volcaniſés. L'origine de ces bitumes n'eſt pas facile à expliquer; l'on ſait, il eſt vrai, que l'acide ſulphureux qui s'émane en ſi grande abondance des Volcans en activité, peut en ſe combinant avec les matieres graſſes & huileuſes, végétales & animales, enſévelies dans le ſein de la terre, former de véritables bitumes; mais j'avoue que ſi cette opération peut avoir lieu dans quelques circonſtances particulières, il ne faut pas pour cela lui attribuer l'origine de tous les bitumes; je crois au contraire, qu'ils ſont pour la plupart produits par les charbons foſſiles, que les feux ſouterrains ayant échauffés juſqu'à un certain degré, font entrer en une eſpèce de diſtillation qui en degage le principe huileux.

Cette huile, lorſqu'elle eſt très-fluide & peu colorée, forme ce qu'on nomme *le pétrole*, tandis qu'en s'épaiſſiſſant elle produit la *poix minérale*, le *malthe*, dont l'odeur eſt déſagréable; & enfin lorſqu'en ſe deſſéchant elle acquiert de la dureté, elle donne naiſſance à l'*aſphalte* ou *bitume de Judée.*

N°. 15. *Poix minérale noire ou d'un brun noirâtre, fluide ou concrète, Huile de pétrole, Naphte, Aſphalte, Bitume de Judée.*

Se trouve en Italie *dans le terrein nommé il Fiumetto, dans le Duché de Modène.*

Dans les environs de Raguſe en Sicile.

Au Village de Gabian & dans les environs d'Alais en Languedoc.

A cinq lieues de Bergerac dans le Périgord.

Dans les environs de Clermont-Ferrant en Auvergne.

A deux milles d'Edimbourg, à la Fontaine de Sainte Catherine.

Dans les Montagnes d'Uval en Sibérie.

A Backou, Ville de Perſe, ſur les bords de la mer Caſpienne.

A Collao, à Surinam en Amérique où elle eſt connue ſous le nom d'Huile minérale des Barbades, &c.

M. le

M. le Chevalier Dolomieu ayant fait en dernier lieu un Voyage en Sicile, & ayant visité le Mont Etna en Observateur exercé, je vais publier avec autant d'empressement que de reconnoissance le Catalogue des laves qu'il a recueillies sur ce formidable Volcan; les échantillons de ces laves existent dans le Cabinet de M. le Duc de la Rochefoucauld & dans le mien; je me propose de les joindre à la Collection que j'ai formée pour le Cabinet du Roi.

J'avois publié dès 1778, dans les *Recherches sur les Volcans éteints du Vivarais & du Velai*, *page 69*, le Catalogue des Produits volcaniques de l'Etna, d'après un envoi fait par le *Chanoine Recupero;* cette Collection étoit nécessairement incomplette, parce que le bon Chanoine, plus zélé qu'instruit, n'étoit pas en état de mettre le choix nécessaire dans les échantillons qu'il envoyoit. Quant à ses notes, elles étoient si singulières, & en même-tems si étrangères aux objets, qu'il étoit impossible d'en tirer le moindre parti; je fus donc obligé de refaire ce Catalogue en entier, ſans avoir aucun égard à ce que le Chanoine Recupero avoit dit dans une Notice d'une demi-page qui accompagnoit ſon envoi.

F I N.

CATALOGUE

DES PRODUITS VOLCANIQUES DU MONT ETHNA, JOINT A LA COLLECTION DES ÉCHANTILLONS ENVOYÉS PAR M. LE CHEVALIER DE DOLOMIEU A M. LE DUC DE LA ROCHEFOUCAULD EN 1782, ET A M. FAUJAS DE SAINT-FOND.

NUMÉRO 1. Lave grise, dure, pesante, compacte, contenant quelques fragmens vitreux, verdâtres & transparens, connus sous le nom de *chrysolites des Volcans*, & des portions de crystaux prismatiques de *schorl noir*.

Cette lave est très commune, elle forme plusieurs grands courans près de *Catagne*, du Château d'*Yaci*, de *Bronte* & d'*Ademo*.

N°. 2. Lave noire, dure, mais poreuse, elle est la plus commune des productions de l'Ethna ; elle occupe la partie supérieure de tous les grands courans, & elle fait la totalité de quelques courans particuliers. On en fait un grand usage pour bâtir, & pour construire des voûtes ; elle est d'une très-grande solidité, elle résiste, pendant long-tems à la destruction lente qu'opére l'influence de l'atmosphère. On s'en sert aussi pour faire des meules de moulin, & sous ce point de vue, cette lave est un objet de commerce & d'exportation ; on la transporte toute façonnée dans les Pays voisins, & dans l'Isle de *Malthe*.

Cette lave poreuse présente quelques variétés qui ne différent que par la couleur & la densité & qu'il m'a paru inutile de rassembler.

N°. 3. Lave grise, dure, compacte, moins pesante que celle du n°. 1, quoiqu'elle n'ait également aucune porosité. Elle occupe la partie intérieure & massive du fameux & vaste courant qui sortit en 1669 du pied du *Monte Rosso*, & qui traversa la Ville de *Catagne* pour se jetter dans la mer. On reconnoît dans cette lave les substances qui forment le granit, c'est-à-dire, le schorl noir en crystaux prismatiques, le feld-spath écailleux, le quartz & quelques grains de mica. Elle contient très-peu de fer, quoique les ſcories qui la recouvrent en ſoient fortement colorées, & en renferment en aſſez grande quantité pour être ſenſibles à l'aiguille aimantée.

Le long & prompt trajet que fit cette lave, lorſqu'elle ſortit des flancs de l'Ethna, prouve qu'elle étoit dans un état de grande fluidité. Cependant le ſchorl qui eſt regardé comme une ſubſtance très-fuſible par elle-même, n'y a point ſouffert d'altération; le ſel-ſpath n'a point perdu la contexture écailleuſe qui le caractériſe. Les effets du feu qui agit en grande maſſe ſont donc très-différens de ceux que produit le feu de nos fourneaux. Nous ne pouvons rendre molles & fluides les matières pierreuſes & terreuſes ſoumiſes à ſon action, que par une vitrification plus du moins parfaite, & par conſéquent, par une vraie altération dans l'arrangement de leurs parties. Il paroît que le feu agit dans les Volcans, comme ſimple diſſolvant. Il dilate les corps, s'introduit entre leurs molécules, de manière à les laiſſer gliſſer les unes ſur les autres, & lorſqu'il ſe diſſipe, il laiſſe les différentes ſubſtances à-peu-près dans le même état où il les a trouvées ; il n'avoit fait que rompre la force d'aggrégation qui forme les corps ſolides. On peut comparer ce phénomène à celui de l'eau dans la ſolution des ſels qui participent alors à la fluidité du menſtrue, & qui redeviennent concrètes par ſon évaporation.

Cette obſervation eſt eſſentielle pour étudier & comparer les produits des Volcans.

N°. 4. Lave poreuſe du même courant dont elle occupe la partie moyenne ; elle a une teinte plus foncée que la précédente, preuve certaine qu'elle contient plus de fer, & qu'elle n'a pas, par conſéquent, une identité parfaite avec celle du deſſous.

N°. 5. Lave caverneuſe & poreuſe, ou ſcories de Volcan, qui occupe la partie ſupérieure du courant de 1669. C'eſt elle qui forme les aſpérités, les inégalités & les crevaſſes qui ſont au-deſſus des laves, & c'eſt par elle que les terreins envahis par le feu, ſont rendus à la végétation. On voit ſur ces échantillons une mouſſe blanchâtre qui s'y eſt attachée, & qui y a pris ſon accroiſſement. Cette eſpèce de lichen eſt la première plante dont la végétation puiſſe s'établir ſur la lave. Elle n'a commencé ſur celle-ci qu'après un ſiècle, ſes débris & la deſtruction lente de la lave, opérée par l'influence de l'atmoſphère, forment peu-à-peu une terre argilleuſe très-végétale & propre à recevoir toute eſpèce de plante.

N°. 6. Lave griſe, compacte, très-dure; elle contient des cryſtaux blancs, luiſans, lamelleux, que je crois du feld-ſpath; elle eſt ſuſceptible de poli, & alors la ſubſtance qu'elle contient y eſt plus apparente. Cette lave a des variétés qui ont un fond rougeâtre, & dans leſquelles le fer eſt plus développé. Je crois que la baſe de cette lave eſt une eſpèce de porphyre. (Je nomme porphyre toute roche compoſée dont la pâte argileuſe & ferrugineuſe contient & enveloppe des cryſtaux de feld-ſpath, quelle qu'en ſoit la forme & le nombre. Cette pâte eſt ordinairement aſſez fuſible pour être vitrifiée au degré de feu qui n'altère pas le ſchorl.)

Cette lave forme de très-vaſtes courans qui deſcendent du haut de l'Ethna, & qui arrivent de différens côtés juſqu'à la baſe de la montagne.

N°. 7. Lave grise, compacte, grenue & tendre, semblable à une cendre agglutinée. Elle contient quelques crystaux de schorl noir & de feld-spath blanc.

N°. 8. Fragmens des basaltes de la Montagne de la *Mothe* au pied de l'Ethna, à deux lieues de *Catagne* ; les colonnes prismatiques exhaèdres qui, sur un diamètre de trois pieds, ont plus de trente pieds d'élévation d'un seul jet, sont formées d'une lave noire, compacte, la plus dure & la plus pesante de toutes celles de l'Ethna Elle a un grain fin & serré, elle ne contient aucun corps étranger, elle fait feu avec le briquet, presque autant que le silex, & elle est sonore.

N°. 9. Lave grise, compacte, très-dure; elle a un tissu ou une pâte lamelleuse, elle contient des crystaux blanchâtres, écailleux de feld-spath. Sa surface blanchit à l'air & prend une teinte qui lui donne l'apparence de la pierre calcaire, ce genre d'altération qu'elle éprouve de la part de l'atmosphère, sans le concours d'aucune vapeur acide, est un caractère particulier à cette espèce de lave, & prouve qu'elle contient peu de fer, car toutes les autres fournissent par leur deſtruction, une argile rouge ou noire.

Cette lave forme pluſieurs grands courans dont la couleur blanchâtre tranche ſur le fonds noir de la Montagne : tel eſt celui qui après avoir traverſé la *Regione Silvoſa*, vient ſe terminer près de *Nicoloſi*.

N°. 10. Lave que j'ai détachée de l'intérieur des cavités & des eſpèces de galeries qui ſont deſſous *Monte Roſſo*. Elle eſt à-peu-près de la même eſpèce que la précédente ; elle n'en diffère que par une teinte un peu rougeâtre ; elle a coulé comme elle de la partie ſupérieure de l'Ethna, ſur une très-grande épaiſſeur, mais elle eſt d'une époque beaucoup plus ancienne, puiſqu'elle ſe trouve enſevelie ſous beaucoup d'autres laves.

N°. 11. Variété du n°. 6 ; elle a une teinte plus noire, & contient moins de feld-ſpath ; elle ſe trouve dans différens courans.

N°. 12. Lave compacte, noire, peſante & dure ; elle contient une très-grande quantité de cryſtaux, de feld-ſpath blanc. On y reconnoît les matières qui forment le porphyre verd ou ophite, c'eſt-à-dire, une pâte ferrugineuſe attirable à l'aimant qui enveloppe des cryſtaux grouppés de feld-ſpath; on imite aiſément cette production volcanique en expoſant au feu, un morceau d'ophite naturel; il perd la couleur verte obſcure de ſon fond, pour devenir brun ou noir : les cryſtaux grouppés de feld-ſpath qui y forment des taches d'une teinte verte beaucoup plus claire, deviennent entièrement blancs. Cette expérience ne demande pas un feu plus actif que celui du braſier d'une cheminée.

La diſcuſſion de toutes les matières qui font la baſe des laves, ne convient point aux bornes d'un catalogue; ainſi je ne ferai dorénavant que les indiquer, ſans entrer dans les détails des obſervations & des expériences qui me les ont fait reconnoître.

Cette lave forme un immenſe courant qui ſort un peu au-deſſous du ſommet de l'Ethna, du pied d'une très-groſſe Montagne nommée *Monte Novo*, à droite du *Monte Fromento*, & qui ſe dirige vers *San Nicolo del Arena*, en traverſant une partie de la Forêt.

N°. 13. Lave blanchie, & preſque entièrement décompoſée par les vapeurs acides ſulphureuſes qui l'ont pénétrée; je l'ai priſe dans l'intérieur du crater de l'Ethna ; un peu de soufre y est attaché.

N°. 14. Lave grise, poreuse, assez pesante. Elle n'est pas commune dans les laves de l'Ethna.

N°. 15. Lave noire, dure & compacte, contenant une grande quantité de crystaux de feld-spath blanc. Cette lave qui est à-peu-près la même que celle du n°. 12, est encore un porphyre verd, altéré par le feu ; on en voit plusieurs vastes courans du côté de *Paterno*. La lave qui en occupe la partie inférieure a un grain très-serré, elle est exactement compacte, très-dure & fort difficile à fracturer ; on pourroit y trouver de très-gros blocs sans aucune fissure, & dont on pourroit faire des colonnes & autres ornemens d'Architecture qui prendroient le poli & le lustre du porphyre naturel. Des crystaux grouppés de feld-spath blanc, tranchent d'une manière agréable sur le fond noir. Les courans sont hérissés d'une lave poreuse boursoufflée & plus travaillée par les feux souterrains que la lave compacte. Cependant le feld-spath n'y a subi d'autre altération que la gerçure qui l'a rendu un peu pulvérulent.

N°. 16. Lave noire, compacte, dure, contenant une grande quantité de parties vitreuses, transparentes, verdâtres, que l'on nomme *chrysolites de Volcan*, & qui ne sont que de petits cailloux arrondis de quartz qui étoit renfermé dans la roche composée qui faisoit la base de cette lave; il est certain que ces parties vitreuses ne doivent point leur naissance à l'action du feu des Volcans, comme on l'a cru jusqu'à présent, puisque par leur nature, elles sont beaucoup moins fusibles que la pâte de la lave qui les renferme, & qui est dans un état bien éloigné de la vitrification, d'ailleurs elles se comportent au feu à-peu-près comme le quartz.

Cette lave est très-commune dans le voisinage de Paterno. Elle ne diffère de celle du n°. 1, qu'en ce qu'elle ne contient point de schorl noir, lequel schorl est très-rare dans les laves de cette partie de l'Ethna.

N°. 17. Argile rouge & jaune qui a reçu une demi-cuisson, qui la durcit à un certain point, ſans lui ôter la faculté d'abſorber l'eau & de happer à la langue. Elle ſe trouve ſur la ſommité des montagnes volcaniques & iſolées de Paterno & de la Mothe; elle paroît avoir été ſoulevée par les jets de laves qui ont formé les baſaltes de ces deux montagnes. J'ai des raiſons de croire que cette argile faiſoit partie du ſol à travers lequel la lave s'eſt fait jour, qu'elle a été enlevée par ce jet vertical, & que la chaleur lui a donné l'eſpèce de cuiſſon qu'elle a reçu, car, qui auroit pu la placer & l'amonceler en quelque ſorte ſur le ſommet de ces Montagnes qui n'ont pu la vomir, puiſqu'elles n'ont jamais eu de crater? Ce fait eſt très-remarquable.

N°. 18. Lave noire, compacte, dure, ſur laquelle eſt attachée une couche de pierres calcaires coquilières.

On trouve dans ce fait une preuve certaine que l'Ethna eſt un Volcan antérieur à la retraite des eaux de deſſus cette partie de notre continent; on rencontre ces laves recouvertes & incruſtées de pierres calcaires. Dans différentes parties de la baſe de cette Montagne, à *Aderno*, *Paterno*, *Latrezza*, *&c.* On voit dans tous ces lieux les couches ſucceſſives des produits de l'eau & du feu, monter à une élévation de plus de deux cens toiſes au-deſſus du niveau actuel de la mer, & à plus de trente mille de diſtance de ſon rivage.

Ce fait qui n'a point encore été obſervé, établit mieux l'antiquité de l'Ethna, que tous les calculs qu'on a voulu faire ſur l'antiquité des laves relativement à l'épaiſſeur de la terre végétale, dont quelques-unes ſont recouvertes. L'antériorité des premières éruptions de l'Ethna aux dernières révolutions du globe, eſt encore plus évidemment démontrée par les courans de laves qui vont ſe perdre ſous les Montagnes calcaires de *Carcaci*, près d'*Aderno*. On y voit des matières volcaniques enſevelies ſous plus de cinq cens pieds de pierres calcaires en couches horizontales.

N°. 19. Pierres calcaires, coquilières, blanchâtres, qui recouvrent pluſieurs anciens courans de laves & qui y ſont interpoſées du côté de *Paterno*.

N°. 20. Pierres calcaires qui recouvrent les anciennes laves de l'Ethna auprès de *Paterno*. Elles contiennent des fragmens de laves poreuſes, & autres déjections volcaniques qui ſe ſont empâtées dans ce dépôt calcaire lors de ſa formation.

N°. 21. Argile rouge qui a reçu une demi-cuiſſon. Elle contient des fragmens de laves & de ſcories. Je l'ai trouvée en grande partie ſur les flancs de l'Ethna, au-deſſus de la Ville de *Picdimonte*, au pied d'une Montagne du ſommet de laquelle elle me paroiſſoit avoir été entraînée par les eaux.

N°. 22. Lave griſe, dure & compacte qui contient quelques cryſtaux de feld-ſpath blanc. Elle forme pluſieurs vaſtes courans qui ont coulé à différentes époques les uns ſur les autres, & qui par leur entaſſement ont fait l'énorme maſſif de laves ſur lequel eſt bâtie la Ville *Diaci-reale*; cette lave a des variétés qui ne diffèrent que par la teinte. Je crois que la baſe de cette lave eſt encore un porphyre altéré par le feu, mais qui dans ſa pâte contenoit moins de fer que celui qui a fourni les laves plus noires des numéros 12 & 15.

N°. 23. Lave griſe, dure, un peu poreuſe dont le grain eſt écailleux. Elle fait feu avec le briquet, ainſi que preſque tous les échantillons ci-deſſus. Elle ſe trouve dans le corps de la Montagne *Diaci-Reale*, où elle forme un immenſe courant.

N°. 24. Lave noire, dure, mais poreuſe, contenant dans ſes cavités des globules de zéolite blanche, rayonnée intérieurement. On y voit auſſi la zéolite en petits cryſtaux pyramidaux, diſtincts, attachés par leur ſommet, au même point, & s'en éloignant en rayons divergens & ſe ſéparant les uns des autres.

Cette lave de *Diaci-Reale* eſt très-ancienne; elle ſe trouve placée au-deſſous du maſſif formé par les laves des numéros 22 & 23. Elle eſt cryſtalliſée en quelques endroits en priſmes. On voit qu'elle a coulé dans la mer qui baigne encore l'extrémité du vaſte & épais courant qu'elle forme. Ces colonnes régulières de baſalte, s'élèvent maintenant à la hauteur de vingt pieds environ au-deſſus du niveau actuel des eaux.

N°. 25. Lave griſe remplie de petites particules micacées très-luiſantes, ſemblables à la mine de fer micacée ſablonneuſe. Elle ſe trouve en pierres iſolées, mais très-groſ-

ſes

ſes & aſſez nombreuſes ſur la Montagne *Diaci-Reale*, je n'en ai point retrouvé le courant qui doit exiſter dans les environs.

N°. 26. Fragment d'un très-gros morceau de mine de fer ſolide micacé, en grande écaille ſpéculaire, cryſtalliſée & caverneuſe, dont les cavités ſont remplies d'un colcatar rouge très-vif. J'ai trouvé ce bloc unique de mine de fer à *Jaci-Reale* au milieu des matières volcaniques, à peu de diſtance du rivage, à 50 ou 60 pieds plus haut que la mer. Je n'oſerois le placer parmi les matières volcaniques ou déjections de l'Ethna, ſi la lave micacée du n°. 25, ne m'avoit pas préparé à ſa rencontre.

N°. 27. Lave noirâtre, compacte, aſſez dure contenant une très-grande quantité de petits points blancs qui, vus avec attention, ſe trouvent être de petits faiſceaux de zéolite hémiſphérique également rayonnée.

On voit que dans cette lave, la zéolite a rempli toutes les cavités & interſtices qu'elle a trouvés.

Elle eſt en très-grande quantité dans les Montagnes de la *Trezza*, près des Iſles Cyclopes, à la baſe de l'Ethna.

N°. 28. Lave noire, tendre, poreuſe & caverneuſe, qui contient dans ſes cavités des grouppes de cryſtaux hémiſphériques de zéolite blanche, rayonnée intérieurement. Elle eſt très-commune dans les Montagnes de la *Trezza*, la Montagne du Château *Diaci* en eſt preſque entièrement formée.

N°. 29. Lave noire, très-dure, ayant quelques cavités ſphériques, toutes garnies de cryſtaux de zeolite blanche. Une des Iſles Cyclopes & pluſieurs Montagnes de la *Trezza* ſont formées de cette lave qui y eſt ſouvent cryſtalliſée en baſalte.

N°. 30. *Impaſto* volcanique, jaunâtre, ferrugineux qui réunit des morceaux de différentes laves ; il contient auſſi une très-grande quantité de cryſtaux ſpathiques de zéolite blanche tranſparente ; il ſe trouve dans la Montagne du Château d'*Yici*, deſſus & deſſous des grouppes de baſalte.

N°. 31. Fragmens détachés de la ſurface des colonnes de baſalte, de la plus haute des Iſles Cyclopes. Cette ſurface eſt poreuſe & caverneuſe, parce que la mer qui bat contre les colonnes les a corrodé : l'intérieur desdites colonnes est une lave extrêmement dure & compacte ; on y voit quelques petits crystaux de zéolite blanche transparente.

N°. 32. Fragmens des colonnes de basalte des deux petites Isles des Cyclopes & des Montagnes de la *Trezza* ; elles sont toutes formées d'une lave grise, dure & compacte, qui contient des parties vitreuses jaunes, & de la zéolite blanche demi-transparente.

N°. 33. Fragmens & portions prismatiques hexaèdres d'une colonne de basalte de six pouces de diamètre ; elle est formée d'une lave grise, dure & compacte, qui contient des petits points jaunes vitreux. Je l'ai détaché d'un petit grouppe de colonnes de basalte formant des rayons divergens autour d'un centre commun & placé dans la mer à peu de distance du rivage de la *Trezza*.

N°. 34. Fragmens & portion prismatique d'une colonne de basalte des Montagnes de la *Trezza* ; elle est formée d'une lave noirâtre, dure, compacte, contenant beaucoup de crystaux, de schorl & de ce que l'on nomme chrysolites des Volcans.

Cette espèce de basalte est très-commune sur cette partie de la base de l'Ethna, & les colonnes qui ont différens diamètres y ſont amoncelées dans toute eſpèce de poſitions & d'inclinaiſons.

N°. 35. Lave noire, extrêmement dure, contenant dans ſes cavités des cryſtaux polièdres, d'une eſpèce de zéolite tranſparente, qui par ſa diaphanéité & ſa dureté, reſſemble au cryſtal de roche. Les cryſtaux ſont en général dodécaèdres avec des faces pentagones régulières. Quelques-uns repréſentent des octaèdres & des cubes, d'autres enfin font des priſmes tronqués qui divergent d'un centre commun.

Cette ſuperbe eſpèce de zéolite eſt en aſſez grande quantite dans les laves de la plus grande & la plus baſſe des Iſles Cyclopes. Elle préſente des cryſtaux qui ont plus de neuf lignes de diamètre, & elle eſt plus long-tems que les autres à former dans l'acide nitreux ce qu'on appelle gelée. Tout le maſſif que forme la baſe qui la contient, eſt recouvert d'une terre argileuſe qui occupe toute la ſommité de l'Iſle, & qui renferme auſſi quelques petits cryſtaux de zéolite.

La zéolite eſt très-commune dans certaines laves de l'Ethna; il ſeroit peut-être poſſible d'y en rencontrer des morceaux auſſi gros que ceux que fournit l'Iſle de *Ferroé.*

Quoique cette ſubſtance ſemble ici appartenir aux laves, je ne dirai cependant point que toutes les zéolites ſoient volcaniques, ou unies à des matières volcaniques. Celles que l'on trouve en Allemagne ſont, dit on, dans des circonſtances différentes; mais je dois annoncer que je n'ai trouvé cette ſubſtance en Sicile que dans les ſeules laves qui évidemment ont coulé dans la mer, & qui ont été recouvertes par ſes eaux. La zéolite des laves n'eſt point une déjection volcanique, ni une production du feu, ni même une matière que les laves aient enveloppée lorſqu'elles étoient fluides; elle eſt le réſultat d'une opération & d'une combinaiſon poſtérieures, auxquelles les eaux de la mer ont concouru. Les laves qui n'ont pas été ſubmergées, n'en contiennent jamais. J'ai trouvé ces obſervations ſi conſtantes, que par-tout où je rencontrois de la zéolite, j'étois ſûr de trouver d'autres preuves de ſubmerſion, & par-tout où je voyois des laves recouvertes des dépôts de l'eau, j'étois ſûr de trouver de la zéolite, & un de ces faits m'a toujours indiqué l'autre. Je me ſuis ſervi avec ſuccès de cette obſervation pour diriger mes recherches, & pour connoître l'antiquité des laves. L'analyſe chymique pourroit maintenant nous apprendre ſi la zéolite ne ſeroit point une combinaiſon particulière de l'acide marin avec une des parties conſtituantes des laves, combinaiſon qui pourroit avoir également lieu par-tout où l'acide marin auroit trouvé une baſe pareille, & des circonſtances favorables.

Un fait dont la nature m'a fourni moins de preuves, mais qui eſt peut-être auſſi conſtant & auſſi intéreſſant, eſt celui qui concerne la cryſtalliſation des laves. Les baſaltes ne ſe trouvent jamais que dans les laves qui ont coulé dans la mer. Toutes les laves compactes qui ont coulé dans la mer avec une certaine épaiſſeur, ont éprouvé ce que l'on nomme la cryſtalliſation des baſaltes, plus ou moins parfaite. (1) Aucun des modernes courans de l'Ethna qui ne ſont point arrivés juſqu'à la mer, ne contient des baſaltes. Tous ceux qui s'y ſont jetés avec les circonſtances requiſes ſont cryſtalliſés en colonnes; les courans qui arrivent dans la mer ſans être abſolument ſubmergés ſont cryſtalliſés dans la portion qui eſt plongée

(1) L'expérience confirme ici ce que j'avois donné le premier comme une conjecture dans mon Ouvrage *ſur les Volcans du Vivarais & du Vélai.*

dans l'eau, & n'ont éprouvé qu'un retrait irrégulier dans le maſſif qui eſt au-deſſus. Eclairé par mon obſervation ſur les laves modernes qui bordent la côte juſqu'à *Taomina*, j'ai parcouru la baſe de l'Ethna dans ſon continent intérieur. J'ai viſité les Volcans éteints de la Sicile, & je n'ai preſque jamais rencontré à une grande diſtance de la mer, des colonnes de baſalte, que je n'aie eu des preuves d'un autre genre que la mer baignoit la lave lorſqu'elle a coulé.

Il ſeroit intéreſſant de ſavoir, ſi ces obſervations faites en Sicile ſe trouveroient être les mêmes dans les autres pays volcaniſés. Mon expérience m'a trop ſouvent appris qu'il ne falloit jamais tirer d'un fait particulier une règle générale, pour que je n'attende pas un concours d'obſervations faites en différens endroits, avant d'établir un ſyſtême ſur les ſeuls faits que j'ai vus en Sicile.

J'ai fait auſſi une obſervation ſingulière ſur l'articulation des baſaltes; mais, comme elle eſt unique, je ne veux pas la publier que je ne trouve d'autres preuves du même fait.

Monſieur le Duc de la Rochefoucauld me pardonnera une digreſſion qui eſt déplacée dans un Catalogue; mais je n'ai pas le tems de rédiger un mémoire particulier ſur cet objet qui tient à beaucoup de recherches dont le détail eſt dans mon Journal. Je deſirerois que ces deux faits fuſſent ſoumis à la diſcuſſion des Savans qui les combattront, ou les étayeront de leurs propres obſervations. J'oſe donc prier M. le Duc de préſenter ces deux Obſervations à l'Académie Royale des Sciences.

N°. 36. Pierre argileuſe blanchâtre, qui forme la ſommité de toutes les Iſles Cyclopes. Elle repoſe ſur les baſaltes, & les laves de ces Iſles. Elle eſt imprégnée de ſel marin qui s'effleurit à ſa ſurface. Il me paroît que cette pierre faiſoit anciennement le ſol de la mer à travers lequel ſe ſont fait jour les ſels des laves qui ont formé ces Iſles, & qu'elle a été ſoulevée de bas en haut de manière à les recouvrir toujours, & à être encore attachés à toutes les inégalités de leurs flancs.

Ce ſoulevement du ſol par des jets de laves qui ſe ſont élevés verticalement a déjà été annoncé au n°. 17 de ce Catalogue. Ce fait eſt conforme à celui dont M. Faujas de Saint Fonds nous donne une deſcription auſſi claire que préciſe & convaincante dans ſon ouvrage ſur les Volcans éteints du Vivarais en parlant du pic volcanique de *Roche-rouge.*

N°. 37. Pierre argileuſe blanchâtre, la même que celle du numéro précédent. Celle-ci contient de petits cryſtaux polièdres, tranſparens, d'une zéolite ſemblable à celle qui ſe trouve dans la lave du numéro 35 priſe aux Iſles Cyclopes.

N°. 38. Scories noires, légères, avec des couleurs chatoyantes, priſes ſur les laves qui ont coulé en 1781, près de l'endroit ou elles ſe ſont fait jour à travers la montagne.

N°. 39. Autres ſcories plus peſantes, de la même éruption, priſes ſur le courant de laves, à ſix mille au-deſſous de l'ouverture par où il prit iſſue. Elles ſont empreintes de ſel ammoniac.

N°. 40. Laves poreuſes & légères, eſpèces de ſcories qui nagent ſur les courans de lave ; on les emploie pour faire les voûtes.

Toutes les ſcories ſe reſſemblent, & ne préſentent d'autre variété que leur couleur plus ou moins foncée, noire ou rougeâtre. On ne peut point juger par elles, de la nature de la lave qui eſt au-deſſous, auſſi ſont-elles les moins inſtructives de toutes les productions des Volcans, & elles ne peuvent point indiquer l'eſpèce des matières ſoumiſes à l'action du feu & qui ſont la baſe des laves. Mais cependant ce ſont elles qui font reconnoître le plus sûrement les lieux qui ont été la proie des anciens feux ſouterrains.

N°. 41. Lave noire & rougeâtre, dure, compacte; elle contient un ocre rouge ou colcatar natif. Je l'ai priſe dans l'intérieur du crater de Monte-Roſſo où elle eſt commune, & en morceaux iſolés.

N°. 42. Morceaux de lave rougeâtre & jaunâtre, peſante, informe. Elle eſt une déjection de l'Ethna, lors de la formation de Monte-Roſſo. On les trouve en grande quantité ſur la ſommité de cette dernière montagne.

N°. 43. Scories rougeâtres, légères, réduites en fragmens. Elles forment la montagne dite *Monte-Roſſo*, qui par accumulation ſortit de l'Ethna, lors de la fameuſe éruption de 1669. Ces ſcories contiennent quelques cryſtaux iſolés de ſchorl noir.

Il ſeroit difficile de reconnoître dans les ſcories la lave du numéro 3, qui ſortit du pied du *Monte-Roſſo*, dans la même éruption.

N°. 44. Sable volcanique d'un rouge vif, recueilli ſur les lèvres des craters qui ſont au pied de *Monte-Roſſo*.

On doit remarquer que le *Monte-Roſſo* & toutes les déjections de la même éruption ſont colorées par le fer. Au contraire, la lave qui eſt ſortie de ſon pied, dans le même-tems, n'en contient preſque point, & a pour baſe, le granit. Je crois que dans le même-tems deux matières différentes ont été attaquées par les feux ſouterrains, le porphyre & le granit. Le premier plus vitrifiable, ſe ſera converti en ſcories qui auront toujours ſurnagé la matière en fuſion, & alors le ſchorl qu'il contenoit, ſe ſera débarraſſé de la pâte qui le renfermoit, & aura été lancé iſolé, tel qu'il ſe trouve, en immenſe quantité dans les cendres. Il eſt certain que le ſchorl & les ſcories lancés enſemble par l'ouverture qui s'eſt faite à la grande montagne ſe ſont accumulés pendant que le granit après avoir fait ſa percée a coulé liquide, & a fait un immenſe courant de lave, preuve que toutes ces matières étoient contenues dans le même foyer.

N°. 45. Scories noires, légères, réduites en fragmens; elles forment en cet état, presque toutes les montagnes volcaniques, avec cône & crater qui sont sur la croupe de l'Ethna, entr'autres toutes celles qui sont rangées sur la même ligne au-dessus de *San Nicolas de l'Arena*. Elles contiennent quelques aiguilles de schorl. En 1669, les scories couvrirent entièrement à plusieurs pieds d'épaisseur une plaine un peu inclinée qui entouroit le Village de *Nicolosi*, & qui avoit plus de trois mille de diamètre. Toute végétation y fut détruite, mais des figuiers qui y avoient été ensevelis, après un très-grand nombre d'années de suspension dans leur végétation, ont recommencé à pousser, & on en voit quelques-uns au milieu de cette plaine de cendres & de scories, qui se refusent encore à toute autre espèce de productions. Ces scories formeront un jour un sol de la plus grande fertilité, mais ce ne sera que lorsqu'elles auront été tassées, & réduites en moindres fragmens par les vicissitudes de l'atmosphère. On les emploie dans le mortier sous le nom de pouzzolane, quoiqu'elles diffèrent de la pouzzolane du Mont-Vésuve.

N°. 46. Cryſtaux iſolés de ſchorl noir, recueillis dans les ſcories & les cendres qui forment les monticules volcaniques de l'Ethna, & qui recouvrent la plaine de Nicoloſi.

La forme de ces cryſtaux de ſchorl eſt remarquable ; ils ſont cryſtalliſés en priſmes hexaèdres applatis, dont l'une des extrémités eſt ſaillante en pointe & biſeau, & l'autre rentrante ; de manière que quatre de ces cryſtaux ſemblent pouvoir s'ajuſter en forme de croix, & figurer les pierres de macle. Quelques-uns ſont grouppés, & reſſemblent parfaitement, à la couleur près, aux cryſtaux de ſchorl ou de feld-ſpath blanc verdâtre, qui font les taches du porphyre ou ſerpentin antique.

N°. 47. Sel ammoniac blanc qui ſe trouve dans les cavités des laves de l'Ethna ; il ſe ſublime auſſi par les ſoupiraux du Volcan. Il peut s'employer aux mêmes uſages que celui qui ſe fabrique en Egypte par la combuſtion des fientes d'animaux.

N°. 48. Sel ammoniac gris impur ; on remarque ſur la ſurface de ſes morceaux le ſquelette cubique des cryſtaux de ſel marin.

Ces reſtes de cryſtaux de ſel marin ſont encore à baſe d'alkali fixe.

Ce ſel eſt très-commun dans les laves de l'Ethna. On le trouve raſſemblé dans les laves ſous les ſcories. Etoit-il formé lorſque la lave couloit ? S'eſt-il ſublimé, ou a-t il tranſpiré des laves pendant leur refroidiſſement? Voilà des queſtions auxquelles je ne puis répondre.

N°. 49 Sel alkali fixe blanc qui ſe trouve dans les cavités des laves nouvelles de l'Ethna du côté de *Bronte* & de celui de *Catagne*. Ces mêmes laves contiennent auſſi le ſel ammoniac des numéros précédens; la formation de ces ſels préſente un problême intéreſſant pour la Chymie. Comment le ſel marin change-t-il ſa baſe naturelle pour s'unir avec l'alkali volatil qui conſtitue le ſel ammoniac ? Comment cet alkali fixe peut-il quitter ſon acide pour les ſublimer ſeul & iſolé ? Qui fournit au ſel ammoniac volcanique l'alkali volatil qu'il contient ? Ces queſtions préſentent de grandes difficultés.

N°. 50. Cendres volcaniques blanchâtres, terreuſes & argileuſes. Elles ſont un peu ductiles lorſqu'elles ſont pétries avec de l'eau. On peut les employer pour faire de la poterie. J'avoue que je fus fort étonné lorſque je ſus qu'une manufacture de terre cuite avoit autrefois travaillé des matières volcaniques, & qu'elle avoit été établie ſur le flanc de l'Ethna, auprès des fameux châteigniers ou je vis les débris de cet Attelier; je croyois que le feu devoit enlever à toute terre la propriété d'être ductile, mais ce n'eſt pas la première fois que dans des conjectures de toute eſpèce, je me ſuis trompé.

Ces cendres argileuſes ſont propres à la végétation dans l'inſtant même où elles ſont vomies par l'Ethna; lorſqu'elles recouvrent une lave ou un terrein nouvellement envahi par le feu, elles les rendent auſſi-tôt fertile. Ceux donc qui ont calculé l'antiquité du Mont Ethna & l'intervalle de ſes éruptions par l'épaiſſeur de la terre végétale interpoſée entre les courans de lave, ſe ſont néceſſairement trompés, ſur-tout lorſqu'ils ont dit qu'il falloit des ſiècles pour rendre à la végétation la ſurface des nouvelles laves; ils n'ont point prévu les cas où ces laves ſont recouvertes de cendres qui d'elles-mêmes ſont productives. Ces cendres ſont communes ſur le flanc de l'Ethna, dans la partie du Village de Saint-Jean.

Nº. 51. Sel ammoniac teint en verd par une portion de cuivre qui y eſt unie. Il indique qu'un ſillon de ce métal s'eſt trouvé parmi les matières qu'ont attaqués les feux du Volcan. Il s'eſt trouvé parmi les laves de la dernière éruption de l'Ethna 1781.

J'ai raſſemblé un bien plus grand nombre d'échantillons dans les productions volcaniques de l'Ethna, mais la plupart ne ſont que des variétés qui n'offrent rien d'intéreſſant ni d'inſtructif. Les autres ſont des morceaux uniques trouvés iſolés, qui ne préſentent que des faits locaux & particuliers, & qui ne peuvent point entrer dans l'hiſtoire générale de ce Volcan ; tels ſont, par exemple, quelques gros cryſtaux de zéolite ou tranſparente ou opaque, mais qui n'ajoutent rien aux connoiſſances que nous avons ſur cette matière, un morceau de lave vitreuſe ou verre de ce Volcan, que j'ai trouvé dans les laves de *Bronte* & qui ne ſe rencontre preſque jamais dans les éruptions de l'Ethna ; j'ai des laves altérées par les vapeurs acides ſulphureuſes ou couvertes de ſoufre ſublimé. Je les ai priſes dans l'intérieur l'intérieur du crater de l'Ethna, mais n'ayant que mes poches pour les porter, il ne m'a pas été possible de me charger de *duplicata*. D ailleurs elles sont telles que celles que j'ai rassemblées dans les Isles de Lipari, & dont j'envoie des échantillons à M. le Duc de la Rochefaucauld; j'ai aussi quelques laves poreuses qui ont éprouvé différens degrés d'altération, par l'influence de l'atmosphère, & par les progrès de la végétation, mais elles ne présentent rien de particulier. Ce passage des laves, à l'état d'argile noire, très-fertile, est commun à toutes les laves, & dans tous les pays.

Quoique j'aie fait sur l'Ethna un voyage plus complet que ceux de tous les Etrangers qui avant moi sont venus admirer ce grand phénomène de la nature, que j'aie fait le tour entier de sa vaste base; quoique j'aie fait toutes mes courses à pied & le marteau à la main, pour avoir la faculté d'écorner & d'examiner toutes les laves que je rencontrois, je ne me flatte pas de connoître & d'avoir rassemblé la moitié de toutes les productions de ce Volcan, ni d'avoir examiné & étudié le demi-quart des phénomènes qu'il présente; la connoissance exacte de cette montagne qui renferme un des plus grands laboratoire de la nature, eſt réſervée à un Sicilien qui habitera ſa' baſe, qui l'étudiera toute ſa vie, qui ſera Naturaliſte & Phyſicien, & qui ne ſera rebuté ni par les fatigues, ni par les difficultés. Le bon Chanoine Recupero étoit zélé, mais il n'étoit ni Naturaliſte, ni Phyſicien; l'objet de ſes recherches étoit principalement l'Hiſtoire chronologique des éruptions. Il connoiſſoit la montagne, pour l'avoir beaucoup parcourue, plutôt que pour l'avoir étudiée : auſſi ſon immenſe travail eſt perdu, ſes Manuſcrits informes, reſtés entre les mains de ſes parens, ne fourniront que peu de faits relatifs à l'Hiſtoire Naturelle. Je dois auſſi faire remarquer que la majeure partie des détails que l'on trouve dans les deſcriptions, appartient preſque excluſivement aux Poètes & aux Peintres. Le bruit & les tonnerres qui les précèdent, le fracas qu'elles font, la terreur qu'elles inſpirent, le dégât des courans de laves, l'étendue & les lieux qu'elles parcourent, la grandeur & la beauté du ſpectacle, l'obſcurité des jours, la lueur & l'éclat des feux pendant la nuit, &c. peu de ces circonſtances intéreſſent le Phyſicien, aucunes, le Naturaliſte; mais tous les réſultats de l'éruption ſont du reſſort de ce dernier, & il ſeroit à déſirer que ceux qui font des relations travaillaſſent un peu plus pour lui. On a décrit en vers, les ravages que fit l'éruption aqueuſe de l'Ethna en 1755, & les lieux qu'elle a traverſés, & on ne ſait pas préciſément ſi l eau étoit froide ou chaude, douce ou ſalée.

Il eſt à déſirer que M. le Chevalier de Joenni, homme de qualité, qui habite Catagne, & qui n'a pas dédaigné la Chaire d'Hiſtoire Naturelle établie depuis peu dans l'Univerſité de cette Ville, qu'il occupe avec diſtinction, qui a du zèle, & toutes les qualités qui peuvent former un bon Naturaliſte; il eſt à déſirer, dis-je, qu'il veuille continuer la collection qu'il forme de tous les objets de la Sicile, & qu'il dirige ſes obſervations ſur ce qui intéreſſe le Minéralogiſte & le Phyſicien; alors nous pourrons eſpérer une bonne hiſtoire de l'Ethna.

Une des choſes qui s'oppoſe le plus au progrès de l'Hiſtoire Naturelle en Sicile, eſt un préjugé établi par le luxe. Il eſt honteux d'y aller à pied; un Noble n'oſe pas ſe ſervir de ſes jambes ſans craindre de ſe dégrader; une promenade à pied dans la Campagne eſt une choſe inouie: cependant, ce n'eſt sûrement pas de l'intérieur d'un carroſſe ou d'une litière que l'on peut étudier la Nature. J'ai fort engagé le Chevalier de Joenni de ſe mettre au-deſſus du ridicule que l'on pourra donner aux courſes qu'il fera, & en même tems, je l'ai invité à prendre des leçons de Chymie, ſcience dont ne peut ſe paſſer le Minéralogiſte.

Je demande encore une fois pardon de placer dans un Catalogue des réflexions qui n'y conviennent point, mais il eſt bien difficile de s'arrêter lorſqu'on traite un ſujet qui plaît.

TABLE DES MATIÈRES

Contenues dans ce Volume.

A.

B.

D.

E.

F.

G.

H.

J.

L.

M.

O.

P.

Pierre

Q.

R.

S.

V.

Z.

Fin de la Table.

APPROBATION.

J'AI lu par ordre de Monseigneur le Garde des Sceaux, *la Minéralogie des Volcans.* Je n'ai rien trouvé qui puisse empêcher l'impression de cet Ouvrage intéressant. A Paris, ce 22 Septembre 1783. SAGE.

PRIVILÉGE DU ROI.

LOUIS, PAR LA GRACE DE DIEU, ROI DE FRANCE ET DE NAVARRE. A nos amés & féaux Conseillers les Gens tenans nos Cours de Parlement, Maîtres des Requêtes ordinaires de notre Hôtel, Grand-Conseil, Prevôt de Paris, Baillifs Sénéchaux, leurs Lieutenans Civils, & autres nos Justiciers qu'il appartiendra: SALUT. Notre amé le sieur FAUJAS DE SAINT-FOND, Nous a fait exposer qu'il désireroit faire imprimer & donner au Public un Ouvrage de sa composition, intitulé: *Minéralogie des Volcans.* S'il nous plaisoit lui accorder nos Lettres de Privilége à ce nécessaires. A CES CAUSES, voulant favorablement traiter l'Exposant, Nous lui avons permis & permettons de faire imprimer ledit Ouvrage autant de fois que bon lui semblera, & de le vendre, faire vendre & débiter par-tout notre Royaume. Voulons qu'il jouisse de l'effet du présent Privilége, pour lui & ses hoirs à perpétuité, pourvu qu'il ne le rétrocède à perſonne; & ſi cependant il jugeoit à propos d'en faire une ceſſion, l'Acte qui la contiendra ſera enregiſtré en la Chambre Syndicale de Paris, à peine de nullité, tant du Privilége que de la ceſſion; & alors par le fait ſeul de la ceſſion enregiſtrée, la durée du préſent Privilége ſera réduite à celle de la vie de l'Expoſant, ou à celle de dix années à compter de ce jour, ſi l'Expoſant décéde avant l'expiration deſdites dix années. Le tout conformément aux Articles IV & V de l'Arrêt du Conſeil du 30 Août 1777, portant Règlement ſur la durée des Priviléges en Librairie. Faiſons défenſes à tous Imprimeurs, Libraires, & autres perſonnes, de quelque qualité & condition qu'elles ſoient, d'en introduire d'impreſſion étrangère dans aucun lieu de notre obéiſſance; comme auſſi d'imprimer ou faire imprimer, vendre, faire vendre, débiter ni contrefaire ledit Ouvrage ſous quelque prétexte que ce puiſſe être, ſans la permiſſion expreſſe & par écrit dudit Expoſant, ou de celui qui le repréſentera, à peine de ſaiſie & de confiſcation des exemplaires contrefaits, de ſix mille livres d'amende, qui ne pourra être modérée, pour la premiere fois, de pareille amende & déchéance d'état en cas de récidive, & de tous dépens, dommages & intérêts, conformément à l'Arrêt du Conſeil du 30 Août 1777, concernant les Contrefaçons. A la charge que ces Préſentes ſeront enregiſtrées tout au long ſur le Regiſtre de la Communauté des Imprimeurs & Libraires de Paris, dans trois mois de la date d'icelles; que l'impreſſion dudit Ouvrage ſera faite dans notre Royaume, & non ailleurs, en beau papier & beau caractère, conformément aux Règlemens de la Librairie, à peine de déchéance du préſent Privilége; qu'avant de l'expoſer en vente, le Manuſcrit qui aura ſervi de Copie à l'impreſſion dudit Ouvrage, ſera remis dans le même état où l'Approbation y aura été donnée ès mains de notre très-cher & féal Chevalier, Garde des Sceaux de France, le Sieur HUE DE MIROMENIL, Commandeur de nos Ordres; qu'il en sera ensuite remis deux Exemplaires dans notre Bibliothèque publique, un dans celle de notre Château du Louvre, un dans celle de notre très-cher & féal Chevalier Chancelier de France, le Sieur DE MAUPEOU, & un dans celle dudit Sieur HUE DE MIROMENIL. Le tout à peine de nullité des Présentes; du contenu desquelles vous mandons & enjoignons de faire jouir ledit Exposant & ses hoirs pleinement & paisiblement, sans souffrir qu'il leur soit fait aucun trouble ou empêchement. VOULONS qu'à la Copie des Présentes, qui sera imprimée tout au long, au commencement ou à la fin dudit Ouvrage, soit tenue pour duement signifiée, & qu'aux copies collationnées par l'un de nos amés & féaux Conseillers-Secrétaires foi soit ajoutée comme à l'Original. COMMANDONS au premier notre Huissier sur ce requis, de faire pour l'exécution d'icelles, tous Actes requis & nécessaires, sans demander autre permission, & nonobstant clameur de Haro, Charte Normande, & Lettres à ce contraires: CAR tel est notre plaisir. Donné à Fontainebleau le vingt-neuvième jour du mois d'Octobre, l'an de grace mil sept cent quatre-vingt-trois, & de notre Règne le dixième. Par le Roi en son Conseil.

Signé, LE BEGUE.

Registré sur le Registre XXI de la Chambre Royale & Syndicale des Libraires & Imprimeurs de Paris, N°. 2930, fol. 966, conformément aux Dispositions énoncées dans le présent Privilége; & à la charge de remettre à ladite Chambre les huit Exemplaires prescrits par l'Article CVIII, du Réglement de 1723. A Paris, ce 7 Novembre 1783.

Signé LECLERC, *Syndic.*

De l'Imprimerie de CLOUSIER, rue de Sorbonne.

Printed in the United States
By Bookmasters